I0454221

ELECTROCULTURA

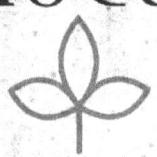

ELECTROCULTIVOS, SISTEMAS, MÉTODOS, ANTENAS...

Guía de montaje y construccion
Energia atmosférica y magnetica
Permacultura, hidroponia
Asociacion de cultivos

Robert Freeman

Editorial Brucio

ELECTROCULTURA

AGRADECIMIENTOS

En primer lugar, quiero agradecer la amplísima colaboración que he tenido para este proyecto de investigación que, si bien en un principio la finalidad era aprender, educarme y llevar proyectos en esta rama de la agricultura natural, eléctrica y desconocida... Me alentaron a publicar este trabajo.

A los colaboradores Universidad de Electrocultura de Sorió (UES) y Biblioteca Nacional Digital de Calicanto (BNDC) por la amplia documentación que me han cedido y sin cuyo esfuerzo no hubiese podido encontrar.
A Cultura Libre (Grupo de telegram) cuya amplísima biblioteca y documentación, me ha permitido contrastar y leer muchos otros archivos que no hubiese podido encontrar sin desplazarme cientos de kilómetros.
A Claude Inart (El excusas mil...), cuyo trabajo de traducción del Francés, Alemán e Inglés ha sido la currada más grande que se ha pegado desde que colabora conmigo.

A mi esposa que soporta todos los trastos y experimentos que tengo en la terraza y a la que los vecinos le preguntan: - "¿Vais a cazar extraterrestres con esas antenas tan grandes?"
A mis hijas que me ayudan siempre en mis inventos y experimentos y sobre todo Lis, que tiene una docena de planteles de olivo medio electrocutados y pese a ello, crecen bien.

Y por último a la gente con la que comparto experiencias en redes y hablamos de estos temas (en telegram varios grupos, en Facebook, etc.)

ÍNDICE DE CONTENIDOS

I. INTRODUCCIÓN

La electrocultura es un grupo de técnicas que utiliza electricidad y magnetismo para amplificar el crecimiento de las plantas. Las plantas crecen más grandes y rápido con valores nutricionales más altos. Con el tiempo, esta sencilla tecnología puede eliminar la necesidad de pesticidas tóxicos y fertilizantes.

Magnetocultura es sinónimo de electrocultura. En la naturaleza, las fuerzas magnéticas y eléctricas siempre se manifiestan conjuntamente. La magnetocultura se refiere más específicamente a las influencias magnéticas y la electrocultura a las influencias eléctricas sobre el crecimiento de las plantas y la fertilidad del suelo. Juntas aprovechan las energías electromagnéticas/atmosféricas que fluyen a nuestro alrededor y son esenciales para la vida. La electrocultura consiste en la aplicación de electricidad para estimular y mejorar el crecimiento de las plantas (Christofleau). Esto se logra exponiendo semillas, plantas o soluciones nutritivas a corrientes eléctricas débiles o campos electromagnéticos con el fin de activar o regular procesos fisiológicos clave en su desarrollo (Lemström).

Si bien la idea de emplear la electricidad para fines agrícolas surge en el siglo XIX tras observarse su impacto en la vegetación (Holman), no es sino hasta finales de esa centuria y principios del siglo XX que comienzan a realizarse las primeras investigaciones sistemáticas sobre sus efectos en plantas (Macagno, Mascart).

Algunos de los primeros trabajos relevantes fueron los de Priestley corroborando la capacidad de corrientes débiles para acelerar la germinación y el crecimiento (1907), o los estudios de Montbrison que indicaban una mayor productividad y calidad en cultivos como pepinos y tomates expuestos a electricidad (1892). Para la década de 1910 ya eran frecuentes los experimentos con electrocultura y varios países europeos contaban con parcelas dedicadas a su investigación (Clausen, 1911).

En las décadas siguientes destacan los hallazgos en torno a la influencia de campos electromagnéticos sobre procesos celulares y bioquímicos relacionados al crecimiento vegetal (Lakhovsky, 1935), así como estudios que revelaron efectos positivos de la electricidad en la germinación, enraizamiento, floración y fructificación de un amplio rango de especies cultivadas (Dudgeon, 1940).

Hacia los años 70, con el auge de la instrumentación electrónica, comienzan a implementarse y perfeccionarse métodos de aplicación eléctrica en hidroponía y fertirrigación (Maycock, 1910; Whitehouse 1915), tendencia que se mantiene en pleno desarrollo. Paralelamente, las investigaciones para elucidar los mecanismos de percepción eléctrica en las plantas y su relación con la conciencia vegetal han abierto nuevos paradigmas científicos alrededor de la electrocultura (Rubik & Jabs, 2016).

En la actualidad, esta disciplina exhibe un creciente potencial para la agricultura moderna gracias a nuevas técnicas que mejoran la eficiencia en el uso de la electricidad, y los avances en la comprensión de sus fundamentos fisiológicos y de los procesos implicados (Stewart, 1908; Tavera 1950). Su adopción como tecnología complementaria sigue en aumento, tanto por sus beneficios productivos como por su perfil de sostenibilidad ambiental.

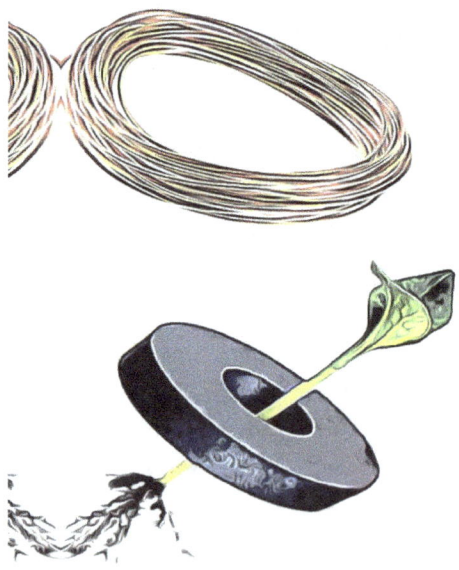

Con técnicas de electrocultivo, la energía y vitalidad de su suelo aumentará cada año durante los primeros 3 a 5 años hasta volverse altamente fértil y eventualmente constante durante las próximas décadas.

Una parte de la electrocultura utiliza la electricidad atmosférica para estimular el crecimiento de las plantas. De acuerdo a la información provista, algunos beneficios potenciales de estas técnicas eléctricas son: mejorar la fertilidad del suelo donde crecen los cultivos, acelerar la velocidad de crecimiento vegetal, aumentar el rendimiento de las cosechas entre un 30% a 300%, obtener frutas y vegetales de mayor tamaño, y proteger a los cultivos de ciertas enfermedades. Se menciona que existen numerosas técnicas de electrocultura distintas que pueden complementarse entre sí. También se sugiere que debido a que estas técnicas han sido olvidadas y están siendo redescubiertas actualmente, hay oportunidades para experimentar y desarrollar nuevos enfoques propios.

Existen varios métodos complementarios desarrollados por diferentes inventores, entre ellos:
-Antenas que capturan la electricidad atmosférica
-Sistemas Christofleau y variantes
-Fertilizadores electromagnéticos
-Torres paramagnéticas
-Transmisores de ondas naturales como las ondas Schumann
-Uso de harina de basalto volcánico
-Técnicas ayurvédicas y biodinámicas
-Pirámides para activar semillas y construir invernaderos
-Imanes de ferrita de distintos tamaños
-Antenas espiraladas al pie de las plantas
-Circuitos Lakhovsky para plantas y árboles
-Electrocultura con electricidad artificial (Baterías, corriente AC/DC...)

Realmente, existen numerosos y variados métodos de electrocultivo, desde ideas antiguas hasta innovaciones recientes, lo que convierte a este campo en uno dinámico y en constante evolución.

Hablando de algunos de sus múltiples beneficios más conocidos, destacamos:

-Efectos sobre el suelo
Estructura del suelo mejorada. Mejor crecimiento de bacterias aeróbicas. Fijación de nitrógeno mejorada. Movilidad de nutrientes mejorada. Aumento de la reproducción microbiana. Metabolismo microbiano mejorado. Acceso a más nutrientes. Mejor suelo en todos los sentidos

-Efectos sobre las plantas
Crecimiento acelerado. Aumento del rendimiento de los cultivos. Floración mejorada. Producción de frutos más grandes. Mayor contenido de azúcar. Protección contra insectos. Mejor resistencia a las enfermedades. Necesidad reducida de fertilizante.

En los últimos 160 años, más de 600 científicos e investigadores de todo el mundo se han interesado por este tema y han realizado numerosos experimentos, especialmente en los primeros 30 años del siglo XX. Se está hablando de ello y re-experimentando recién en los últimos 15 años de este siglo, cuando empezó a ser clara la necesidad de encontrar estrategias eco-sostenibles en la agricultura.

La definición de electrocultivo en el diccionario castellano es "aplicación de la electricidad a la agricultura, con el fin de mejorar y aumentar la producción".

Existen dos enfoques diferentes de electrocultivo:
-El primero **utiliza electricidad de bajo voltaje** (12 voltios) * en agricultura y viveros, con un procedimiento tan simple como efectivo: usar materiales conductores como el hierro o cobre, en forma de barras o espirales alrededor de las cuales gira la planta. Los experimentos realizados (muchos de los cuales son visibles en Youtube) muestran cómo las plantas e incluso los árboles frutales crecen más fuertes y sanos si se "electrizan".

*: Existen variedad de aplicaciones y pruebas con voltajes mayores también.

-Otro enfoque ideado por el holandés Yannick Van Doorne permite, en cambio, **utilizar las energías disponibles en la naturaleza** (como el electromagnetismo, la energía telúrica o cósmica) a través de formas geométricas siempre construidas con materiales conductores como el cobre o el hierro, para estimular y mejorar el crecimiento, producción y resistencia a los parásitos.

En Italia, el pionero del electrocultivo es Andrea Donnoli, gracias a quien aprendimos los principios básicos del electrocultivo y todas las técnicas de electrocultivo DIY que se enumerarán después y que se pueden combinar con Sound Therapy como en el proyecto de investigación Green Harmonic Solutions y con otros campos como la permacultura y la asociación de cultivos.

Un viejo árbol de pera cargado de fruta. Este árbol es tan viejo que antes de ser rejuvenecido por el proceso de Electrocultivo apenas llevaba unas pocas hojas.

2. ANTECEDENTES HISTÓRICOS

2.1 Primeros experimentos y estudios

Uno de los primeros indicios registrados del efecto de la electricidad atmosférica en las plantas se remonta a las observaciones del abad italiano Macagno en 1879, quien documentó una mayor productividad del maíz expuesto a tormentas eléctricas frecuentes (Macagno, 1879).

Ya para la década de 1890 comienzan a ejecutarse los primeros experimentos controlados, como los ensayos con aplicación de alto voltaje en semillas de mostaza y lechuga del físico francés Mascart. Si bien sus resultados fueron ambiguos, sentaron las bases para investigaciones posteriores (Mascart, 1876).

El interés por la electrocultura se intensifica a inicios del siglo XX con trabajos como los de Montbrison (1892), quien cultivó pepinos y tomates bajo cables electrizados, observando incrementos del 20 y 33% en frutos cosechados. Asimismo, las investigaciones de Priestley (1907) en la Universidad de Leeds confirmaron el poder germinativo y estimulante del crecimiento de corrientes eléctricas débiles sobre semillas de cebada, guisantes y otros vegetales.

2.2 Investigaciones de los siglos XIX y XX

Ya para la primera década del siglo XX se instalan parcelas de experimentación con electrocultura en varios países como Alemania, Francia y Estados Unidos. Uno de los estudios pioneros fue desarrollado por Clausen (1911) en la Granja Estatal de Heidewigekoog, donde se electrificaron cultivos de remolacha, zanahoria y col fuertemente abonados, hallando aumentos sustanciales de rendimiento.

En 1928 Lakhovsky publica sus hallazgos sobre la capacidad de ciertas ondas electromagnéticas para restablecer el equilibrio celular, sentando las bases de la influencia de campos ELF (extremadamente bajas frecuencias) sobre la fisiología vegetal (Lakhovsky, 1925). Paralelamente, las investigaciones del biólogo suizo Gessler y su discípulo Max Blanc aportaron valiosos conocimientos sobre técnicas prácticas de aplicación eléctrica en diversos cultivos.

La década de 1930 estuvo marcada por una prolífica experimentación en electrocultura, destacando los trabajos de la Universidad de Ohio sobre efectos positivos en germinación y productividad de plantas sometidas a corrientes eléctricas de bajo amperaje (Dudgeon, 1940). Asimismo, los estudios botánicos desarrollados en Einstein College abrieron el camino al entendimiento de los procesos bioeléctricos inherentes a las plantas.

Ya para los años 50 comienza a emplearse en mayor medida la instrumentación electrónica, dando origen a técnicas de electrofertirriego (Stewart, 1908) y posteriormente hidroponía electroactivada (Tavera, 1950). Los trabajos de Rubik y Jabs (2016) recopilando evidencias experimentales sobre interacción planta-ambiente mediada por campos electromagnéticos sentaron las bases de la "conciencia vegetal", un concepto que revolucionó la comprensión de la electrocultura y su relación con la biofísica cuántica.

Algunos experimentos históricos de electrocultura y sus conclusiones:

- *Experimento de Clausen (1911)*
   - Descripción: Electrificación de cultivos de remolacha, zanahoria y col con fuerte abonado en granja alemana
   - Conclusión: Rendimiento sustancialmente mayor en cultivos electrificados
   - Métodos: Electrificación de suelo con electrodos, medición de crecimiento

- Técnicas: Variedad de configuraciones de electrodos, control de voltaje
- Aparatos: Baterías, generadores, cables, electrodos

- Experimentos de Lakhovsky (1925)

- Descripción: Demostró que ondas electromagnéticas de ciertas frecuencias pueden restaurar el equilibrio celular
- Conclusión: Sentó las bases para entender la influencia de campos ELF en la fisiología vegetal
- Métodos: Exposición de plantas a ondas de radio de diversas frecuencias
- Técnicas: Variación de longitud/amplitud de onda, duración de exposición
- Aparatos: Generadores de radiofrecuencia, bobinas de inducción

- Experimentos de Gessler y Blanc (1920s)

- Descripción: Técnicas prácticas de electrificación en varios cultivos con distintas configuraciones
- Conclusión: Conocimientos sobre métodos efectivos de aplicación eléctrica

Mas detalles:

Descripción:
- Experimentaron con aplicación de electricidad en diversos cultivos como trigo, cebada, papas y vid
- Utilizaron configuraciones de electrodos diferentes: horizontal, vertical y en cuadrícula
- Aplicaron corrientes eléctricas de bajo voltaje con baterías y generadores simples
- Variaron la intensidad y duración de las descargas eléctricas
- Midieron crecimiento, rendimiento y otros parámetros

Métodos y técnicas:
- Insertaron electrodos de metales como cobre y zinc en el suelo
- Conectaron electrodos a fuentes de energía mediante cables
- Utilizaron interruptores y resistencias para controlar la electricidad
- Registraron variables como humedad del suelo y temperatura
- Contaron y pesaron plantas para obtener datos cuantitativos

Aparatos:
- Baterías eléctricas simples
- Generadores electrostáticos de fricción

- Electrodos de láminas metálicas
- Cables conductores protegidos
- Interruptores, resistencias y otros componentes básicos

Experimentos de Univ. Ohio (1930s)
- Descripción: Estudios sobre efectos de corrientes débiles en germinación y productividad
- Conclusión: Efectos positivos evidenciados en germinación y rendimiento
- Métodos: Exposición de semillas y plántulas a corrientes débiles
- Técnicas: Variación en la fuente de electricidad utilizada
- Aparatos: Baterías, generadores electrostáticos, transformadores

Experimentos de Einstein College (1930s)
- Descripción: Estudios botánicos sobre procesos bioeléctricos en plantas
- Conclusión: Sentaron bases de comprensión de electricidad inherente en plantas
- Métodos: Mediciones eléctricas en plantas, registros, observación
- Técnicas: Uso de equipo sensible, eliminación de interferencias
- Aparatos: Galvanómetros sensibles, jaulas de Faraday

Experimentos de Stewart (1958)
- Descripción: Fertilización eléctrica en cultivos (electrofertirriego)
- Conclusión: Acuñó concepto de electrofertirriego, técnica prometedora
- Métodos: Electrificación de tuberías de riego con nutrientes
- Técnicas: Variación de voltaje y soluciones para fertirrigación
- Aparatos: Baterías, transformadores, cableado

Experimentos de Tavera (1950)
- Descripción: Hidroponía potenciada con electricidad (electrohidroponía)
- Conclusión: Mejora eficiencia de sistemas hidropónicos
- Métodos: Electrificación de sistemas hidropónicos en marcha
- Técnicas: Configuraciones diferentes de electrodos y voltajes
- Aparatos: Generadores AC/DC, electrodos, cables

- Experimentos de Rubik y Jabs (2016)
  - Descripción: Evidencia de interacción planta-ambiente por campos electromagnéticos
  - Conclusión: Plantearon concepto de "conciencia vegetal"
  - Métodos: Mediciones de interacción planta-ambiente
- Técnicas: Apantallamiento electromagnético, variación de condiciones
- Aparatos: Jaulas de Faraday, sensores de campo EM

ANDERSON, I., and VAD, E. (1965): The influence of electric fields on bacterial growth. Int. J. Biometeor., 9: 211–218.

El estudio "The influence of electric fields on bacterial growth" fue publicado en el International Journal of Biometeorology en 1965 [1]. Los autores del estudio son Ib Andersen y Ejvind Vad [1]. El estudio examinó el crecimiento de S. MARCESCENS y E.COLI en diferentes intensidades de campo eléctrico constante [1]. Los resultados mostraron que el diámetro medio de las colonias de S. MARCESCENS se redujo significativamente solo a una intensidad de campo de + 940 v/cm en comparación con los diámetros observados en condiciones libres de campo [1]. En el caso de E.COLI, el diámetro medio de las colonias se redujo significativamente a intensidades de campo de + y ÷ 3,125 v/cm en comparación con los diámetros observados en condiciones libres de campo [1].

(1) The influence of electric fields on bacterial growth.
https://link.springer.com/article/10.1007/BF02219952
(2) Drosophila - Nature.
https://www.nature.com/articles/211303a0.pdf
(3) Influence of Electric Fields on the Rate of Growth of ... - Nature.
https://www.nature.com/articles/220159a0.pdf
(4) The influence of electric fields on bacterial growth - Springer.
https://link.springer.com/content/pdf/10.1007/BF02219952.pdf?pdf=inline%20link
(5) undefined. https://doi.org/10.1007/BF02219952

BECCARIA, G. (1775): Della elettricita atmosferica a Cielo Sereno. Torino. 5. BENTRUP, F. W. (1968): Die Morphogenese pflanzlicher Zellen im electrischen Feld. Z. Pflanzenphysiol., 59: 309-339.

El estudio "Della elettricita atmosferica a Cielo Sereno" fue publicado en 1775 por Giambatista Beccaria en el International Journal of Biometeorology [1]. El estudio examinó la electricidad atmosférica y sus efectos en la salud humana y animal [1]. El estudio también incluyó observaciones sobre la electricidad en la atmósfera y su relación con los rayos y la meteorología [1].

El estudio "Die Morphogenese pflanzlicher Zellen im electrischen Feld" fue publicado en 1968 por F. W. Bentrup en la revista Z. Pflanzenphysiol [2]. El estudio examinó la morfogénesis de las células vegetales en campos eléctricos [2]. Los resultados mostraron que los campos eléctricos pueden afectar la morfología de las células vegetales y, por lo tanto, influir en el crecimiento y desarrollo de las plantas [2].

(1) Della elettricità terrestre atmosferica a cielo sereno osservazioni di .... https://archive.org/details/bub_gb_V_4XqA97AKgC
(2) Electroculture for crop enhancement by air anions | SpringerLink. https://link.springer.com/article/10.1007/BF02198246
(3) Electroculture | SpringerLink. https://link.springer.com/article/10.1007/BF02310088
(4) Della elettricità terrestre atmosferica a cielo sereno - Open Library. https://openlibrary.org/books/OL15209837M/Della_elettricit%C3%A0_terrestre_atmosferica_a_cielo_sereno
(5) undefined. http://books.google.com/books?id=V_4XqA97AKgC&hl=&source=gbs_api

BERTHOLON, M. (1783): De l'electricité des végétaux, Paris.

El estudio "De l'électricité des végétaux" fue publicado en 1783 por M. Bertholon en París [1]. El estudio trata sobre la electricidad en las plantas y sus efectos en la economía de las plantas, así como sobre las propiedades médicas y nutritivas de la electricidad [1]. El estudio también incluye información sobre cómo aplicar la electricidad de manera útil en la agricultura, con la invención de un electro-végétomètre [1].

(1) De l'électricité des végétaux : ouvrage dans lequel on traite de l ....
https://archive.org/details/dellectrici00bert
(2) De l'électricité des végétaux : ouvrage dans lequel on traite de l ....
https://bibliotheques.mnhn.fr/medias/doc/EXPLOITATION/HORIZON/21338/de-l-electricite-des-vegetaux-ouvrage-dans-lequel-on-traite-de-l-electricite-de-l-atmosphere-sur-les
(3) De l'électricité des végétaux. by Bertholon M. l'abbé | Open Library.
https://bing.com/search?q=BERTHOLON%2c+M.+%281783%29%3a+De+l%27electricit%c3%a9+des+v%c3%a9g%c3%a9taux%2c+Paris
(4) undefined. https://bing.com/search?q=

Sobre el electro-vegetometro:

El estudio "De l'électricité des végétaux" de M. Bertholon, publicado en 1783, incluye información sobre cómo aplicar la electricidad de manera útil en la agricultura, con la invención de un electro-végétomètre [1]. El electro-végétomètre es un dispositivo que se utiliza para medir la electricidad en las plantas [2]. El dispositivo consta de dos electrodos que se insertan en la planta y se conectan a un galvanómetro [2]. El galvanómetro mide la corriente eléctrica que fluye a través de la planta y la muestra en una escala graduada [2]. El electro-végétomètre se utilizó para medir la electricidad en diferentes partes de las plantas y para estudiar los efectos de la electricidad en el crecimiento y desarrollo de las plantas [2].

(1) De l'électricité des végétaux : ouvrage dans lequel on traite de l ....
https://archive.org/details/dellectrici00bert
(2) De l'électricité des végétaux. Ouvrage dans lequel on traite de l ....
https://archive.org/details/dellectricitdes00bertgoog
(3) L'électroculture occultée ? - (re)Vivre à la campagne.
https://vivre-a-la-campagne.net/lelectroculture-occultee/

BLACK, J. D., FORSYTH, F. R., FENSOM, D. S. and ROSS, R. B. (1971): Electrical stimulation and its effects on growth and ion accumulation in tomato plants. Canad. J. Bot., 49: 1809–1815.

El estudio "Electrical stimulation and its effects on growth and ion accumulation in tomato plants" fue publicado en el Canadian Journal of Botany en 1971 [1]. Los autores del estudio son J. D. Black, F. R. Forsyth, D. S. Fensom y R. B. Ross [1]. El estudio examinó los efectos de la estimulación eléctrica en el crecimiento y la acumulación de iones en las plantas de tomate [1]. Los resultados mostraron que la estimulación eléctrica puede aumentar significativamente el crecimiento de las plantas de tomate y la acumulación de iones en las hojas [1]. Además, la estimulación eléctrica también puede aumentar la actividad de la ATPasa en las hojas de las plantas de tomate [1]. La ATPasa es una enzima que ayuda a transportar iones a través de las membranas celulares [1].

(1) Electroculture for crop enhancement by air anions | SpringerLink.
https://link.springer.com/article/10.1007/BF02198246
(2) Electrical stimulation of plants for better agriculture.
https://ecoreactor.org/en/electrical-stimulation-of-plants/
(3) Changes in the dielectric properties of a plant stem produced by the https://link.springer.com/article/10.1007/BF02186298
(4) Electrical Stimulation and its Effects on Indoleacetic Acid and ... - JSTOR. https://www.jstor.org/stable/23689377

El estudio "Field experiments in electro-culture" fue publicado en el Canadian Journal of Botany en 1971 [1]. Los autores del estudio son J. D. Black, F. R. Forsyth, D. S. Fensom y R. B. Ross [1].

El estudio examinó los efectos de la estimulación eléctrica en el crecimiento y la acumulación de iones en las plantas de tomate [1]. Los resultados mostraron que la estimulación eléctrica puede aumentar significativamente el crecimiento de las plantas de tomate y la acumulación de iones en las hojas [1]. Además, la estimulación eléctrica también puede aumentar la actividad de la ATPasa en las hojas de las plantas de tomate [1]. La ATPasa es una enzima que ayuda a transportar iones a través de las membranas celulares [1].

El estudio "Field experiments in electro-culture" no debe confundirse con el estudio "Field experiments in electro-culture" de V. H. Blackman, publicado en el Journal of Agricultural Science en 1924 [2]. El estudio examinó los efectos de la aplicación de una descarga de alta tensión al crecimiento de los cultivos de campo [2]. Los resultados mostraron que la descarga eléctrica puede aumentar significativamente el rendimiento de los cultivos de campo [2]. De los 18 experimentos de campo con diferentes cultivos, 14 dieron resultados positivos a favor de los cultivos electrificados, mientras que 4 mostraron resultados negativos [2]. El efecto de la electrificación en el aumento del rendimiento de la avena y la cebada sembradas en primavera se ha demostrado [2]. El aumento medio en el rendimiento para tales cultivos fue del 22% [2].

(1) Field experiments in electro-culture1 | The Journal of Agricultural https://www.cambridge.org/core/journals/journal-of-agricultural-science/article/abs/field-experiments-in-electroculture1/C1A6D667D1A189E69E93668617A9262C
(2) Effects of Electrical and Electromagnetic Fields on Plants ... - Springer. https://link.springer.com/chapter/10.1007/978-3-540-37843-3_11
(3) POTENTIAL UTILIZATION OF ELECTRO-CULTURE TECHNOLOGY FOR ... - H-index. http://www.hindex.org/2016/p1331.pdf

El estudio "The effect of a direct current of very low intensity on the rate of growth of the coleoptile of barley" fue publicado en Proceedings of the Royal Society B en 1923 [1].

Los autores del estudio son V. H. Blackman, A. T. Legg y F. G. Gregory [1]. El estudio examinó los efectos de una corriente eléctrica de muy baja intensidad en la tasa de crecimiento del coleóptilo de cebada [1]. Los resultados mostraron que la tasa de crecimiento del coleóptilo de cebada aumentó significativamente cuando se aplicó una corriente eléctrica de muy baja intensidad [1]. Además, los autores descubrieron que la tasa de crecimiento del coleóptilo de cebada aumentó proporcionalmente con la intensidad de la corriente eléctrica aplicada [1]. Los autores también descubrieron que la tasa de crecimiento del coleóptilo de cebada disminuyó cuando se aplicó una corriente eléctrica de muy alta intensidad [1]. Los autores concluyeron que la aplicación de una corriente eléctrica de muy baja intensidad puede aumentar significativamente la tasa de crecimiento del coleóptilo de cebada [1].

[1]: [The effect of a direct current of very low intensity on the rate of growth of the coleoptile of barley] https://royalsocietypublishing.org/doi/10.1098/rspb.1923.0034

(1) The Effect of a Direct Electric Current of Very Low Intensity on the https://www.jstor.org/stable/81038
(2) Field experiments in electro-culture1 | The Journal of Agricultural https://www.cambridge.org/core/journals/journal-of-agricultural-science/article/abs/field-experiments-in-electroculture1/C1A6D667D1A189E69E93668617A9262C
(3) Pot-culture experiments with an electric discharge1 | The Journal of https://www.cambridge.org/core/journals/journal-of-agricultural-science/article/potculture-experiments-with-an-electric-discharge1/AD6EA2D8BA002A9FB8F55AAD99959204

KOTAKA, S., KRUEGER, A. P. and ANDRIESE, P. C. (1968): Effect of air ions on light-induced swelling and dark-induced shrinking of isolated chloroplasts. Int. J. Biometeor., 12: 85–92

Los iones de aire son partículas cargadas eléctricamente que se encuentran en la atmósfera y que pueden tener efectos biológicos sobre los organismos vivos. Uno de los campos de estudio que ha explorado estos efectos es la electrocultura, la práctica de aplicar campos eléctricos o fuentes de iones de aire a las plantas para mejorar su crecimiento y producción[1]. En este contexto, el estudio de Kotaka, Krueger y Andriese[2] se propuso investigar los efectos de los iones de aire sobre los cloroplastos aislados, que son los orgánulos responsables de la fotosíntesis en las células vegetales.

Los autores del estudio utilizaron un método de dispersión de luz para medir el cambio de volumen de los cloroplastos en función de la exposición a la luz y a los iones de aire. Los cloroplastos se contraen cuando se almacenan en la oscuridad y se hinchan cuando se iluminan, un fenómeno conocido como s-s (swelling-shrinking). Los autores observaron que los iones de aire de ambas polaridades aumentaban las tasas de s-s de los cloroplastos, tanto en la fase de contracción como en la de hinchazón. Sin embargo, si los cloroplastos se preiluminaban durante 30 minutos, la tasa de hinchazón de los cloroplastos tratados con iones de aire era menor que la de los controles. Este efecto se revertía si se añadía ATP (adenosín trifosfato), la molécula que almacena y transfiere energía en las células, al sistema durante la reiluminación. Los autores también comprobaron que la exposición prolongada a la luz o la adición de NaF (fluoruro de sodio) inhibía el fenómeno s-s.

Los resultados del estudio sugieren que los iones de aire estimulan el metabolismo del ATP de los cloroplastos, lo que podría afectar a su función fotosintética. Los autores especularon que los iones de aire podrían influir en el transporte de iones, el equilibrio osmótico, la permeabilidad de la membrana y la actividad enzimática de los cloroplastos. Sin embargo, reconocieron que se necesitaban más investigaciones para aclarar los mecanismos exactos y las implicaciones agronómicas de la electrocultura. El estudio de Kotaka, Krueger y Andriese fue uno de los primeros en abordar el efecto de los iones de aire sobre los cloroplastos aislados, y sentó las bases para futuros trabajos en este campo. Por ejemplo, un estudio posterior de los mismos autores[3] demostró que los iones de aire aumentaban la actividad de la ATPasa de los cloroplastos, una enzima que cataliza la hidrólisis del ATP. Estos hallazgos podrían tener aplicaciones potenciales para mejorar la eficiencia y la productividad de los cultivos mediante la modificación del ambiente iónico.

(1) Electroculture for crop enhancement by air anions | SpringerLink. https://link.springer.com/article/10.1007/BF02198246
(2) The effect of air ions on light-induced swelling and dark-induced https://link.springer.com/article/10.1007/BF01553499
(3) Sci-Hub | The effect of abnormally low concentrations of air ions on https://sci-hub.se/10.1007/BF02219951

LEMSTROM, S. (1904): Electricity in agriculture and horticulture, D. van Nostrand. London.

El libro Electricity in agriculture and horticulture[1] es una obra pionera en el campo de la electrocultura, la práctica de aplicar campos eléctricos o fuentes de iones de aire a las plantas para mejorar su crecimiento y producción. Su autor, el profesor Selim Lemström, fue un físico y meteorólogo finlandés que dedicó gran parte de su carrera a estudiar los efectos de la electricidad atmosférica sobre los organismos vivos[2].

El libro se divide en dos partes: la primera parte trata sobre los principios físicos y químicos de la electricidad y su influencia sobre la vegetación, y la segunda parte describe los experimentos realizados por Lemström y otros investigadores en diferentes países y condiciones climáticas. El libro contiene numerosas ilustraciones, tablas y diagramas que muestran los aparatos y los resultados de la electrocultura.

Lemström defendía la hipótesis de que la electricidad atmosférica, especialmente los rayos, era una fuente importante de fertilidad para el suelo y las plantas, y que se podía imitar este efecto mediante la instalación de electrodos, pararrayos o globos aerostáticos que generaran iones de aire. Según Lemström, los iones de aire tenían un efecto estimulante sobre la germinación, el crecimiento, la floración, la fructificación y la resistencia de las plantas a las enfermedades y plagas. Lemström afirmaba que la electrocultura podía aumentar el rendimiento de los cultivos en un 50% o más, y que también podía mejorar la calidad y el sabor de los productos[1].

El libro de Lemström tuvo una gran repercusión en su época, y fue traducido a varios idiomas, como el inglés, el francés, el alemán y el ruso. Muchos científicos y agricultores se interesaron por la electrocultura y realizaron sus propios experimentos siguiendo las indicaciones de Lemström. Algunos de los cultivos que se sometieron a la electrocultura fueron el trigo, el maíz, el algodón, la remolacha, la patata, el tomate, la lechuga, la fresa, la uva, el manzano y el naranjo[3].

El libro Electricity in agriculture and horticulture es una obra de referencia para los interesados en la electrocultura, ya que recoge los fundamentos teóricos y los resultados experimentales de uno de sus principales impulsores. El libro es un testimonio de la curiosidad y la creatividad de Lemström, y de su contribución al avance del conocimiento científico y agronómico.

(1) Electricity in agriculture and horticulture : Lemström, Selim, 1838 .... https://archive.org/details/cu31924003336116
(2) Electricity In Agriculture And Horticulture Lemstrom 1904. https://archive.org/details/electricity-in-agriculture-and-horticulture-lemstrom-1904
(3) Electricity in agriculture and horticulture / By Prof. S. Lemström https://catalog.libraries.psu.edu/catalog/608148
(4) Electricity in agriculture and horticulture. - Open Library. https://openlibrary.org/books/OL234370M/Electricity_in_agriculture_and_horticulture
(5) Electricity in agriculture and horticulture : Lemström, Selim, 1838 .... https://archive.org/details/cu31924003336116
(6) Electricity In Agriculture And Horticulture Lemstrom 1904. https://archive.org/details/electricity-in-agriculture-and-horticulture-lemstrom-1904
(7) Electricity in agriculture and horticulture. - Open Library. https://openlibrary.org/books/OL234370M/Electricity_in_agriculture_and_horticulture
(8) undefined. https://openlibrary.org/books/OL234370M/Electricity_in_agriculture_and_horticulture

2.3 Patentes Interesantes

Investigar patentes relacionadas debería ser una parte integral de cualquier proyecto de investigación o aprendizaje. Sumergirnos en el conocimiento patentado previo aporta beneficios que van mucho más allá de simplemente "evitar reinventar la rueda".

Hay que tener en cuenta que obviamos incluir patentes de christofeau y de las explicaciones detalladas que se den en el libro más adelante.

Recomendamos usar el navegador Google Chrome (con la opción de traducir al español las páginas web, activada) y acceder a la web google patents en la cual puedes realizar búsquedas avanzadas de patentes de interés.

Revisar las soluciones técnicas que otros investigadores e inventores han desarrollado nos brinda una visión profunda y actualizada de los últimos avances en cualquier campo. Nos permite pararnos sobre los hombros de gigantes, aprovechando décadas o incluso siglos de inventiva previa antes de intentar hacer nuestra propia modesta contribución.

Al leer detalladamente las memorias descriptivas de patentes recientes, entendemos rápidamente cuál es el estado del arte que define la frontera de lo posible en la actualidad. Conceptos, enfoques o dispositivos que hace pocos años eran ciencia ficción, se han materializado en prototipos concretos presentados ante las oficinas de patentes como soluciones listas para implementarse.

Más allá de evitar la redundancia de esfuerzos, estas joyas condensadas de conocimiento técnico nos inspiran a buscar nuevas vías donde aplicar o mejorar las tecnologías que vemos. Nos estimulan a ser igual de ingeniosos, o más si cabe, que los inventores que nos precedieron.

A la larga, incorporar sistemáticamente la revisión del arte previo patentado en cualquier labor investigativa no es solo recomendable, sino absolutamente necesario. A fin de cuentas, como dijo Isaac

Newton, si he logrado ver más lejos, ha sido porque he subido a hombros de gigantes.

2.3.1 Patente Kertz

[Puedes ver y descargar la patente original completa en el sitio web: https://patents.google.com/patent/US5464456]

La patente US5464456A se otorgó a M. Glen Kertz el 7 de noviembre de 1995. La patente se refiere a un procedimiento para la estimulación electrónica del desarrollo de las plantas. En particular, se refiere a la estimulación del desarrollo de las plantas mediante la electrificación del entorno en y alrededor de una planta o parte de una planta utilizando un campo eléctrico, preferiblemente un campo pulsado. La invención también se refiere a un método electrónico para estimular los sistemas de transporte de membrana activa de las plantas en crecimiento y los productos vegetales cosechados para promover el crecimiento y extender la vida útil del material cosechado. La invención es de particular interés ya que se relaciona con el envío y comercialización de flores cortadas, verdes y árboles, y más particularmente con métodos y aparatos para el manejo, envío, comercialización y disfrute de flores cortadas.

Abstracto
La invención se refiere a la estimulación electrónica del desarrollo de las plantas. Más particularmente, se refiere a la estimulación del desarrollo vegetal mediante la electrificación del entorno alrededor de una planta o parte de una planta con un campo eléctrico, preferiblemente un campo pulsado. La presente invención también se refiere a un método electrónico para estimular los sistemas activos de transporte de membrana de plantas en crecimiento y productos vegetales cosechados para promover el crecimiento y extender la vida útil del material cosechado. La invención es de particular interés ya que se refiere al envío y comercialización de flores, verduras y árboles cortados y, más particularmente, a métodos y aparatos para la manipulación, envío y comercialización de flores cortadas.

(A continuación, se RESUME lo más relevante de dicha patente)

ANTECEDENTES DE LA INVENCIÓN

En el caso de la patente 5464456, los antecedentes de la invención se refieren a la necesidad de desarrollar un sistema de cultivo de plantas que sea más eficiente y efectivo que los sistemas de cultivo convencionales. La patente señala que los sistemas de cultivo convencionales a menudo son ineficientes y no producen los resultados deseados debido a una variedad de factores, como la falta de nutrientes en el suelo, la falta de oxígeno en las raíces de las plantas y la falta de estimulación adecuada del crecimiento de las raíces.

La sección "antecedentes de la invención" se divide en tres subsecciones:

A) Campo de la invención: Esta subsección describe el campo técnico al que pertenece la invención. En el caso de la patente 5464456, el campo de la invención se refiere a un sistema de cultivo de plantas que utiliza una corriente eléctrica para estimular el crecimiento de las plantas. El sistema incluye electrodos que se colocan en el suelo y se conectan a una fuente de alimentación eléctrica. La corriente eléctrica fluye a través del suelo y estimula el crecimiento de las raíces de las plantas, lo que a su vez aumenta el crecimiento y la producción de las plantas 1.

B) Descripción de la técnica relacionada. Durante los últimos cuarenta años ha habido un crecimiento constante de la industria hortícola de consumo en los Estados Unidos y su crecimiento continúa superando a todos los demás sectores agrícolas importantes. En total, la industria tuvo unas ventas estimadas de 44 mil millones de dólares en 1992. Las plantas de follaje en macetas, las flores cortadas, las plantas con flores en macetas, las plantas de parterre y los árboles vivos cortados representaron aproximadamente 6.700 millones de esta cifra, frente a 4.400 millones en 1989, a una tasa de crecimiento promedio de 3 a 5 por ciento por año. En este mercado altamente competitivo, se otorga prima a la frescura del producto. Esta industria está formada por miles de productores y minoristas y, en los últimos años, las importaciones extranjeras han aumentado drásticamente la competencia en la industria. Los productores y minoristas se enfrentan a demandas cada vez mayores de producir y comercializar productos de calidad a precios razonables.

El mercado altamente competitivo ha obligado tanto a los productores como a los minoristas a incorporar avances tecnológicos en sus negocios para mantener la competitividad. La mayoría de los avances tecnológicos en la industria han estado orientados a la producción y han ofrecido pocos avances para el minorista. Estos avances tecnológicos en su mayor parte se han limitado a la parte comercial de la industria y no han estado disponibles para el público consumidor.

Potencial eléctrico en membranas de células vegetales. Existe una relación entre el potencial eléctrico y la actividad de la membrana en las plantas. Este potencial eléctrico se conoce comúnmente como potencial de acción ("reposo") de todas las células. El potencial de acción juega un papel crítico en la absorción y movimiento de nutrientes en la planta. Se conocen los potenciales eléctricos en reposo entre el material intercelular y extracelular de las células vegetales. Blinks, LR, "Algunas propiedades eléctricas de las células vegetales grandes", en Electroquímica en biología y medicina, Shedlovsky, ed., John Wiley & Sons, Nueva York, 1955, págs. 187-212. El potencial de reposo puede oscilar entre aproximadamente 10 y 200 milivoltios y puede ser en parte responsable del transporte activo en las plantas. El transporte activo permite el movimiento de materiales como el potasio y el calcio a través de las membranas celulares en contra de un gradiente de concentración. La carga intercelular casi siempre es negativa cuando se mide con respecto al material extracelular. La diferencia de potencial y la capacidad del potencial para facilitar el movimiento a través de una membrana se denomina electroendosmosis. Blinks, LR 1940, "La relación de los fenómenos bioeléctricos con la permeabilidad iónica y el metabolismo en plantas grandes", Cold Spring Harbor Symp. Cuant. Biol. 8:204-215, 1940.

El daño a la estructura de la membrana de una célula vegetal (como durante la cosecha de la planta) permite la fuga de ciertas sales como el potasio, lo que hace que la membrana vuelva a un potencial de reposo neutro. Por ejemplo, se observó fuga de potasio cuando las células de Halicystis se colocaron en condiciones anaeróbicas. Las células eran incapaces de producir suficiente energía metabólica aeróbica para mantener su potencial de reposo. Blinks, LR.

La fuente del potencial bioeléctrico en células vegetales grandes se describe en el artículo "Potencial eléctrico en células vegetales grandes" de Osterhout, WJV, publicado en Physiol. Rev. 16:216-237, 1936 1.

Además, se sabe que las plantas absorben ciertas sales como potasio, calcio, magnesio y nitrato a través de los pelos de las raíces de la planta. Todas estas sales desempeñan un papel en el proceso de crecimiento de la planta. Desde las células ciliadas de la raíz, las sales se mueven a los conductos de la xilema contra un gradiente de concentración, posiblemente utilizando el sistema de transporte activo, y luego se distribuyen por toda la planta. Como resultado de este transporte se desarrollan altas presiones osmóticas y son en parte responsables de mantener la presión de turgencia en toda la planta. Cuando este sistema de transporte se interrumpe, la planta se marchita y finalmente muere por falta de absorción de nutrientes y líquidos.

En las células vegetales excitables como las de Mimosa, la estimulación eléctrica o mecánica directa produce un cambio dramático en el potencial de acción de la membrana y produce una onda eléctrica que finalmente afecta la presión de turgencia. También se han demostrado cambios similares en el potencial de acción en las células de Nitella. Las células de Nitella muestran que se requiere un período refractario o de descanso antes de que los estímulos puedan desencadenar la respuesta de acción. La membrana debe tener un período de descanso antes de que se pueda estimular aún más un flujo iónico en la membrana. Este período refractario puede durar desde segundos hasta horas dependiendo de los estímulos o daños infligidos a la célula.

Los potenciales de acción en las células vegetales excitables también tienen. Se ha demostrado que es más que un mero flujo de corriente en un medio conductor. La velocidad de la onda eléctrica es mucho más lenta que la de una corriente eléctrica típica, ya que las membranas deben tener tiempo para adaptarse a los estímulos. Osterhout y Hill, 1929-30 J. Gen. Physiol. 13:548.

Si bien no se comprende completamente la naturaleza exacta del sistema de transporte activo de las membranas de las plantas, el potencial eléctrico de las membranas desempeña un papel importante. Además, los cambios que afectan el potencial iónico de una membrana alterarán su función y afectarán su capacidad para absorber sales y fluidos.

Mejorar el crecimiento de las plantas con corriente eléctrica

La electricidad se ha utilizado para mejorar el crecimiento de las plantas mediante la aplicación de corriente constante. En algunos casos, se han utilizado niveles muy altos de corriente como método de calentamiento directo del suelo y para promover el crecimiento (patente estadounidense n.° 1.874.207). Patente de EE.UU. La patente US 784.346 se refiere a un método de cultivo de plantas mediante electricidad. La invención reivindicada correspondía a un proceso de electrocultivo que consistía en someter secciones paralelas adyacentes de suelo de un campo a la acción de corrientes galvánicas. La corriente se logra en direcciones opuestas entre placas enterradas de metales diferentes conectadas por conductores aéreos.

También se han aplicado corrientes eléctricas a recipientes (macetas) que contienen plantas. Patente de EE.UU. El documento US 882.699 se refiere a medios para someter las raíces de una planta en un receptáculo a una acción eléctrica y magnética constante. Patente de EE.UU. La patente de EE.UU. 1.331.261 se refiere a una maceta para el cultivo de flores que incorpora en la masa del material que forma la maceta una sustancia tal como carbono molido, zinc metálico o plomo. En la masa de la olla también se incorporan determinadas sales, como por ejemplo sales de cloruro. La invención propone que cuando la maceta así constituida se somete a la humedad en el uso natural de la misma, se establecerá una reacción química entre el carbono y el zinc o plomo, por acción de las sales, provocando efectos electroquímicos que estimularán el crecimiento de las plantas.

Los efectos del magnetismo en las plantas:

También se sabe que el magnetismo tiene un profundo efecto en el crecimiento de las plantas. Patente de EE.UU. La patente de EE.UU. 4.785.575 se refiere a un aparato para cultivar plantas de jardín que utiliza magnetismo, particularmente un aparato que utiliza magnetismo para promover la absorción de fertilizante en la planta. Al parecer, cuando las plantas se someten al magnetismo, la germinación de las semillas se ve afectada, el crecimiento de las plantas se acelera, el color de las hojas se oscurece y las plantas resisten los daños causados por enfermedades y plagas.

Véanse, por ejemplo, la publicación de patente japonesa no 52-5716 (que describe un imán para el crecimiento de plantas en el que se mezclan, se moldean por compresión y luego se magnetizan un material fuertemente magnético en polvo, una sustancia aglutinante acuosa y una sustancia delicuescente) y la publicación de patente japonesa no 40-11328 (que describe un método para aumentar el crecimiento de una planta utilizando energía magnética).

Comercialización de plantas cosechadas

La fisiología de la flor una vez extraída de la planta madre se denomina fisiología postcosecha. Las plantas con flores son organismos vivos complejos formados por raíces, tallos, hojas, flores y una serie de intrincados subsistemas que sostienen estos órganos. El principal subsistema que conecta todas estas partes de la planta es el complejo sistema vascular de cada planta. Este sistema vascular permite la transferencia de una variedad de fluidos por toda la planta. La savia es el componente líquido del sistema vascular y se compone principalmente de agua. También hay nutrientes y otras sustancias químicas en la savia necesarias para la existencia de la planta.

El sistema de raíces de una planta cumple dos funciones principales. En primer lugar, sirve como sistema de soporte, anclando la planta al subsuelo. La segunda función es la absorción de agua y nutrientes. Esta absorción se logra principalmente mediante el proceso de ósmosis. Este proceso es selectivo y es responsable de la capacidad de la planta para concentrar moléculas seleccionadas.

Una vez que las raíces de las plantas han absorbido el agua y los nutrientes, estas sustancias se trasladan a los tallos de la planta. Esta translocación se produce debido a una variedad de procesos. Incluyen ósmosis y acción capilar. El sistema vascular de la planta está diseñado para facilitar el movimiento de fluidos debido a la acción capilar.

Las hojas y estructuras derivadas del tejido foliar:
Las hojas (y las estructuras derivadas del tejido foliar, como sépalos, pétalos y partes de flores) son la ubicación principal de dos medios de pérdida de líquidos en las plantas. Esta pérdida se produce principalmente por transpiración y evaporación. Normalmente, en la parte inferior de una hoja se encuentran células especializadas organizadas en órganos específicos llamados estomas. Estos órganos funcionan como compuertas que permiten el control de los fluidos de la planta. Durante los períodos calurosos y secos, estas compuertas se cierran restringiendo la pérdida de fluido y restringiendo el flujo de fluido a través de la planta. Cuando el agua es abundante y la temperatura no es excesivamente alta, estos órganos se abren para permitir la evaporación del agua. Se cree que este proceso de evaporación completa la translocación del agua a través de una planta.

Las plantas mantienen su posición erecta en condiciones naturales mediante presión de turgencia. Esta presión es la de las células vegetales individuales (intercelular) y la de los compartimentos del sistema vascular vegetal (vascular). Cuando se interrumpe el flujo de fluido primario de la planta, se produce una pérdida de presión de turgencia. Esto normalmente se ve como un marchitamiento de la planta. Si el flujo de fluido no se restablece en un período de tiempo determinado, la planta entra en marchitez terminal. Una vez alcanzado este límite de tiempo, la planta pierde su capacidad de absorber agua u otros fluidos y muere.

Cuando se corta una flor de la planta madre, se separa de este complejo sistema de suministro de fluido. Inmediatamente comienza a perder líquidos. Las pérdidas ocurren de dos formas: evaporación a través de las hojas y pérdida a través del sitio de la herida creada al cortar la planta madre y el tallo de la flor.

Muchas plantas tienen una respuesta a la herida que intenta sellar la herida tanto en el tallo floral cortado como en la planta madre. Esto se ve más fácilmente en las plantas que contienen látex, que al herirse exudan un sellador de látex pegajoso para cubrir el sitio de la herida.

Por lo tanto, existe una gran cantidad de factores postcosecha que pueden afectar la vida útil de una flor cortada, entre ellos: las condiciones iniciales de crecimiento de la planta con flores; método de cosecha y tratamiento inmediato postcosecha; duración y método de envío; calidad del agua utilizada para el almacenamiento; carga bacteriana de la planta y flor madre; temperatura y humedad del aire; cantidad y calidad de la luz disponible; y presencia o ausencia de gas etileno.

Enfoques de la técnica anterior para mantener la frescura de las flores cortadas.

En la cosecha de flores, a veces se sella artificialmente el sitio de corte para prevenir la pérdida de agua. Además, las flores cosechadas se almacenan en condiciones frescas y húmedas para reducir la evaporación.

Generalmente no es práctico el transporte en agua por el riesgo de daño microbiano. Se indica a los consumidores que vuelvan a cortar los tallos para reiniciar el flujo de líquido, pero esto sólo permite una absorción limitada.

Actualmente, para minimizar el deterioro en tránsito, las flores se mantienen en agua siempre que sea posible. Se sabe que esto prolonga la frescura al permitir la absorción de agua perdida por transpiración. A medida que disminuye la humedad relativa aumenta la transpiración y el marchitamiento. La refrigeración extiende la duración al ralentizar los procesos orgánicos, generalmente a 34°-38°F.

Existen procedimientos de almacenamiento refrigerado y con humedad controlada, que pueden eliminar la necesidad de mantener los tallos en agua. Sin embargo, es costoso y puede haber intercambio con el ambiente.

Los métodos anteriores se han utilizado con diversos grados de éxito. Debido al alto coste de las flores y los métodos para minimizar el deterioro, se necesitan métodos que promuevan el desarrollo o mantengan la frescura sin refrigeración, o que mejoren la frescura utilizando refrigeración, aplicables a diversas etapas y fáciles de usar por los consumidores.

C) Problemas sin resolver: Esta subsección describe los problemas tecnología y que la invención busca resolver. En el caso de la patente 5464456, los problemas sin resolver se refieren a la falta de eficiencia y efectividad de los sistemas de cultivo convencionales.

SUMARIO DE LA INVENCIÓN

La invención preferida supera las limitaciones de la técnica anterior al proporcionar métodos y aparatos que promueven el desarrollo o mantienen la frescura de plantas o partes de plantas. Al utilizar un aparato que es simple y seguro de operar, tanto el consumidor como el productor logran fácilmente el desarrollo y mantenimiento de plantas y partes de plantas.

El estimulador de plantas de la presente invención incluye un electrodo positivo y uno negativo conectados eléctricamente a un generador de impulsos alimentado con electricidad mediante una fuente de energía. El generador de impulsos incluye un temporizador que tiene una resistencia variable asociada, una resistencia no variable y un condensador para proporcionar un circuito de impulsos a los electrodos positivo y negativo.

El estimulador de plantas se puede utilizar de acuerdo con varios métodos preferidos de la presente invención. Los electrodos pueden sumergirse en un medio con una planta o parte de una planta entre ellos. Alternativamente, el electrodo negativo puede colocarse adyacente al fondo del recipiente para la planta o parte de la planta con el electrodo positivo dispuesto cerca de la superficie del medio de desarrollo de la planta. En otro método, el electrodo negativo puede colocarse en un medio para una parte de la planta con el electrodo positivo fijado al tallo en otra ubicación de la parte de la planta.

Por lo tanto, la presente invención se refiere en general a métodos y aparatos para estimular y mejorar electrónicamente el sistema de transporte de membrana activo en material vegetal mediante la aplicación de pulsos constantes o discretos de energía eléctrica. Al hacerlo, el método promueve el crecimiento y mantiene la actividad celular en el material cosechado. Este método se puede aplicar a cualquier planta o parte de la planta, incluidas las plantas que crecen en el suelo u otro medio (como una solución hidropónica), flores cortadas, frutas y verduras cosechadas y cultivos cultivados en el campo.

BREVE DESCRIPCIÓN DE LOS DIBUJOS

Para una descripción detallada de las realizaciones preferidas de la presente invención, ahora se hará referencia a los dibujos adjuntos, en los que:

FIG. 1 es una representación esquemática del aparato del estimulador de plantas de la presente invención;

FIG. 2 es un diagrama de circuito del circuito eléctrico del aparato de la FIG. 1;

FIG. 3 es una vista en alzado lateral de una planta dispuesta en un medio entre electrodos de acuerdo con los métodos de la presente invención;

FIG. 4 es una vista en alzado lateral de una pluralidad de plantas dispuestas en un medio entre dos electrodos de acuerdo con los métodos de la presente invención;

FIG. 5 es una vista en alzado lateral de un electrodo negativo dispuesto debajo de las raíces y un electrodo positivo dispuesto adyacente al tallo de una planta de acuerdo con los métodos de la presente invención;

FIG. 6 es una vista en perspectiva de un recipiente que incorpora los electrodos, la fuente de alimentación y el generador de impulsos de la presente invención;

FIG. 7 es una vista en alzado lateral de una sonda o varilla que tiene un electrodo negativo inferior y un electrodo positivo superior separados por material aislante no conductor;

FIG. 8 es una vista en alzado lateral de un árbol de Navidad con un electrodo negativo colocado en el soporte del árbol y un electrodo positivo colocado adyacente a la copa del árbol para practicar el método de acuerdo con la presente invención;

FIG. 9 es una vista en alzado lateral de una pluralidad de plantas en solución hidropónica con un electrodo en las raíces y otro electrodo en la base del tallo, donde se utiliza pulverización como medio conductor de acuerdo con los métodos de la presente invención;

FIG. 10 es una vista en alzado lateral de una planta en maceta con un electrodo en la base y otro electrodo adyacente a la capa superior del suelo, de acuerdo con los métodos de la presente invención;

FIG. 11 es una vista superior de una pluralidad de plantas en macetas colocadas sobre una estera capilar que tiene electrodos en cada extremo de la misma para practicar el método de acuerdo con la presente invención;

FIG. 12 es una vista superior de un área de cultivo para cultivos de campo que muestra la colocación de los electrodos negativo y positivo de acuerdo con la presente invención;

FIG. 13 es una vista superior de un área de cultivo de cultivos extensivos que muestra la colocación de los electrodos alimentados por energía solar de acuerdo con los métodos de la presente invención;

FIG. 14 es una vista en alzado lateral de flores cortadas en un medio con un electrodo negativo en la base del recipiente de flores y un electrodo positivo adyacente a la superficie del medio que practica los métodos de la presente invención;

FIG. 15 ilustra las flores en los medios mostrados en la FIG. 10 utilizando la sonda ilustrada en la FIG. 7 de acuerdo con los métodos de la presente invención;

FIGS. 16A-16B ilustran el uso del aparato y los métodos de la invención para aplicar corriente directamente a una parte de la planta (A) o planta (B); y

FIG. 17 ilustra un aparato extensible autónomo de la invención.

A CONTINUACION LAS IMÁGENES DE LA PATENTE

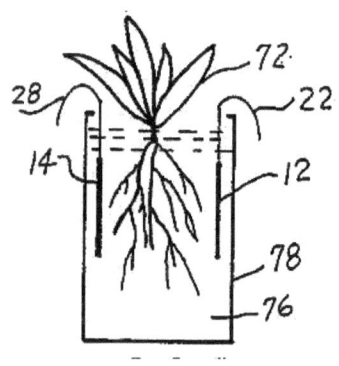
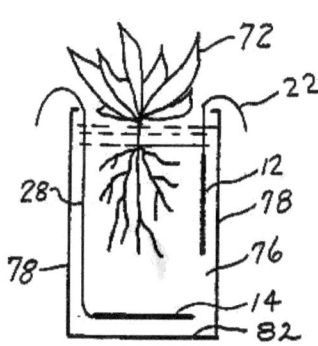

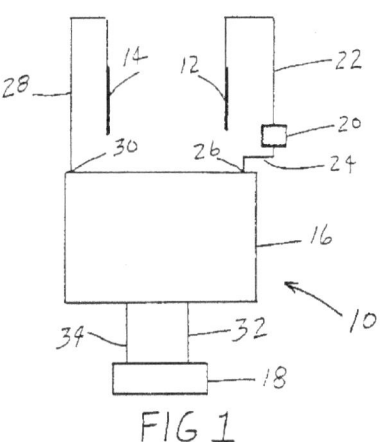

FIG 1

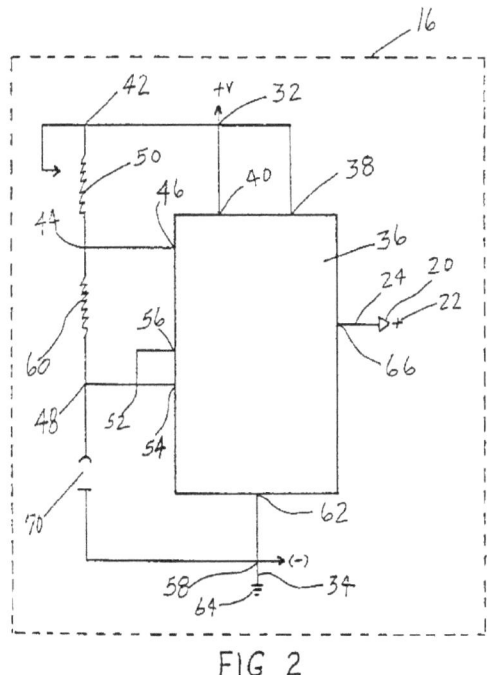

FIG 2

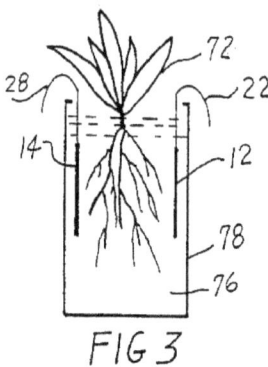

FIG 3

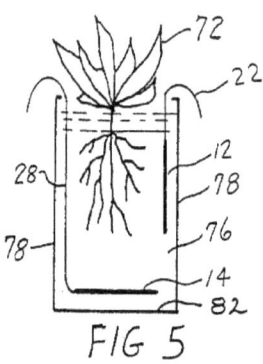

FIG 5

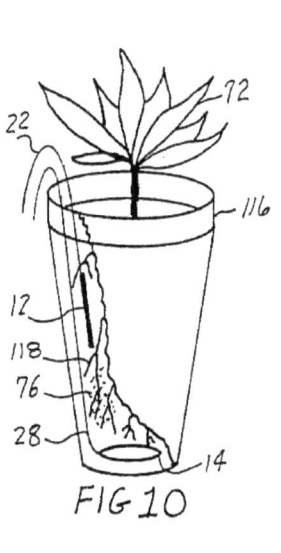

FIG 10

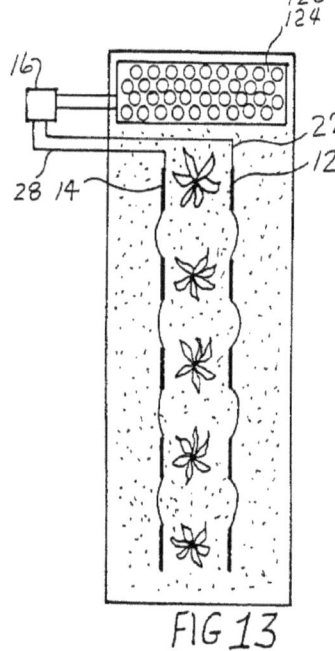

FIG 13

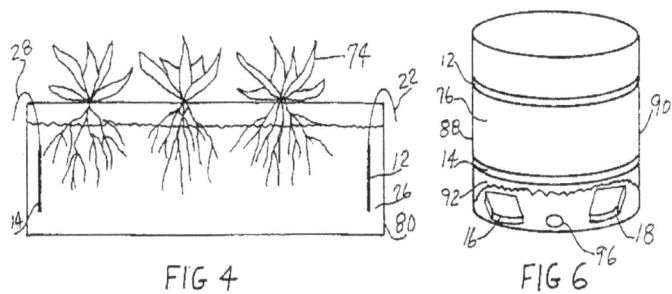

FIG 4

FIG 6

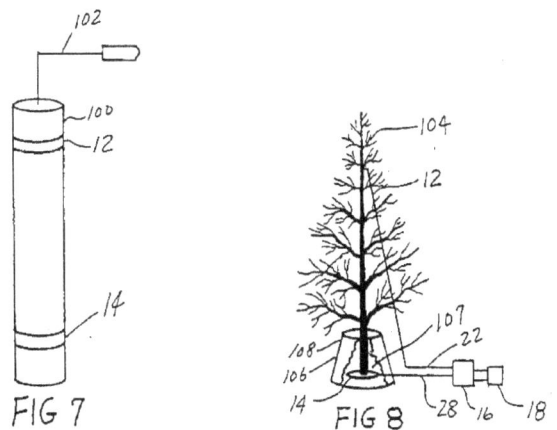

FIG 7

FIG 8

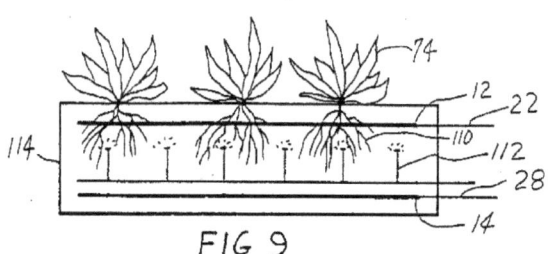

FIG 9

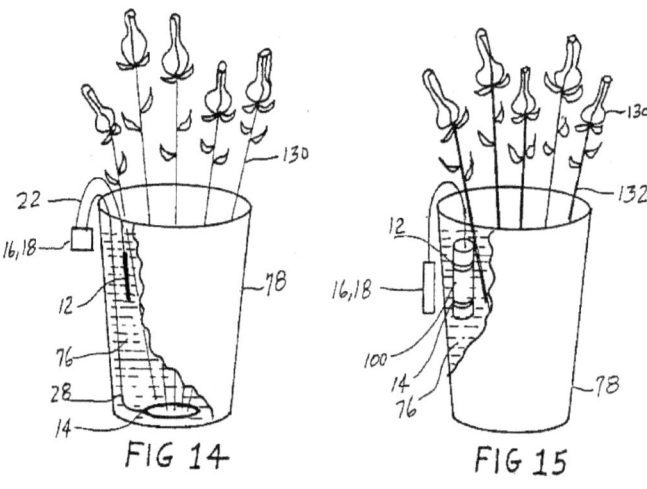

FIG 14   FIG 15

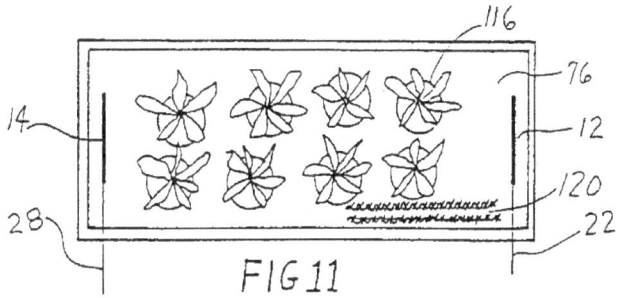

FIG 11

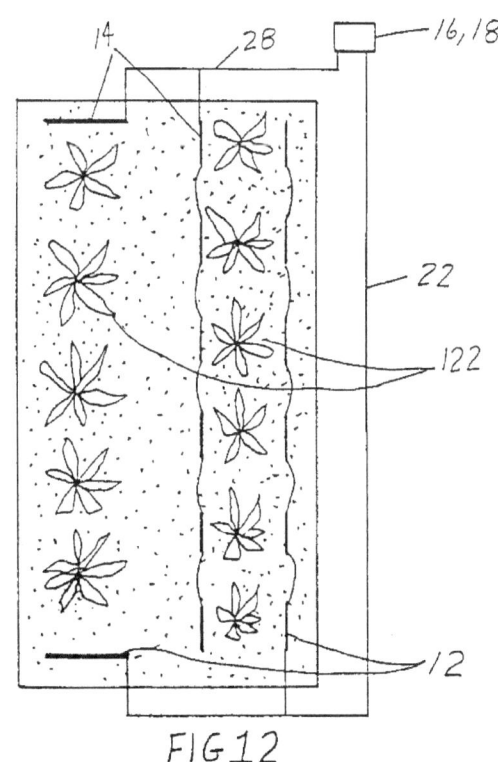

FIG 12

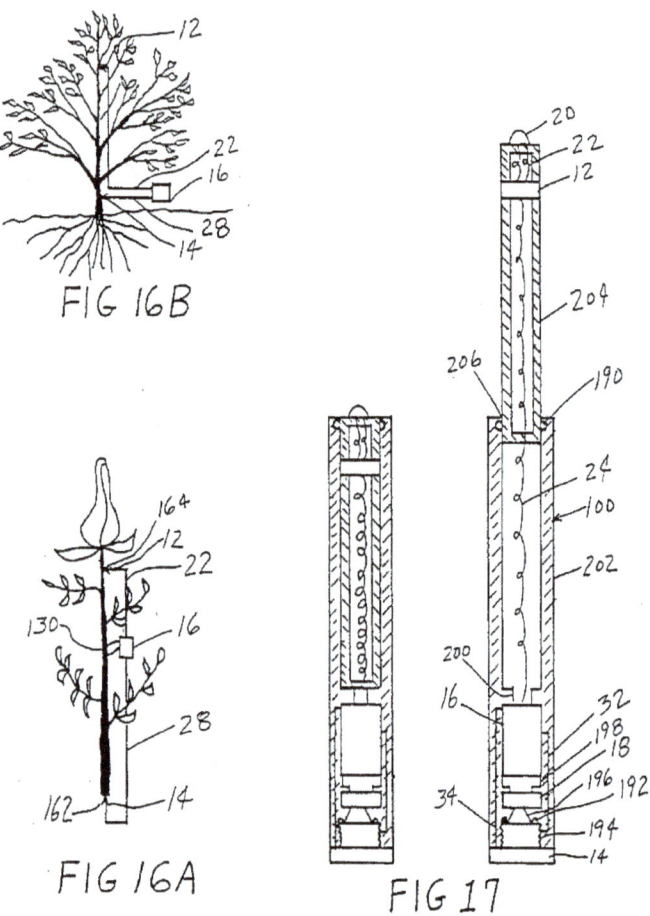

FIG 16B

FIG 16A

FIG 17

2.3.2 Patente de Eugenio Pilsoudsky y Eugène Ragozine

ESPECIFICACIÓN que forma parte de las Cartas de Patente N° 784.346, del 7 de marzo de 1905.

El texto describe una patente presentada por Eugene Pilsoudsky y Eugene Ragozine de San Petersburgo, Rusia, sobre su invento de un nuevo método para cultivar plantas utilizando electricidad.

Explican que muchos experimentos previos para acelerar el crecimiento de plantas con electricidad han fallado por falta de conocimiento sobre cómo realmente actúa la electricidad. Los inventores anteriores generalmente usaban corrientes galvánicas entre electrodos de distintos metales, con todos los positivos en un lado del campo y los negativos en el otro.

Su invento consiste en un método que usa una combinación de corrientes galvánicas y electricidad atmosférica. Después de muchos experimentos pudieron establecer algunas reglas para obtener resultados exitosos.

El sistema utiliza placas de hierro como electrodos negativos y placas de zinc como positivos, en proporción de 5 placas de hierro por cada una de zinc. Las placas de cada tipo están conectadas entre sí con cables. Los conjuntos de placas se disponen en filas paralelas separadas 15 metros, invirtiendo la polaridad en cada conjunto sucesivo para que la corriente fluya en dirección opuesta.

Para aprovechar la electricidad atmosférica usan placas dentadas elevadas que la recolectan y la conectan mediante cables a placas enterradas, creando corrientes inducidas que se suman a las galvánicas. Es esencial que los circuitos solo se cierren de noche.

Según los inventores, este sistema de cultivo eléctrico es simple, económico y sus experimentos han demostrado que funciona para acelerar el crecimiento de las plantas.

Extracto de lo más relevante de esta patente:
""""

Nuestra invención consiste en un método para cultivar plantas mediante el uso combinado de corrientes galvánicas y electricidad atmosférica, y una larga serie de experimentos realizados por nosotros nos ha permitido formular ciertas reglas, siguiendo las cuales se pueden obtener resultados exitosos con certeza práctica.

En los dibujos adjuntos, las Figuras 1 y 2 representan nuestra nueva disposición de los elementos galvánicos. La Figura 3 representa los medios que empleamos para utilizar la electricidad atmosférica y conectar los elementos galvánicos. La Figura 4 representa la forma en que se colocan los electrodos en la tierra.

Para los elementos galvánicos utilizamos placas de hierro como electrodos negativos y placas de zinc como electrodos positivos. Estas placas deben tener aproximadamente dos metros cuadrados de superficie, y por cada placa de zinc se utilizan cinco placas de hierro. En la Figura 1, las placas de hierro están representadas en f y la placa de zinc en 2. Todas las placas de hierro de cada conjunto están conectadas eléctricamente mediante cables, siendo la distancia entre placas adyacentes de aproximadamente un metro. La conexión metálica entre la placa de zinc y el conjunto opuesto de cinco placas de hierro se realiza mediante aisladores en postes a, como se indica en la Figura 3.

Los conjuntos de elementos galvánicos, cada uno de los cuales comprende una placa de zinc y cinco placas de hierro, como se indicó, se colocan en filas separadas unos quince metros, y cada conjunto sucesivo se invierte, como se muestra en la Figura 2, es decir, la placa de zinc reemplaza a la de hierro, placas, y viceversa, de modo que la corriente en porciones contiguas del campo fluya en direcciones opuestas.

La electricidad atmosférica se recoge mediante placas dentadas (Z), apoyadas en la parte superior de los postes a, estando cada placa (Z) conectada a la siguiente. Las placas extremas (Z) de las dos filas exteriores del campo están conectadas a placas metálicas (11), enterradas en la tierra, como se muestra en la Figura 3, y un reóstato es introducido en el circuito. Estos cables superiores para la electricidad atmosférica están conectados a intervalos por cables cruzados. El potencial de la electricidad atmosférica varía constantemente, y esto crea una corriente por inducción en el conductor paralelo, uniendo los elementos de tierra f y Es esencial para el correcto funcionamiento de nuestro sistema que los circuitos se cierren sólo durante la noche y se dejen abiertos durante el día. Los elementos de tierra deben abrirse veinticuatro horas cada semana para que los electrodos se despolaricen. Cada tres años deben renovarse las placas de hierro, pero el resto de la instalación puede usarse por mucho tiempo.

Se verá que nuestro sistema de cultivo eléctrico de tierra es simple y económico de instalar y mantener, y nuestros experimentos han demostrado su eficacia y utilidad.

Lo que reivindicamos es: El proceso de electrocultivo que consiste en someter secciones paralelas adyacentes de la tierra a ser tratadas a la acción de corrientes galvánicas que fluyen en direcciones opuestas entre placas enterradas de metales diferentes conectadas, estableciéndose en los circuitos formados por dichos conductores, placas y secciones de tierra, corrientes inducidas por el paso de la electricidad atmosférica a través de conductores aéreos paralelos adaptados para recoger dicha electricidad.

En fe de lo cual hemos establecido nuestros conductores aéreos, y se entrega simultáneamente en presencia de dos testigos.

EUGENE PILSOUDSKY - EUGENE RAGOZINE
Testigos: H. LOVIAGUINE -JOHN MUELLER

E. PILSOUDSKY & E. RAGOZINE.
METHOD OF CULTIVATING PLANTS BY ELECTRICITY.
APPLICATION FILED DEC. 12, 1903.

2 SHEETS—SHEET 1.

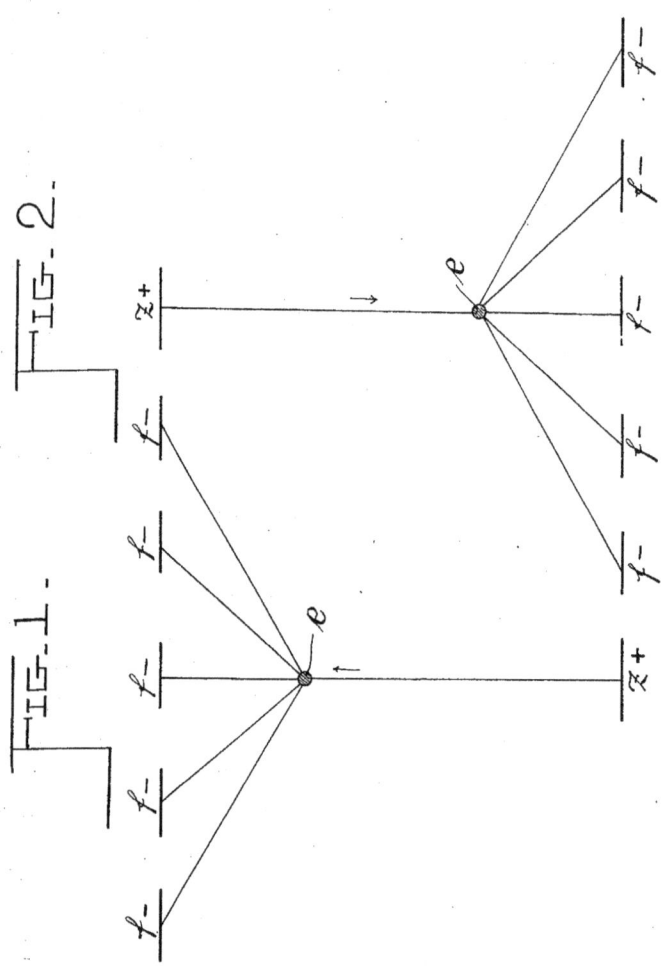

Witnesses,
J. Mynard.
M. McAleer.

Eugène Pilsoudsky,
Eugène Ragozine, Inventors.
BY Marion & Marion
Attorneys.

No. 784,346.
PATENTED MAR. 7, 1905.
E. PILSOUDSKY & E. RAGOZINE.
METHOD OF CULTIVATING PLANTS BY ELECTRICITY.
APPLICATION FILED DEC. 12, 1903.
2 SHEETS—SHEET 2.

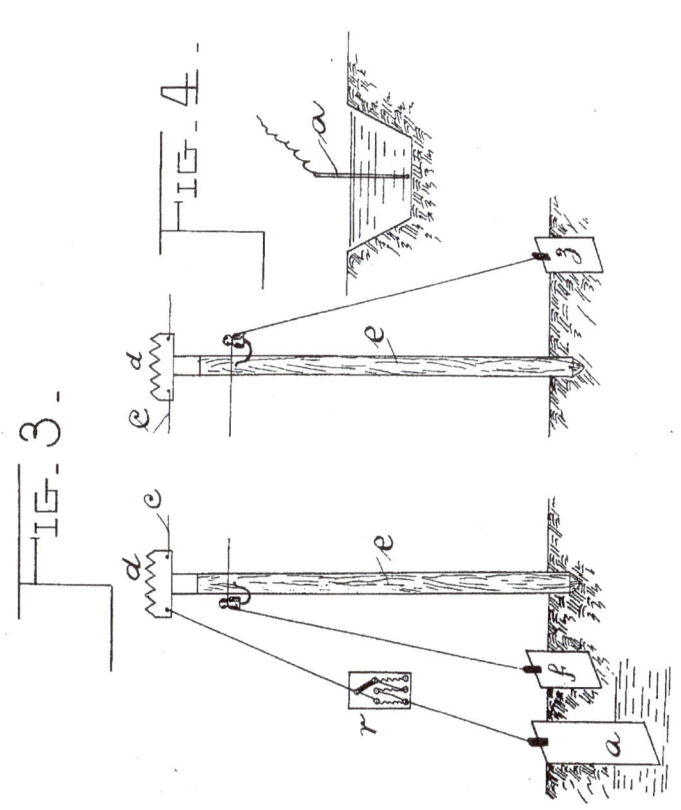

Investigar patentes es una manera muy efectiva de aprender e investigar sobre cualquier tema. Personalmente suelo usar la web de Google patents que, con el navegador Chrome tienes la opción de que te muestre cualquier web en tu idioma.

Lo primero es abrir el navegador web que utilices normalmente (Chrome, Firefox, etc.) y escribir la siguiente dirección:
https://patents.google.com/

Esto los llevará directamente a la página de búsqueda de patentes de Google.

En la parte superior verán una caja para escribir lo que desean buscar. Por ejemplo, si quieren investigar sobre coches eléctricos, pueden escribir "coches eléctricos" y darle clic en el botón de "Buscar" que está al lado.

Ahora verán una lista de varias patentes relacionadas con coches eléctricos. Pueden hacer clic en cualquier patente de la lista para ver todos los detalles.

Algo muy útil es asegurarse que todo el texto de la página web esté siempre en español. Para lograr esto, hagan clic en donde dice "Idioma" en la parte superior derecha y elijan la opción "Español". Esto hará que todas las patentes y textos se traduzcan automáticamente del inglés al español.

De esta manera pueden navegar y leer todas las patentes que quieran ya traducidas a nuestro idioma. Es una herramienta muy valiosa para investigar inventos y tecnologías de una forma sencilla.

3. PRINCIPIOS CIENTÍFICOS

Para comprender cabalmente el potencial y alcances de la electrocultura, es esencial profundizar en sus bases científicas. Esto implica revisar principios básicos de electricidad y magnetismo, conocer cómo estos campos físicos interactúan e influyen en los organismos vegetales a nivel celular y sistémico, así como analizar las investigaciones experimentales que han demostrado su efectividad aplicada en contextos agronómicos.

3.1 Electricidad y magnetismo

Electricidad atmosférica

El campo eléctrico de la Tierra aumenta en intensidad a medida que se asciende, por lo que mientras que a nivel del suelo la intensidad del campo eléctrico en el aire puede ser de 100 voltios/metro (V/m), a medida que se asciende en elevación, la intensidad del campo eléctrico en el aire puede ser de 100 voltios/metro (V/m). la electricidad se hace más fuerte.

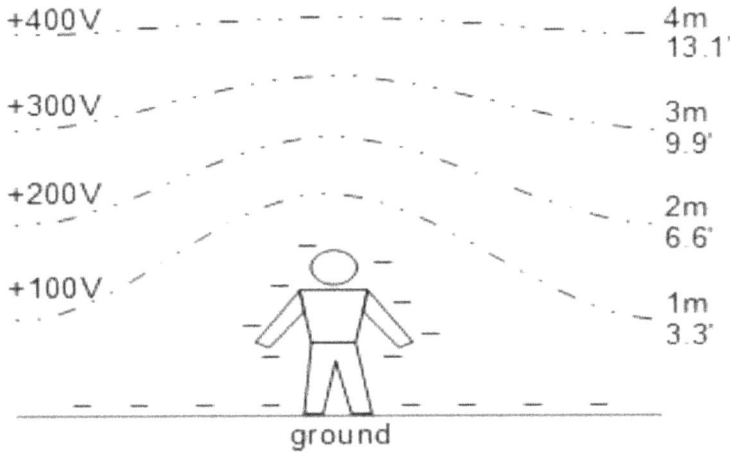

La electricidad como fenómeno físico se basa en cargas positivas y negativas, tanto en reposo (cargas estáticas) como en movimiento (corrientes eléctricas) capaces de generar campos electromagnéticos. La interrelación entre electricidad y magnetismo queda sintetizada en las ecuaciones de Maxwell (Feynman, 1965).

Dependiendo de la velocidad de oscilación de las ondas electromagnéticas, se distinguen distintos rangos de frecuencia como extremely low frequency o ELF (3 a 3.000 Hz), radiofrecuencia o RF (3kHz a 300 GHz) y microondas u MO (0,3 a 300 GHz). Campos de 50-60 Hz como los empleados en tendidos eléctricos se clasifican como ELF (Rubik & Jabs, 2016).

Diversos estudios han demostrado efectos variables de estas radiaciones electromagnéticas sobre los organismos vivos. Los campos ELF de trasmisión eléctrica pueden alterar ritmos circadianos, así como expresión génica y tasas enzimáticas en plantas. Las RF inciden principalmente en permeabilidad de membranas y conductividad iónica de tejidos vegetales. Las MO por su parte afectan la rotación dipolar y conducción de iones en el agua del protoplasma (Lakhovsky, 1925).

Electricidad atmosférica:

La electricidad atmosférica se refiere a la red eléctrica que existe de forma natural en nuestra atmósfera. Está compuesta por la superficie de la Tierra, la ionosfera (una capa superior de la atmósfera) y las capas de aire entre medias.

Esta electricidad se origina principalmente por la acción de los rayos cósmicos, que son partículas que nos llegan del espacio exterior. Cuando estas partículas inciden en las moléculas de nuestra atmósfera, les transmiten energía y las dejan cargadas eléctricamente, en un proceso llamado ionización.

La electricidad atmosférica da lugar a tres tipos principales de fenómenos:

1) Las tormentas eléctricas: se producen cuando se acumula suficiente separación de cargas entre nubes o entre las nubes y el

suelo. Esto provoca descargas en forma de relámpagos. Son chispas de gran energía ya que les cuesta mucho atravesar el aire.

2) La electrificación continua del aire: la atmósfera suele estar cargada levemente positiva. Esta carga juega un papel importante en la formación de la lluvia, el granizo y la nieve. Además, genera una pequeña corriente continua entre el aire y la superficie terrestre.

3) Las auroras polares: son despedidas de luz que se observan cerca de los polos y se producen cuando las partículas cargadas de los rayos cósmicos son guiadas por el campo magnético terrestre hacia la alta atmósfera. Al chocar con los gases excitan sus átomos y moléculas, que emiten esos destellos.

A comienzos del siglo XX, los científicos creían que la conductividad eléctrica de la atmósfera (la presencia de cargas eléctricas en el aire) provenía de la radiactividad natural del suelo.

El físico Víctor Franz Hess pensó que, si esto fuera cierto, la ionización del aire (la cantidad de carga eléctrica) debería disminuir a mayor altura, ya que estamos más lejos del suelo radiactivo.

Para comprobarlo, realizó un experimento: construyó un aparato para medir la conductividad usando dos placas metálicas paralelas cargadas con electricidad. La carga se iba transfiriendo lentamente de una placa a otra a través del aire ionizado entre medias. Midiendo la rapidez de descarga de las placas podía determinar la ionización del aire.
Hess observó que la ionización en realidad aumentaba con la altura en lugar de disminuir. Esto descartaba el suelo como origen y sugería algún "factor externo" desconocido que ionizaba la atmósfera.

Investigaciones posteriores determinaron que este factor externo eran rayos cósmicos del espacio, partículas cargadas que ionizan las moléculas de aire y lo vuelven conductor.

La electricidad puede beneficiar el desarrollo de las plantas de varias maneras:

- Favorece la fotosíntesis. Las moléculas de CO_2 cargadas negativamente son absorbidas más fácilmente. Esto aumenta la separación de cargas que transporta electrones, resultando en un crecimiento más rápido.
- Tiene un efecto nitrificante en el suelo. La descarga eléctrica atmosférica combina nitrógeno y oxígeno, que luego es arrastrado por la lluvia, añadiendo nitratos utilizables por las plantas.
- Ayuda a solubilizar nutrientes del suelo, haciéndolos más fáciles de asimilar por las raíces, similar a un proceso de peptonización.
- Puede compensar la falta de luz solar en días nublados, acelerando el crecimiento vegetal.
- Facilita la absorción de humedad del suelo por capilaridad eléctrica. Las cargas negativas atraen el agua hacia arriba.
- Refuerza las pequeñas corrientes eléctricas naturales de las plantas, aumentando el flujo de savia y estimulándolas.
- Incrementa la formación de almidón y azúcares. Acelera la germinación de las semillas.

La aplicación de electricidad atmosférica puede mejorar el crecimiento y desarrollo de las plantas. Los iones eléctricos en el aire están disponibles para complementar el proceso de fotosíntesis, mediante el cual las plantas producen su propio alimento.

También mejoran la respiración, la absorción de agua y minerales del suelo. Incluso ayudan a controlar la infestación de insectos no deseados.
Además, se ha demostrado que la electricidad tiene un efecto nitrificante en el suelo. El nitrógeno es un nutriente esencial para el desarrollo de cultivos. Análisis de suelos electrificados artificialmente muestran más presencia de este elemento.

El nitrógeno atmosférico por sí solo no es aprovechable para la mayoría de plantas. Pero la descarga eléctrica de los rayos combina nitrógeno y oxígeno, formando nitratos que luego son arrastrados por la lluvia. Esto aporta cantidades adicionales de este nutriente tan importante.

Así, la electricidad complementa de forma natural el suministro de nitrógeno junto con fertilizantes y estiércol. Y facilita que los nutrientes del suelo sean más solubles y asimilables.

Otro posible efecto beneficioso es que la corriente eléctrica en la tierra ayuda a solubilizar ciertos nutrientes del suelo, haciéndolos más fáciles de asimilar por las raíces de las plantas. Es una acción similar a la de un peptonizante.

Aunque no puede reemplazar la influencia del sol, la electricidad podría compensar en parte su falta, especialmente en días nublados donde el crecimiento vegetal se frena. La escasez de luz solar limita nuestras cosechas comparado a países más soleados.

Durante los escasos períodos de sol brillante, la vegetación crece con fuerza. Pero en días grises se detiene casi por completo. La descarga eléctrica podría acelerar este crecimiento lento, aunque moderadamente.

Otro factor es la absorción de humedad del suelo. Los diminutos espacios entre partículas actúan por capilaridad. Una carga eléctrica parece facilitar esta extracción de agua desde niveles más profundos.

Además, se han detectado pequeñas corrientes eléctricas naturales circulando por las plantas vivas. Es probable que aumentarlas refuerce el flujo de savia, estimulando su crecimiento.

También se ha comprobado un incremento en la formación de sustancias orgánicas como almidón y azúcares bajo influencia eléctrica. Y un efecto acelerador sobre la germinación de semillas.

3.2 Efectos bioeléctricos en plantas

Lakhovsky estudió cómo toda célula viva emite y captura determinadas radiaciones electromagnéticas que sustentan sus funciones metabólicas, comportándose como osciladores capaces de auto-regularse y responder adaptativamente a cambios energéticos ambientales (Lakhovsky, 1925).

Se ha demostrado que los campos eléctricos externos pueden regular el movimiento iónico transmembrana e influir en la expresión génica, el potencial de acción y la actividad enzimática de las células vegetales. Los EF también expanden los principales canales iónicos como las H+-ATPasas y AKT/KAT, mejorando la absorción de nutrientes (Rubik & Jabs, 2016).

Más allá de la escala celular, se ha evidenciado incrementos en tasas fotosintéticas, cambios en balance hormonal como mayor producción de auxinas, e inducción floral por efecto de los campos eléctricos aplicados correctamente en intensidad y duración (Priestley, 1907; Stewart, 1908).

3.3 Estudios experimentales

Los primeros ensayos controlados con aplicaciones eléctricas en agricultura se remontan a inicios del siglo XX. Clausen (1911) electrificó parcelas abonadas de remolacha, zanahoria y repollo hallando sustanciales aumentos de rendimiento. Dudgeon (1940) también encontró mejor germinación y productividad con corrientes de bajo amperaje.

Otros estudios abordaron técnicas como electrificación de suelos, tratamientos en semillas, electrofertirriego o hidroponía electroactivada, registrando éxitos en hortalizas, cereales y frutales (Stewart 1908; Tavera 1950). Entre resultados comunes están: Mayor % y velocidad de germinación, sobrevivencia de plántulas, rendimiento y contenido proteico de granos, y precocidad en fructificación.

En síntesis, el progresivo conocimiento científico unido a vasta experimentación corrobora las bases y efectividad de la electrocultura para potenciar resultados agronómicos mediante adecuada aplicación eléctrica y electromagnética.

3.4. Cultivos y plantas en crecimiento por Electricidad

Aunque sólo en los últimos años se han hecho experimentos prácticos en electrocultura, la idea no es nueva en absoluto. Ya en 1746 un médico de Edimburgo electrificó dos árboles de mirto y descubrió que "desarrollaban pequeñas ramas y florecían antes que otros arbustos de la misma especie que no habían sido electrificados".

Poco después, un científico francés hizo experimentos similares en varias plantas, todas las cuales florecieron bajo la influencia eléctrica...

El aparato debe mantenerse en una casa o cobertizo completamente impermeable, cuyas dimensiones no necesitan ser mayores de 3,6 metros por 2,7 metros. Se dispone un sistema de postes alrededor del campo o campos que se van a electrificar, siendo suficiente uno por hectárea (ver fotografía en la página 3).

Cada poste está rematado por un aislante de porcelana muy potente y alrededor de estos aislantes se fija el cable principal (cable galvanizado ordinario no 18) que se extiende alrededor del perímetro del área que se va a cultivar.

Tendidos entre estos cables a través del campo, a intervalos de unos 30 metros, hay otros de calibre mucho más fino, formando una red completa sobre el terreno. Para permitir que se puedan realizar labores con carros después de instalar los cables, éstos se colocan generalmente a una altura de unos 4,5 metros sobre el suelo.

En el momento en que se activa la bobina, el sistema aéreo se carga a una tensión muy alta y la descarga eléctrica comienza inmediatamente.

Breve reseña de algunos experimentos

En el verano de 1902, el profesor Lemstrom instaló un equipo eléctrico en el Durham College.

Los cultivos objeto de experimentación fueron fresas, patatas, acelgas, guisantes y remolachas azucareras, pero como el aparato no estaba completamente operativo, no pudo aplicar la descarga hasta casi finales de mayo.

Durante todo el período del experimento se experimentaron condiciones de clima excepcionalmente húmedas, y como es inútil hacer funcionar el aparato durante la lluvia, sólo pudo aplicar la descarga durante unas 50 horas en 132 días.

Pero a pesar de estas desventajas, la germinación y la vegetación fueron claramente mejores en los campos de experimentación que en los de control.

Las siguientes tablas muestran el porcentaje de aumento:

CULTIVO.	AUMENTO POR CIENTO.
fresas	37.0
Patatas (1°)	31.1
Patatas (2°)	15.4
aceitunas	25.0
Guisantes	20.0
Remolacha azucarera	Ninguna diferencia; pero el análisis mostró un ligero aumento de azúcar.

Patatas (1°) y Patatas (2°): Promedio 23,3

Ese mismo año se llevó a cabo un experimento cerca de Breslau, en Alemania; el clima era muy similar al del Durham College, en Newcastle. Los resultados fueron los siguientes: -

CULTIVO	AUMENTO POR CIENTO.
fresas	50.1
Zanahorias	13.1
Patatas (1°)	13.8
Patatas (2°)	17,4 promedio 20,8
Patatas (3°)	30.3
Avena (1°)	40,7
Avena (2°)	4,5 promedio 22,6
Cebada (1°)	0.0
Cebada (2da)	14,2 promedio 10,6

Sobre 3 hectáreas se experimentó en Suecia en el verano de 1902 por el Barón Theodore Adelsvard, y se obtuvieron los siguientes resultados:

CULTIVO.	AUMENTO POR CIENTO.
Mislin (cebada, avena, guisantes, etc.)	20.0
Remolacha (alimento para ganado)	26,5
Zanahorias	2.0

Hubo mucho daño a los cultivos por la lluvia y las bajas temperaturas, por lo que los resultados obtenidos no fueron satisfactorios.

Los experimentos se repitieron en los tres lugares en 1903. En Durham College, las condiciones variaron algo al regar la mitad del área electrificada y no la otra. La comparación es de considerable interés.

CULTIVO.	AUMENTO POR CIENTO.	
	CULTIVO RIEGO.	SIN RIEGO.
Nabos	99.0	49,5
remolacha azucarera	40.0	49,6
aceitunas	0,2	33.2
Papas	30,8	65,5
Guisantes	28.1	7.0
Frijoles	8.3	12.0
Hierba de centeno	129,7	97,4
Trébol	13.3	16.5

En la tabla anterior se observará que los nabos, guisantes, pasto seco y trébol se beneficiaron del riego; sobre la otra cosecha, el profesor Lemstrom consideró que tenía un efecto perjudicial. Él observó además que en los nabos y la remolacha azucarera el exceso de hojas era igual al de las raíces, mientras que en el caso de las acelgas era diferente, y los tallos de los guisantes y las judías estaban mucho más desarrollados que los frutos.

En Alemania, los resultados de los experimentos de 1903 variaron algo en comparación con los del año anterior. El porcentaje aumentado de cebada fue considerablemente mayor, en el de patatas menor. En Suecia, debido a la lluvia e irregularidades en el funcionamiento del aparato, la prueba no fue justa, pero a pesar de que hubo un porcentaje de 19,5 en el centeno y la calidad del maíz tras el análisis mejoraron.

La siguiente tabla de análisis de algunos de los cultivos cultivados en Atnidaberg, Suecia, muestra que la carga eléctrica produjo un aumento considerable en algunos de los ingredientes más importantes.

CULTIVO	AUMENTO POR CIENTO		
	MATERIA PROTEIDA	NITRÓGENO	ALBUMEN
Centeno	19.0	19.2	14.3
Cebada	12.4	12	
Avena	4.2	6.6	8.1

Experimento del Sr. J. E. Newman.

En 1906, el Sr. Newman comenzó sus experimentos en Evesham, Worcestershire, de los cuales las siguientes tablas dan el resultado:

1906.

CULTIVO.	AUMENTO POR CIENTO.
Trigo, Fife rojo canadiense	30.0
Trigo, Reina Roja Inglesa	29.0
Cebada	5.0

1907.

CULTIVO.	AUMENTO POR CIENTO.
Trigo, pífano rojo	29,0, lo que supuso un aumento de 9,4 bushels por acre.
aceitunas	18.0

1908.

CULTIVO.	AUMENTO POR CIENTO.
Trigo	24.3

Un aumento de más de cinco fanegas por acre con respecto al cultivo de control.

1909.

CULTIVO.	AUMENTO POR CIENTO.
Trigo, pífano rojo	23.0

1909, ESCOCIA.
Experimento del Sr. Low en Balmakewn, Kincardineshire.

CULTIVO	AUMENTO POR CIENTO.
Avena	6 granos. 8 Paja.
Nabos	Pequeño aumento

La estación fue excepcionalmente seca y el suelo ligero, por lo que las condiciones no eran favorables para el cultivo.

Durante el año 1909 se llevaron a cabo en Dahlem, Alemania, algunas pruebas de electrocultivo de carácter excepcionalmente interesante.

El terreno experimental se dividió en cuatro parcelas. Se adoptaron como estándar un cierto número de plantas, entre ellas la espinaca, el rábano, la col y la lechuga. Éstos fueron cultivados en condiciones normales. La misma variedad de plantas en otra parcela, fueron expuestas a electricidad atmosférica intensificada por medio de corrientes en cables aéreos. Un tercer grupo fue tratado con electricidad de alta tensión, mientras que un cuarto fue cubierto con una jaula de alambre dispuesta de manera que excluyera toda la electricidad natural de la atmósfera. La siguiente tabla muestra los resultados obtenidos de cada una de las parcelas:

I	II	III	
ESTANDAR	ELECTRICIDAD ATMOSFÉRICA INTENSIFICADA.	TENSION ALTA CORRIENTE DÉBIL	ELECTRICIDAD CORRIENTE FUERTE
100 per cent.	115 a 140 por ciento.	100 a 125 por ciento.	llegar al 105 por ciento.

IV
EXCLUIDA ELECTRICIDAD ATMOSFÉRICA.
85.5 per cent.

Experimentos por E.C. Dudgeon.
(Autor de Growing Crops & Plants by Electricity)

El primer experimento lo llevó a cabo en 1910 en Lincluden, Dumfries, Escocia. Fue muy pequeño para ser considerado un experimento completo, ya que el área era sólo de aproximadamente un cuarto de acre (1000 metros cuadrados). Se plantó avena en una parcela de 6 pies por 20 pies (1.8 metros por 6 metros). Otra parcela similar del campo se plantó el mismo día con la misma variedad de avena para comparar. Esta parcela "control" estaba a unas 150 yardas (137 metros) de distancia y tenía claramente mejores condiciones de suelo. El terreno era un rico pasto sin cultivar durante 30 años, mientras que la parcela experimental se había cultivado con vegetales durante 4 años seguidos.

La avena de la parcela electrificada creció enorme: algunas partes tenían ¡27 tallos de cada semilla! Su altura promedio fue de 5 pies (1,5 metros) y estuvo lista para cosechar 8 días antes que la parcela control.

Desafortunadamente llovió mucho y el grano se dañó, por lo que no se pudo comparar su peso. Pero de pequeñas muestras se veía que era de mejor calidad que el de la parcela no electrificada.

En el verano de 1911 el autor realizó otro experimento con el señor Cameron en la granja Lincluden Mains, también en Dumfries. Usaron un campo de unos 7 acres (28.000 metros cuadrados), dividido a la mitad con una parcela electrificada y otra de control. El terreno era casi llano con algunas ondulaciones. Se sembraron patatas de 4 variedades. Los resultados fueron:

PARCELA EXPERIMENTAL.		
VARIEDAD.	MONTONES	CWTS.
Cabecilla		
Tamaño de semilla	6	19
Menos de 14 pulgadas	I	2
Total	8	I	Ninguna enfermedad

CONTROL.

VARIEDAD.	MONTONES	CWTS.
Cabecilla Tamaño de semilla Menos de 1 pulgada	4 1	13 4
Total	5	17 Sin enfermedad

Peso extra por acre de una parcela electrificada 2 toneladas 4 cwts.

EXPERIMENTAL.

VARIEDAD.	MONTONES.	CWTS.	QRS.	libras.
castillo de Windsor Tamaño de semilla Menos de 1 pulgada	10	19 15	1 0	4 $24\frac{1}{2}$
Total	11	14	2	19 Sin enfermedad

CONTROL.

VARIEDAD	MONTONES.	CWTS.	QRS.	libras.
castillo de Windsor Tamaño de semilla Menos de 11 pulgadas	8	18 19	0 2	19 0
Total	9	17	3	o Ninguna enfermedad

Peso extra por acre de parcela electrificada 1 tonelada 16 cwt. 3 cuartos 19 libras.

EXPERIMENTAL.

VARIEDAD.	MONTONES.	CWTS.	QRS.	libras.
maravilla dorada Tamaño de semilla inferior a 11 pulgadas	7	19 15	2 0	0 $24\frac{1}{2}$
Total	8	14		24 Sin enfermedad

[Aparato de descarga eléctrica Lodge-Newman

En la esquina izquierda de la mesa podemos observar una gran bobina de inducción, que es un dispositivo que sirve para transformar corriente eléctrica de baja en alta tensión. La bobina está conectada a un interruptor de mercurio, que es un tipo de interruptor que al girar un tubo con mercurio abre o cierra el circuito eléctrico. A través de este interruptor se obtiene la corriente continua, que es aquella que siempre fluye en la misma dirección a diferencia de la corriente alterna. Se toma esta corriente eléctrica desde la fuente principal de electricidad.

Encima de un soporte de cristal se ven montados cinco globos también de cristal que son válvulas patentadas inventadas por Sir Oliver Lodge. Estas válvulas sólo permiten el paso de la carga eléctrica a través de ellas en una única dirección.

En cada extremo del soporte donde se ubican las válvulas, se encuentran montados sobre dos tubos de porcelana los explosores. Los explosores consisten en unas pelotas de latón ajustables que están diseñadas para absorber cualquier exceso de corriente eléctrica y también para indicar la presión de electricidad disponible en el sistema.]

CONTROL.

VARIEDAD.	MONTONES. CWTS. QRS. libras.			
Tamaño de semilla Golden Wonder inferior a 14 pulgadas		7	5	I	7
			I7	I	5$\frac{1}{2}$
	Total 8			121 Sin enfermedad

Peso extra por acre de parcela electrificada 12 cwts. o qrs. 12 libras.

EXPERIMENTAL.

VARIEDAD.	MONTONES. CWTS. SRO. libras.			
Gran tamaño de semilla	I I	I	I	I5
escocesa inferior a 11 pulgadas		I0	2	0
enferma		4	0	0$\frac{1}{2}$
Total I I		I5	3	27$\frac{1}{2}$

VARIEDAD.	MONTONES. CWTS. QRS. libras.			
Gran tamaño				
de semilla	9	6	2	20
escocesa inferior a 1 pulgada		16	3	19½
enferma		2	2	24
Total	10	6	1	7½

Peso extra por acre de parcela electrificada 1 tonelada 9 cwts. 2 cuartos 20 libras.

Las tablas anteriores muestran sin lugar a dudas que la descarga eléctrica tiene un efecto decididamente beneficioso sobre el crecimiento de los cultivos. También es evidente que algunos cultivos responden mejor al tratamiento que otros; en todos los experimentos ha habido un claro avance en el porcentaje de trigo, en patatas los rendimientos varían considerablemente, con algunas excepciones las leguminosas se ven perjudicadas, pero un punto curioso en relación con estos

cultivos y plantas que se cultivan en rotación tienen un efecto distinto en el suelo comparado con los cereales.

Puede ser que cada tipo de cultivo requiera su propio tratamiento eléctrico: algunos podrían responder mejor a una descarga más fuerte y otros a una más suave. Será necesario determinar la cantidad adecuada de horas de electrificación según las condiciones climáticas, y habrá que investigar si las plantas sólo se benefician en ciertas etapas de su crecimiento.

Sólo pruebas cuidadosas y estudios científicos exhaustivos resolverán estas preguntas.

Quienes tienen el tiempo para dedicarles y que no dependen totalmente de los productos de sus granjas para ganarse la vida, deberán investigar este tema a fondo y observar minuciosamente cada detalle relacionado con sus experimentos.

Aquí podemos ver uno de los grandes aisladores utilizados en la instalación de descarga eléctrica. Se muestra en comparación con un aislador de línea telegráfica común, para notar su gran tamaño.

Electricidad Atmosférica

Estamos familiarizados con los grandes despliegues eléctricos que vemos en la naturaleza como las tormentas con rayos y relámpagos. Muchos también hemos visto en el cielo nocturno las auroras boreales, luces que se producen por la interacción de partículas cargadas eléctricamente provenientes del sol con los gases de la atmósfera terrestre. Estas auroras ocurren a diario en las zonas polares.

Un relámpago es simplemente una descarga eléctrica repentina entre dos nubes cargadas o entre una nube y la tierra. Las auroras boreales en cambio son descargas graduales de electricidad a través del aire enrarecido, es decir, aire con menor densidad que se encuentra en las capas altas de la atmósfera.

Generalmente se cree que la electricidad atmosférica juega un papel importante en la formación de lluvia, granizo y nieve.

Ya en 1783 se sugirió que la electricidad atmosférica era un factor importante en el entorno de una planta. Benjamin Franklin había extraído electricidad de las nubes antes de esa fecha, y los pararrayos ya se habían introducido. Así que se sugirió que la electricidad atmosférica podría recogerse y conducirse a las plantas en crecimiento. El abate Berthelon, en Francia, hizo esos experimentos en ese momento e informó que esto "mejoró la apariencia de las plantas y aumentó su fertilidad".

Experimentos similares todavía se llevan a cabo en Francia, algunos de los más interesantes y recientes son los realizados por un oficial militar, el teniente Basty. Su sistema consiste en utilizar la electricidad atmosférica por medio de varios pararrayos portátiles pequeños colocados en medio de sus cultivos. Los puntos metálicos en estos conductores se cargan con la electricidad atmosférica, la cual, por medio de cables enterrados en la tierra, se conduce a las raíces de las plantas. En un experimento reciente, el señor Basty plantó dos parcelas con papas, esparceta y cáñamo; los cultivos en un área se cultivaron en condiciones normales, mientras que en la otra área se dispuso la configuración de pararrayos. Tomando 100 kg como su estándar, los resultados fueron los siguientes:

PARCELA DE CONTROL.		PARCELA EXPERIMENTAL.	
Papas	220 libras.	Papas	373 libras.
Pipirigallo	220 libras.	Pipirigallo	552 libras.
Cáñamo	220 libras.	Cáñamo	775 libras.

En su reporte, el Señor Basty señala que las papas cultivadas en el terreno donde se habían colocado los conductores eléctricos estuvieron listas para cosechar una semana antes que las papas del terreno de control. Además, tenían una textura más resistente y contenían más almidón, que es el componente de las papas que les da energía.

En Francia se está adoptando la construcción de pararrayos, que son dispositivos que derivan la electricidad de las tormentas, para proteger las zonas de cultivo y ciudades de los daños por granizadas fuertes. Estos pararrayos consisten en varillas de cobre recubiertas de oro instaladas en lo alto de columnas de al menos 100 pies (30 metros) de altura y conectadas al suelo mediante cables. Un pararrayos de estas dimensiones puede proteger un área de aproximadamente 3 millas (4,8 kilómetros) a la redonda.

La electricidad contenida en las nubes de tormenta es atraída por las puntas metálicas de los pararrayos y, al encontrar una ruta directa a tierra a través de los cables, se descarga, previniendo o reduciendo las tormentas eléctricas y de granizo...

Criar animales en una atmósfera electrificada no solo es beneficioso para las plantas, sino también para los animales, como han demostrado experimentos recientes.

El profesor Silas Wentworth, de Los Gatos, California, afirma que como resultado de la influencia eléctrica su producción de corderos se duplicó con creces, y el rendimiento de lana aumentó enormemente. Dividió un rebaño de 2.000 ovejas en números iguales, la mitad se colocó en un pastizal sobre el cual se tendió una red de cables cargados eléctricamente, la otra mitad se mantuvo en un terreno totalmente alejado de la influencia eléctrica; la alimentación y la atención a cada rebaño fueron idénticas. Informa que la lana de las ovejas en el área electrificada era más fina y casi el doble de gruesa que la de las ovejas mantenidas en la porción de control, y la producción de corderos promedió una fracción superior a dos corderos por cada oveja, mientras que el promedio de corderos en el área no electrificada fue una fracción inferior a un cordero por cada oveja, y el peso de la lana fue considerablemente menor.

Hoy en día en el continente no es nada extraño que los pollos se incuben y críen eléctricamente, y como resultado el estándar físico de las aves jóvenes es considerablemente más alto.

UNA DE LAS LÁMPARAS DE VAPOR DE MERCURIO EN INVERNADERO.

La fotografía no muestra la segunda lámpara que está en el extremo más cercano, suspendida de un cable flexible con un peso adjunto y que puede bajarse o elevarse según sea necesario. A intervalos alrededor de la casa se pueden observar pequeñas lámparas Osram que se han utilizado ventajosamente para madurar las fresas

El emprendedor alemán Sr. G. Kesler ha inventado una incubadora y madre adoptiva, que tiene una disposición ingeniosa pero simple de cables eléctricos que constituyen un radiador de calor, que cuando se enciende el interruptor mantiene una temperatura uniforme en toda la caja. Una vez establecido el grado de temperatura necesario para incubar los huevos, se mantiene automáticamente en el mismo nivel durante todo el período de incubación, variando nunca más de una décima de grado, y una vez configurado en funcionamiento, no requiere más atención.

Se mantiene una ventilación perfecta, entrada de aire fresco a través de la parte inferior de la incubadora y se calienta a la temperatura necesaria mediante un arreglo especial antes de llegar al compartimento principal.

Tan pronto como los pollos eclosionan, pasan a otro compartimento donde se mantienen durante 20 horas sin alimento, luego se trasladan a la criadora. Esta criadora se divide en dos compartimentos, ambos mantenidos a la misma temperatura mediante un radiador de calor eléctrico, uno para usar por la noche y el otro para la ocupación durante el día. Hay un mecanismo especial por medio del cual la temperatura puede disminuirse gradualmente a medida que las aves se fortalecen, hasta que finalmente se puede prescindir completamente del calor artificial. Por supuesto, este arreglo de incubación depende únicamente de la electricidad como fuente de calor, pero un experimentador ha ido un paso más allá.

El Sr. T. Thorne Baker completó recientemente un experimento de crianza de aves jóvenes en una atmósfera electrificada. Los pollos se criaron en condiciones exactamente similares, se alimentaron de la misma manera, los crió la misma madre adoptiva en la misma parcela de terreno.
La mitad de las aves jóvenes se colocaron en una parcela que estaba electrificada mediante un aparato de descarga de alta tensión, y desde el inicio de su tratamiento electrificado mostraron una disposición mucho más amable y contenta que sus vecinos no electrificados, y finalmente cuando se pesaron los dos lotes, mostraron un aumento promedio del 38,5% en peso.

Electricidad y Jardinería

El electrocultivo tiene un valor aún mayor para los jardineros que para los agricultores. Mientras que el agricultor generalmente puede contar con cierta cantidad de luz solar durante los 3 o 4 meses que sus cultivos están creciendo, el jardinero tiene rotación de productos a lo largo de todo el año, ya sea al aire libre o en invernaderos.

La falta de suficiente luz solar en nuestro país, especialmente en invierno, es un problema que todos los jardineros enfrentan. Aunque se utiliza comúnmente el "forzado" (técnica para acelerar el crecimiento de plantas), el costo de producción es alto y los productos no son tan buenos en sabor o calidad como los que crecen en condiciones normales. Por eso, cualquier plan para promover el crecimiento de plantas sin luz solar merece la atención de los jardineros.

En el invierno de 1904, el Señor J.E. Newman instaló un sistema de descarga eléctrica aérea tanto en sus jardines al aire libre como en 7 de sus 15 invernaderos, dejando las otras 8 casas como grupo de control; En todas se sembraron pepinos y tomates.

En la imagen vemos macetas con frijol argentino, cuyas semillas fueron plantadas el mismo día. La planta de la izquierda estuvo expuesta a la radiación de una lámpara de vapor de mercurio, mientras que la de la derecha creció en condiciones normales dentro del invernadero.

Al inicio del experimento, la descarga eléctrica se aplicó principalmente durante el día, luego se aplicó mayormente en la noche. La siguiente tabla muestra los resultados obtenidos en los cultivos electrificados en comparación con los no electrificados:

Crop.	Percentage of increase over unelectrified crops.
Under Glass — Cucumbers.	17%
In the open. { Strawberries, 5 year old plants.	36%
Strawberries, 1 year old plants.	80% and more runner.
Broadbeans.	15% decrease but ready for picking 5 days earlier.
Spring Cabbages	Ready for picking 10 days earlier.
Celery	2%
Tomatoes	No difference.

""   Porcentaje de crecimiento sobre cultivos no electrificados
Bajo invernadero – Pepinos 17%
En Abierto: Fresas, plantas de 5 años 36%
        Fresas, plantas de 1 año 80% y más rápido
        Habas, disminución del 15% pero listo para recolectar 5 días antes.
        Coles de primavera, listo para recolectar 10 días antes.
        Apio, 2%
        Tomates, Sin diferencia   ""

Se observó la enfermedad de la mancha en los pepinos tanto en los invernaderos experimentales como en los de control, pero aquellas plantas bajo la influencia de la descarga se vieron mucho menos afectadas que las otras. El profesor Priestley, quien estuvo en contacto con el experimento, opinó, en un artículo escrito para el Journal of the Bristol Naturalists' Society, que "Parece probable que los estragos de la enfermedad fueron en gran medida inhibidos por la descarga eléctrica, pues durante una semana, cuando la máquina de influencia se descompuso, la enfermedad progresó más rápidamente bajo los cables y volvió a detenerse al reiniciar la máquina. La acción de la descarga eléctrica puede deberse a una de dos causas, o bien se han aumentado las propiedades de resistencia del huésped o se han disminuido los poderes de ataque del parásito".

Ese mismo año, el Sr. Newman llevó a cabo un experimento similar en un huerto cerca de Gloucester. En esta prueba, los cables se fijaron más altos que en Bitton, y las plantas sobre las que se experimentó fueron remolachas, zanahorias y nabos, con el siguiente resultado:

CULTIVO.	PORCENTAJE DE CULTIVO NO ELECTRIFICADO.
Remolachas	33%
Zanahorias	50%

Los nabos mostraron un aumento, pero no se pudo evaluar satisfactoriamente la cantidad debido a los daños causados por las babosas al cultivo.

En el verano de 1909, el Sr. Newman instaló cables electrificados en 8 acres (32.000 m2) de plantas de fresa, obteniendo un rendimiento de poco más de 4 toneladas por acre.

Este año, la compañía Highfield Nurseries Co. en Essex, ha instalado un nuevo tipo de máquina para electrificar la atmósfera de los invernaderos, inventada por el Sr. Clark de Bishopston, cerca de Bristol. Las dimensiones del invernadero donde se realizará la prueba son de 200 pies (60 metros) por 24 pies (7 metros), y está equipado con aproximadamente 1.000 pies (300 metros) de cable electrificado.

El inventor afirma que su aparato con equipo completo no costaría más de £36, y el costo para operarlo y generar la descarga eléctrica en un invernadero de ese tamaño no superaría las £35 por semana.

Los resultados de este experimento serán observados con gran interés.

Las semillas de estas plantas se sembraron el mismo día y se cultivaron en condiciones similares en casas separadas. Los del lado derecho de la imagen con la tarjeta 'Experimental' fueron cultivados bajo la lámpara de vapor de mercurio; los marcados como 'Control' a la izquierda no estuvieron expuestos a la radiación de la lámpara. Las hortalizas 'Experimentales' estuvieron listas para su uso quince días antes que las 'Control'.

Forzado por luz eléctrica

Si el uso de luz eléctrica bajo cristal compensara la deficiencia de luz solar, el horticultor tendría un agente invaluable en la cría de vegetales de invierno y numerosos experimentos apuntan a la posibilidad de que este sea el caso. Con el fin de descubrir si la luz eléctrica tenía un efecto similar en el crecimiento de las plantas que la radiación solar, Sir William Siemens, un ingeniero eléctrico de gran renombre, comenzó en el invierno de 1880-1881 algunos experimentos muy interesantes en su casa en Tunbridge Wells, Kent, que solo terminaron con su muerte prematura debido a un accidente. Instaló en un invernadero con una capacidad de 2.318 pies cúbicos una potente lámpara de arco eléctrico; en esta casa se plantaron guisantes, judías verdes, trigo, cebada, avena, coliflores, así como fresas, frambuesas, melocotones, vides y tomates. Durante todo el experimento se mantuvo una temperatura de 60 grados Fahrenheit.

Se descubrió que el efecto de la lámpara al comienzo del experimento estaba lejos de ser satisfactorio. Con el supuesto de que la luz desnuda del arco era demasiado fuerte, ideó una forma de suavizar los rayos introduciendo un chorro de vapor a través de pequeños tubos que producían un efecto nuboso entre las plantas y la luz. Esto tuvo un efecto decisivamente beneficioso, pero aun así las plantas no respondieron de la manera que se había anticipado. A continuación, dispuso una linterna de cristal transparente alrededor de la luz para que actuara como pantalla, después de lo cual pronto se manifestaron resultados satisfactorios, como testifica lo siguiente:

GUISANTES.	SEMBRADO FINALES DE OCTUBRE.	LISTO PARA RECOGER EN FEBRERO. dieciséis.
Bastones de frambuesa	Plantado el 16 de diciembre	Fruta madura el primero de marzo.
fresas	Plantado a mediados de diciembre	En febrero se produjo fruta madura de excelente calidad y sabor. 14to.
vides	Se rompió el 26 de diciembre	Las uvas de un sabor inusualmente fino fueron recogidas el 16 de marzo.

En una ocasión anterior, Siemens realizó un experimento interesante con plantas de fresa. Habiendo demostrado para su propia satisfacción que la luz eléctrica tenía prácticamente el mismo efecto que la luz solar en la producción de clorofila, consideró que era bastante razonable suponer que también podría actuar como el sol en la maduración de la fruta y la producción de azúcar. Para probar esto, colocó varias macetas de plantas de fresa en dos grupos, uno de los cuales estaba expuesto solo a la luz diurna, el otro a la luz solar durante el día y a la luz eléctrica por la noche. Ambos conjuntos de plantas se mantuvieron a una temperatura de 18 a 21 °C bajo cristal.

Las plantas, al comienzo del experimento, estaban algunas en flor y otras con los frutos recién empezando a cuajar. Al cabo de una semana, los frutos de las plantas expuestas a la luz eléctrica se habían hinchado considerablemente más que los de control, y algunos de los frutos mostraban signos de maduración. Durante dos noches no se encendió la lámpara, pero cuando se reanudó, el progreso fue muy notable, en cuatro días la fruta estaba madura y de un color intenso, mientras que las plantas expuestas solo a la luz diurna apenas estaban coloreadas. También descubrió que, con los melones criados bajo luz eléctrica, el fruto cuajaba mejor, la maduración se aceleraba y el sabor mejoraba claramente. La cebada y la avena que germinaron bajo la lámpara tuvieron un rápido crecimiento, pero no llegaron a madurar; sin embargo, se sembraron las mismas variedades de semillas en enero a cielo abierto en una parcela sobre la cual se instaló la lámpara de arco; al principio germinaron lentamente, debido a la helada y la nieve en el suelo, pero tan pronto como el clima se volvió más suave se desarrollaron muy rápidamente y dieron granos maduros a fines de junio.

Siemens observó: "Aunque durante una noche de helada la temperatura en el suelo no difería materialmente dentro del alcance de la luz eléctrica y más allá de ella, el efecto radiante de la luz evitó totalmente la helada dentro de su alcance". Por lo tanto, sugirió que la aplicación de luz eléctrica frente a paredes con frutales, en huertos y jardines, sería un medio útil para salvar los brotes de frutas en el momento de su formación. Por supuesto, la pregunta es si el costo de hacerlo compensaría al fruticultor. En algunos distritos donde las líneas eléctricas principales de las grandes ciudades se extienden a los suburbios y el precio por unidad de Board of Trade no excede dos o tres peniques, bien podría hacerse con beneficio. Las lámparas no se utilizarían en los invernaderos en el momento en que se producen heladas tardías en primavera, por lo que podrían instalarse temporalmente en el exterior y evitar pérdidas incalculables en cultivos de ciruelas, melocotones y otras frutas de hueso.

En estos experimentos de Sir William Siemens, la luz permaneció encendida toda la noche, extendiendo así la luz diurna a 24 horas, lo cual va contra la opinión aceptada de que las plantas requieren un período de descanso para su desarrollo normal. Para probar si la luz continua había tenido algún efecto perjudicial en sus poderes reproductivos, sembró algunos de los guisantes madurados bajo la lámpara de arco, que germinaron en pocos días y mostraron todas las promesas de un crecimiento vigoroso.

Plantas de Tomate cultivadas durante los meses de noviembre y diciembre. Las plantas cultivadas bajo la influencia de la lámpara de vapor de mercurio crecieron en promedio tres cuartos de pulgada por semana más que las de la casa de control. La temperatura de ambos invernaderos se mantuvo igual.

El Sr. L. H. Bailey, de la Universidad Cornell de EE. UU., realizó una serie de experimentos de cultivo de plantas muy interesantes con la ayuda de la luz de arco eléctrico. Como resultado de sus experimentos, dio su opinión de la siguiente manera: "El efecto general de la luz eléctrica fue acelerar la madurez, y cuanto más cerca estaban las plantas de la luz, mayor era la aceleración, lo que fue particularmente marcado en el caso de cultivos como endibia, espinacas, berros y lechugas", pero si estaban demasiado cerca de la luz, notó una tendencia a subir a la semilla. Las lechugas a menos de 3 pies de la luz fueron eliminadas por completo. Si se cultivaban a una distancia adecuada de la lámpara, consideraba que el efecto de la radiación hacía que las plantas fueran más vigorosas, aunque no tan vigorosas como las cultivadas con luz solar; pero para el cultivo de lechugas, opinó que la luz eléctrica sería una fuente de ganancias. También consideró que las flores se beneficiaban.

Uno de los horticultores de Boston ha utilizado la luz eléctrica durante muchos años en la cría de lechugas, y considera que tiene un efecto ventajoso y que es una fuente de ganancias. Entre otros experimentos en Estados Unidos, los del Sr. F. W. Rane, del Colegio Experimental de West Virginia, son interesantes. Él hizo uso de la luz eléctrica incandescente ordinaria, como la que se utiliza para iluminar casas. Consideró como resultado de sus experimentos:

1. Que la luz incandescente tiene un efecto notable en las plantas de invernadero.

2. Que la luz es beneficiosa para las plantas cultivadas por su follaje; las lechugas maduraron antes, se mantuvieron más erguidas y pesaron más.

3. Las plantas florecientes florecieron antes y permanecieron más tiempo en floración.

El autor descubrió que en el caso de la maduración de fresas después de que el fruto estaba hinchado, la luz incandescente tuvo buenos resultados. Las plantas colocadas aproximadamente a 45 cm por debajo de las pequeñas lámparas maduraron varios días antes que las que estaban fuera de su influencia; la fruta era más dulce y de un color mucho más intenso.

En 1844, el Dr. Draper, de la Universidad de Nueva York, realizó algunos experimentos sumamente interesantes para determinar el efecto individual de los diferentes rayos coloreados del espectro solar sobre el crecimiento de las plantas. Mediante un prisma especialmente dispuesto, separó los siete colores diferentes: rojo, naranja, amarillo, verde, azul, añil y violeta, y dispuso una caja con siete compartimentos diferentes en los que se habían germinado semillas en la oscuridad, de modo que cada compartimento tuviera un color separado que cayera sobre él. Poco después, notó que esas pequeñas plantas expuestas a los rayos amarillos y adyacentes se volvieron verdes, pero las expuestas al rojo extremo y al violeta extremo no sufrieron ningún cambio. Sir William Siemens repitió este experimento con la lámpara de arco, cuyos diferentes rayos hizo que cayeran, por medio de un arreglo especial, sobre mostaza y berros cultivados en la oscuridad. Los resultados que obtuvo confirmaron la teoría del Dr. Draper.

La lámpara de arco es muy rica en rayos rojos y violetas, y en los experimentos tanto de Sir William Siemens como del Sr. Thwaite, la luz desnuda tuvo un efecto perjudicial en las plantas; al proteger algunos de los rayos rojos y violetas, se encontró una gran aceleración del crecimiento en comparación con la luz diurna ordinaria. Por estas y otras razones, la lámpara de vapor de mercurio tiene muchas ventajas sobre la lámpara de arco para fines culturales. Prácticamente no requiere atención, aparentemente no tiene rayos dañinos, ya que, a pesar de ser rica en rayos violeta, los resultados muestran que el tubo de vidrio y cuatro o cinco pies de atmósfera deben cortar cualquier porción perjudicial, y la cantidad que alcanza la planta solo tiene un efecto beneficioso.

En la lámpara de arco, los carbones deben renovarse aproximadamente cada ocho horas y cuestan 1 chelín renovar, mientras que el mercurio dura 2.000 horas, lo que significa dos temporadas de invierno, antes de agotarse, momento en el que se puede renovar el tubo por alrededor de 2 chelines. El costo inicial de la lámpara del tipo automático es aproximadamente el mismo que el de la lámpara de arco y el consumo de corriente es considerablemente menor. Se logra un ahorro considerable en carbón para calefacción. Una sola hilera de tuberías de ida y vuelta de 5 pulgadas es suficiente para mantener una temperatura máxima de 55, que parece satisfacer los requisitos de ciertas plantas mejor que el calor forzado de 65 a 75. No tienen el aspecto atenuado y delicado que se ve tan a menudo en plantas criadas con calor y el ahorro tanto de mano de obra como de espacio es un elemento de gran importancia para el horticultor, que obtendría al poder plantar sus plántulas al aire libre sin necesidad de que sea necesario ningún proceso de endurecimiento.

La lámpara de vapor de mercurio

En el invierno de 1910 a primavera de 1911, experimenté con la lámpara de vapor de mercurio, lo cual creo que fue la primera vez que se aplicó para experimentos de electrocultivo en este país. Esta lámpara consiste en un largo tubo de vidrio de aproximadamente una pulgada (2,5 cm) de diámetro, con un bulbo en el extremo que contiene una pequeña cantidad de mercurio.

Cuando se enciende la corriente eléctrica, la lámpara se inclina, enviando el mercurio a lo largo del tubo hasta que hace contacto con el cable que transporta la electricidad en el otro extremo. Luego automáticamente regresa a su posición anterior, y parte del mercurio se vaporiza al correr de vuelta, lo que produce una curiosa luz amarilla azulada mientras siga encendida la corriente.

La casa donde se realizó el experimento medía aproximadamente 20 pies (6 metros) por 10 pies (3 metros), manteniendo una casa más pequeña como control. El primer ensayo fue para ver el efecto de esta lámpara sobre la germinación de semillas. El 5 de diciembre se plantaron en macetas de 6 pulgadas (15 cm) semillas británicas y extranjeras, poniendo una maceta de cada variedad en ambas casas. Bajo la influencia de la luz, la germinación comenzó mucho más rápido en la casa experimental que en la de control, como muestra la siguiente tabla:

EXPERIMENTAL.		CONTROL.	
VARIEDAD.	DÍAS.	VARIEDAD.	DÍAS.
Judías verdes	13	Judías verdes	21
Zanahorias	11	Zanahorias	26
coliflores	6	coliflores	26
Lechuga	6	Lechuga	12
Guisantes de arce	6	Guisantes de arce	16
Avena	7	Avena	12
Cebada	7	Cebada	12
Trigo	8	Trigo	16

La casa de control tenía la ligera ventaja de recibir todo el sol que había, mientras que la casa experimental en invierno estaba casi completamente sombreada, por lo tanto, en los días en que había mucho sol, la temperatura en la primera casa subió ligeramente más que en la última; la temperatura promedio de las dos casas fue durante los primeros tres meses del año:

EXPERIMENTAL.	MÁX.	MÍN.	CONTROL.	MÁX.	MÍN.
Enero	50	46	Enero	59	48
Febrero	60	44	Febrero	67	55
Marzo	73	47	Marzo	78	50

Excepto en los días con sol brillante, la temperatura media diurna fue de 50 a 63 en ambas casas. La lámpara se encendió al atardecer y se mantuvo encendida durante unas cinco horas.

Las lechugas, zanahorias y coliflores respondieron al tratamiento de manera notable, mientras que las lechugas en la casa de control nunca alcanzaron la madurez y las zanahorias duraron tres semanas. más tarde.

Algunas de las coliflores, al mostrar sus hojas centrales, se plantaron al aire libre en canteros elevados rodeados de 6 pulgadas. tableros; durante las primeras tres noches les pusieron luces de cristal, los dos siguientes colocaron una estera ligeramente sobre unas estacas encima de ellos, después de lo cual quedaron desprotegidos, y aunque hubo nueve grados de escarcha dos noches después no estaban en lo más mínimo grado revisado y producido cabezas finamente formadas completamente una semana antes que los de la misma edad, criados en celo y cultivados después- salas en condiciones normales.

Las fresas respondieron notablemente bien al tratamiento. Hubo una profusión de floración y los frutos cuajaron bien, las plantas produjeron un 25 por ciento. más frutos que las plantas de control, y estaban días por delante de ellas, pero desafortunadamente las plantas en ambas casas se vieron afectadas por el mildiú blanco justo cuando estaban coloreando, lo que hizo que la cosecha no fuera apta para la cosecha.

En diciembre se sembraron una o dos macetas de guisantes, de los cuales el siguiente cuadro da el resultado:

CASA EXPERIMENTAL.	CASA DE CONTROL.
Guisantes ' Filbasket"	Guisantes ' Filbasket
Sembrados el 7 de diciembre	Sembrados el 25 de noviembre
Germinados el 13 de diciembre	Germinados el 27 de diciembre
Listos para cosechar el 4 de mayo	Listos para cosechar el 7 de mayo.

En la casa experimental, las plantas de 12 semillas produjeron 54 vainas bien llenas; en la casa de control, 5 semillas produjeron 19 vainas. Las primeras tenían un sabor excelente, casi igual al de los guisantes cultivados al aire libre, mientras que las de control tenían menos sabor y las vainas no estaban tan bien llenas.

El 4 de abril se sembraron algunos guisantes dulces para cultivo al aire libre. Germinaron en seis días y el 18 de abril se plantaron al aire libre, midiendo 21 cm de alto; crecieron robustamente y florecieron bien.

El profesor Priestley hizo amablemente un examen estructural de algunas de las plantas que se le enviaron y opinó que había "un color más profundo y un crecimiento más robusto en las plantas tratadas, las células de las hojas mostraron una acumulación marcadamente mayor de gránulos que contienen materia colorante verde (los cloroplastos) y sus tallos mostraban la presencia de una gran cantidad de fibra en un momento en que las plantas de control prácticamente no mostraban ninguna".

Estoy repitiendo el experimento principalmente con tomates, y los resultados son muy alentadores en germinación, robustez de crecimiento y profundidad de verdor. La respuesta es la que se habría esperado de las pruebas del año pasado con plantas de hortalizas que medían de 19 a 20 cm de alto cuando se pusieron en la casa experimental, midieron más de 90 cm en pocas semanas, con una profusión de follaje y una buena muestra de brotes, que en el momento de escribir aún no están en flor, mientras que los de la casa de control no han tenido un crecimiento similar.

Las plántulas sembradas el 20 de octubre y germinadas bajo la lámpara ahora son plantas de 35 a 43 cm de alto y de muy buen aspecto, mientras que las plántulas de control no han crecido en cinco semanas y miden solo de 12 a 17 cm de alto.

CONCLUSIÓN

Los experimentos anteriores muestran que la aplicación de electricidad, ya sea en forma de una descarga silenciosa desde cables elevados o luminosa mediante lámparas, tiene un efecto decididamente beneficioso sobre el crecimiento de las plantas. En los experimentos de iluminación, el objetivo de cada experimento ha sido imitar lo más fielmente posible los rayos que emanan del sol y que tienen el efecto más favorable sobre la vegetación.

¿CÓMO AFECTA LA ELECTRICIDAD EL CRECIMIENTO DE LAS PLANTAS?

Será interesante considerar algunas de las teorías que se han deducido sobre el efecto real de la descarga eléctrica sobre la vegetación.

Nitrógeno: Se cree que la electricidad tiene un efecto nitrificante sobre el suelo, y todo agricultor conoce el valor de este ingrediente para los cultivos. Se han realizado análisis de suelo tomado de debajo de los cables de descarga eléctrica en los que se encontró más nitrógeno que en el suelo tomado del área no electrificada. El nitrógeno compone alrededor de cuatro quintas partes de la atmósfera, pero en su estado libre no es utilizado por las plantas como alimento, excepto en el caso de plantas leguminosas cuya capacidad para obtener nitrógeno del aire está conectada con la formación de nódulos, cuyas bacterias penetran en las raíces y fijan el nitrógeno, almacenándolo así en las plantas para que se alimenten.

Para mostrar la importancia de la electricidad en relación con la nitrificación del suelo, la lluvia aporta alrededor de 10,7 libras de nitrógeno por acre al año, y una mayor proporción es precipitada por la lluvia tormentosa que por la lluvia cuando la atmósfera está menos cargada eléctricamente; la descarga del rayo provoca una combinación del oxígeno y el nitrógeno en el aire, cuyo producto es llevado por la lluvia a la tierra, agregando así pequeñas cantidades de nitratos a sus reservas para la nutrición de las plantas y que, aunque de ninguna manera es suficiente para mantener el suministro que requieren, es un suplemento considerable a los métodos artificiales de enriquecimiento del suelo. Por lo tanto, si podemos aumentar este suministro de nitrógeno al suelo a partir de fuentes naturales y de estiércol mediante la aplicación de electricidad, eso por sí solo sería una ganancia considerable.

Asimilación: Otra sugerencia es que la corriente eléctrica en la tierra ayuda a solubilizar ciertos nutrientes vegetales que contiene, y por lo tanto facilita su asimilación. Para tomar una analogía cotidiana, podríamos comparar la acción de la corriente con la de «peptonizar». El sol tiene una poderosa acción sobre el suelo descomponiendo sus constituyentes, y Sir Oliver Lodge admite que, aunque la descarga eléctrica no puede reemplazar la luz solar en el crecimiento de las plantas, de forma secundaria es muy posible que ayude al crecimiento, especialmente en los días nublados.

La falta de sol suficiente en nuestro clima es una de las principales razones por las que nuestros cultivos son menos exuberantes que en aquellos países donde, desde el momento de la siembra hasta la cosecha, rara vez se registra un día sin sol. Tenemos algunos días, en estaciones excepcionales tal vez algunas semanas seguidas, de cielo despejado y sol brillante, durante ese período la vegetación progresa vigorosamente; luego llegan días en los que el cielo está nublado y gris y la vida vegetal parece prácticamente detenida. ¿No es una inferencia natural suponer que la descarga eléctrica, aunque de ninguna manera teniendo la poderosa influencia de la luz solar, acelera el crecimiento donde de otra manera estaría progresando muy imperceptiblemente?

Humedad: Los pequeños intersticios entre las partículas del suelo tienen la capacidad de absorber la humedad de los niveles más bajos por lo que se conoce como atracción capilar. Si tomamos un pequeño tubo capilar de vidrio doblado en forma de herradura, vertemos un poco de agua en él hasta que lo llena aproximadamente a la mitad, se observará que el agua se mantendrá al mismo nivel en ambos lados. Al colocar un cable cargado eléctricamente (negativo) por encima de uno de los brazos del tubo, el agua subirá por el lado del vidrio debajo del cable cargado; a partir de este hecho, bien podríamos imaginar razonablemente que una corriente de electricidad negativa que pasa a través del suelo podría ayudar sustancialmente a estos diminutos pasajes en el suelo en su trabajo de extraer humedad desde un nivel más bajo.

Se vio una buena instancia para confirmar esta teoría en una prueba realizada en Lincluden House durante la notable sequía de 1911. Se observó que las hojas de las plantas de papa en el área electrificada se vieron mucho menos afectadas por la radiación del sol durante el día, que las del área no electrificada. Pero se requeriría un gran criterio en la aplicación de la descarga durante un largo período de tiempo seco, ya que el cultivo, aunque se beneficiaría al principio, podría deteriorarse considerablemente debido a que la humedad se agotaría.

Flujo de savia: pasan corrientes eléctricas débiles a través de las plantas y se descargan en la atmósfera por medio de las hojas. Al probar directamente las plantas vivas, se ha detectado una corriente débil cuando la savia fluye vigorosamente, por lo que sería bastante razonable suponer que al aumentar estas pequeñas corrientes deberíamos tener un aumento en el flujo de savia y, en consecuencia, una mayor estimulación de la planta.

Se ha encontrado que tanto la formación de almidón como de azúcar aumentan bajo la influencia de la descarga, y la germinación se acelera. Para comprender completamente el efecto fisiológico de la descarga es de la mayor importancia.

El profesor Priestley, de la Universidad de Leeds, ha estado dedicado durante algún tiempo a hacer investigaciones cuando su tiempo se lo permitía. Sus investigaciones implican una inmensa cantidad de trabajo y necesariamente se extenderán a lo largo de varios años, porque además del trabajo analítico en el laboratorio, los cultivos deben ser cuidadosamente vigilados y deben tenerse en cuenta todas las condiciones del suelo en el que crecen.

Por lo tanto, es obvio que deben transcurrir algunos años antes de que podamos esperar tener ante nosotros, como resultado de sus importantes investigaciones, un tratado práctico que nos guiará sobre cómo aplicar la descarga eléctrica con la mayor ventaja para nuestros diferentes cultivos.

LIBROS ÚTILES DE ELECTROCULTURA

LIBROS ELÉCTRICOS ÚTILES.

Pararrayos y sus fenómenos. Por W. H. WHITE-HOUSE, M.I.E.E.
8vo., con ilustraciones. Precio 7 peniques, envío gratuito.

Practical Dynamo & Motor Management, un libro muy útil y práctico.
Debe estar en posesión de todos los fabricantes y usuarios de estas máquinas.
34 ilustraciones. Precio 7 peniques. neto, publicar gratis.

Conexiones de Iluminación "Lektrik". Un cuaderno de bolsillo de chaleco con
conexiones de lámparas, con notas explicativas de W. PERREN MAYCOCK, M.I.E.E. El
compañero más útil para ingenieros, contratistas, técnicos de cableado y estudiantes. 1oo
ilustraciones y diagramas y 80 páginas. Tamaño 4 pulgadas por 3 pulgadas. Precio
7 peniques. neto, publicar gratis.

La electrificación de los ferrocarriles. Por el Profesor GISBERT
KAPP, Ex Presidente del Inst. E.E. Una obra completamente descriptiva y
bien ilustrada que debería ser leída por todo aquel interesado en el tema
de la tracción eléctrica. 4to., impreso en papel artístico, 45 págs. y 86
ilustraciones. Precio 1/-, envío gratuito.

Práctico diccionario eléctrico. Por W. L. WEBER. Totalmente actualizado.
Contiene definiciones de más de 4800 palabras, términos y frases distintas.
Tamaño 5 lata. x 28 pulgadas. x pulg., 224 págs. Tela, bordes rojos, 1/- neto;
cuero, dorado, 1/6 neto.

El libro de bolsillo del práctico electricista. Una obra de referencia de
valor incalculable, con útiles hojas de memorandos, formularios de pedido
perforados, etc. Recomendado por todas las revistas eléctricas. Precio 1/- tela y 1/6
Rexine.

Luz Eléctrica para Casas de Campo. Un manual práctico sobre el
montaje y funcionamiento de pequeñas instalaciones, con detalles del coste de
planta y trabajo. Por J. H. KNIGHT. Precio 1/2, publicación gratis.

Aplicaciones de la Calefacción Eléctrica. Un trabajo sumamente
interesante, que trata las distintas fases de esta rama de la ciencia eléctrica. Por el
profesor J. A. FLEMING, F.R.S. Precio 1/2 neto, post libre.

Dinamo y Operadores de Motor y sus Máquinas. Por FRANK
BROADBENT, M.I.E.E. Sexta edición, reescrita y ampliada. Muy
recomendable. Precio 1/9 neto, publicación gratuita.

La aplicación de motores eléctricos a la conducción de máquinas. Por A.
STEWART, A.M.I.E.E. Tercera edición, revisada. Precio 2/3, envío gratuito.

La aplicación de las lámparas de arco con fines prácticos. Por JUSTUS Eck,
M.A., M.I.E.E. Un manual actualizado para usuarios de lámparas de arco,
ingenieros consultores, contratistas, capataces, recortadores, etc. Proporciona
diagramas de trabajo claros y detalles de los principales tipos de lámparas de arco. Tela
8vo., 101 págs., 92 ilustraciones. 2/6 neto.

El cómo y el por qué de la electricidad. Un libro de información para
lectores no técnicos. Por CHAS. T. NIÑO. 8vo., tela, 116 págs., 40
ilustraciones. Precio 4/6 neto, envío gratis.

Preguntas y respuestas sobre aparatos eléctricos. Por CLAYTON
y CRAIG. 8vo., tela floja, ilustrada. Un trabajo muy útil, que ilustra
puntos generales e información sobre pruebas, operación, problemas
y defectos de aparatos eléctricos. 5/- neto, publicación gratuita.

3.5 Principios básicos de electrocultivos.

1) Observar e interactuar
Como demuestra la Física Cuántica con el principio de incertidumbre de Heisenberg, el observador modifica activamente la realidad observada. Por eso en el electrocultivo hágalo usted mismo la calidad de la observación es fundamental para entender mejor y saber cómo funciona cada planta de manera diferente para luego actuar para regenerar el equilibrio paso a paso elevando el nivel de energía.

2) Capturar y almacenar energía
Comprender cómo utilizar la energía natural, proveniente del sol, el viento, el campo magnético terrestre, los agentes atmosféricos, siempre disponibles, para mejorar el biorritmo de la vida (al insertar más dispositivos puedo aumentar la vitalidad en todos los niveles: plantas, animales, Hombre, ecosistema)

3) Usar y mejorar los recursos y servicios renovables
Las tecnologías y los dispositivos pueden ser construidos en cualquier lugar y por cualquier persona utilizando materias primas como cobre, hierro, aluminio y madera, fácilmente reciclables o disponibles a bajo costo.
De esta manera, por ejemplo, es posible revivir productos abandonados, reciclar, revitalizar metales, objetos, desechos, cables eléctricos de sistemas antiguos, electrodomésticos desechados.
Las aplicaciones son muchas, y muchas aún desconocidas (Hombre, animales, plantas, agua, ecosistema... etc.).
Una vez implementadas, la naturaleza hará el resto con nuevas dinámicas y características por descubrir y observar, con gran interés, por casualidad Caso por casualidad.

4) No generar residuos
Gracias al electrocultivo hágalo usted mismo, los tratamientos y fertilizaciones se reducen drásticamente mediante un proceso gradual, dejando el tiempo natural para que el cultivo alcance el equilibrio y acelere la producción a la vez que respetándolo.

5) Usar soluciones simples y graduales
Existe la posibilidad de combinar muchas soluciones, pero lo ideal es ir creciendo paso a paso implementando nuevas soluciones, guiándonos por la curiosidad y la observación de la naturaleza en sus ciclos de vida.

6) Utilizar y valorar la diversidad: "la diversidad es una fortaleza"
Durante la experimentación y desarrollo del sistema de electrocultivo sobre un cultivo, es posible aplicar combinaciones nuevas o conocidas con diferentes enfoques que se derivan de la integración entre electrocultivo y permacultura, diferenciando el riesgo en función de la resiliencia demostrada por los cultivos.

7) Reaccionar al cambio y usarlo creativamente
En la naturaleza constantemente hay nuevos escenarios para explorar. Durante el cultivo es fundamental seguir experimentando y observando en el tiempo, creando y descubriendo, despertando constantemente la curiosidad y la creatividad.

4. TÉCNICAS Y APLICACIONES

La electrocultura comprende diversos métodos prácticos mediante los cuales se aprovechan la electricidad y los campos electromagnéticos para potenciar resultados agronómicos. Estas técnicas han evolucionado desde principios del siglo XX en paralelo a los avances tecnológicos, perfeccionándose para distintos grupos de cultivos.

Sistemas de electrocultivo natural.
Hay muchos tipos de sistemas que se pueden fabricar con materiales simples como cobre, alambre de hierro/acero galvanizado, alambre de aluminio, tubos metálicos, rocas magnéticas, cristales piezoeléctricos e imanes. Esta guía cubrirá los conceptos básicos.

Bobina / Espiral / Imán /
Helicoidal / Pirámide / Torre /

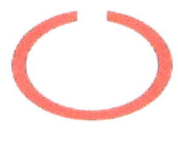
Coil

Spiral

Magnet

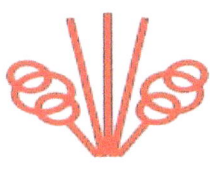
Helical

Pyramid

Tower

La primera patente de electrocultivo fue presentada en 1920 por el inventor francés Justin Christofleau. Alemania ofreció 12 millones de francos por los derechos mundiales de su invento, pero él se negó... y ahora todo el mundo puede beneficiarse.

La ElectroCultura hace referencia a dos métodos principales para aprovechar la electricidad en la agricultura: activo y pasivo.

El método activo requiere la instalación de equipos que generen electricidad de forma artificial para suministrársela a los cultivos. Este método demanda una gran inversión económica inicial.

Por otro lado, **la ElectroCultura pasiva** capta la electricidad ya disponible de forma natural en el entorno, por ejemplo, a través de fenómenos atmosféricos. Por eso puede implementarse de una manera más sencilla y económica.

La ElectroCultura activa

Utiliza dispositivos eléctricos artificiales como bobinas de Tesla para manipular el crecimiento de las plantas mediante electricidad generada de forma artificial.

Los primeros experimentos de este tipo se remontan al año 1746 en Inglaterra. Por ejemplo, el Dr. Selim Lemstrom demostró que aplicar descargas eléctricas puede acelerar el desarrollo de cultivos como patatas o apio. Con este método logró duplicar la cosecha de frambuesas y zanahorias.

Sin embargo, en esa época estos enfoques no lograron implementarse a gran escala, probablemente porque demandaban mucha inversión económica y conocimientos técnicos muy especializados.

Hoy en día, científicos agrícolas en China han conseguido perfeccionar esta metodología para usarla a nivel industrial. Allí se obtienen rendimientos un 20-30% superiores aplicando un 20% menos de fertilizantes y casi sin necesidad de pesticidas en invernaderos a gran escala.

No obstante, como señala una fuente, estos incrementos siguen siendo moderados si se comparan con los de otro método eléctrico desarrollado hace más de 100 años, conocido como ElectroCultura pasiva, que tiene mucho más potencial.

La ElectroCultura pasiva

Aprovecha la electricidad natural ya existente en el entorno, amplificándola o transmitiéndola a las plantas por medio de antenas, imanes u otras estructuras. Así se estimula el crecimiento sin necesidad de fertilizantes químicos.

Uno de los pioneros fue el ingeniero e inventor francés Justin Christofleau (1865-1938), quien realizó numerosos experimentos y desarrolló varios dispositivos de ElectroCultura pasiva buscando aprovechar la "electromagnetismo terrestre".

Por ejemplo, logró cultivos como puerros de 18-20 cm de grosor, trigo de 73 cm de alto o repollos gigantes de más de 2 metros de ancho y 1.5 metros de alto. En particular, con su "electrocultivador" registró incrementos de rendimiento entre el 100% y 300%, junto a frutos de mayor calidad y menores días hasta la cosecha.

Para quienes desean iniciarse, lo mejor es comenzar con los métodos más sencillos antes de agregar otros progresivamente:

- El método más simple es el "anillo Lakhovski", consistente en una antena circular que transmite electricidad a plantas individuales. Ideal para pruebas iniciales por su facilidad y bajo costo.

- Luego están los cables enterrados en la tierra para transmitir electricidad a áreas de cultivo más extensas. Existen varias formas de implementarlos.

Estos dos son los métodos de ElectroCultura pasiva más populares actualmente. A continuación, presentaré con más detalles los distintos sistemas técnicos disponibles.

Método 1: Electrodos de metales con distinta electronegatividad

Este método consiste en enterrar en la tierra dos electrodos de metales diferentes entre las plantas, los cuales posean distinto potencial de electronegatividad.

Por ejemplo, se pueden usar electrodos de grafito (una forma de carbono) y zinc. Estos se conectan mediante un cable de cobre sin aislante.

Al tener electronegatividad distinta, ambos metales generan un flujo eléctrico a través del cable de cobre, captando así electrones del aire. A su vez, también se produce una corriente eléctrica a través de la tierra.

Este doble efecto electrificante estimula el desarrollo de los cultivos ubicados entre los electrodos metálicos. Por un lado, nutre a las plantas con más electrones y por otro les transmite energía electromagnética promoviendo su crecimiento.

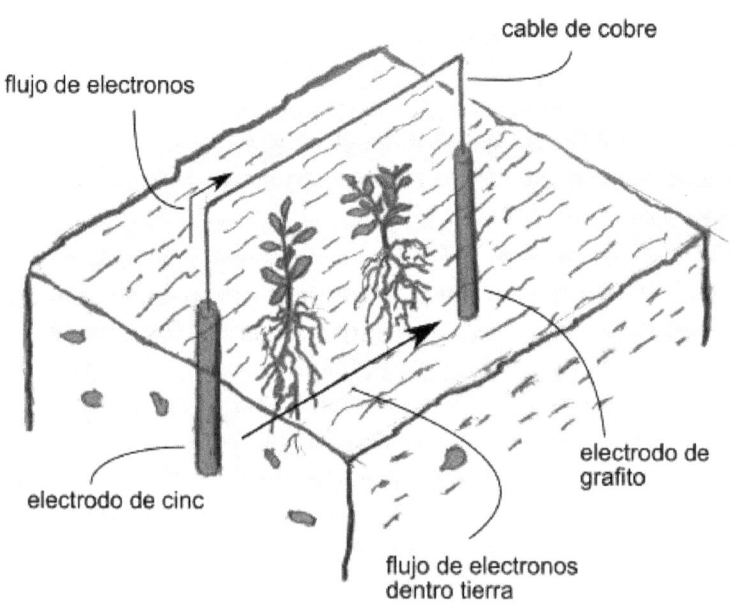

cable de cobre

flujo de electronos

electrodo de cinc

electrodo de grafito

flujo de electronos dentro tierra

La electronegatividad mide cuánto atrae un elemento químico los electrones hacia sí mismo. Mientras mayor sea este valor, más fuerte será su atracción de electrones.

Esto se puede verificar en la tabla periódica: la electronegatividad aumenta de izquierda a derecha en cada fila horizontal.

Algunos ejemplos de valores de electronegatividad:

- Carbono: 2,5
- Cobre: 1,9
- Hierro: 1,83
- Zinc: 1,65
- Aluminio: 1,61

Entre mayor sea la diferencia de electronegatividad entre dos elementos, mayor será la polaridad eléctrica generada entre ellos.

Por ejemplo, al combinar grafito (similar al carbono, 2,5) con zinc (1,65), se produce una gran diferencia de atracción de electrones. Así, estos fluyen espontáneamente del electrodo de zinc hacia el de grafito.

Un consejo práctico es utilizar una lámina de zinc y un tubo de cobre para conformar los electrodos con diferente electronegatividad.

Método 2: Cables metálicos en el suelo

Este método consiste en enterrar cables de acero inoxidable galvanizado/electrificado debajo de las áreas de cultivo.

Los cables deben orientarse en dirección norte-sur respecto al polo norte magnético, usando una brújula. Se recomienda un grosor mínimo de 2 a 2.5 mm.

En cultivos de jardín, se entierran a una profundidad de 10-15 cm, mientras que en agricultura extensiva debe ser de al menos 50-80 cm, para evitar que maquinaria agrícola los dañe.

El fondo de las zanjas debe cubrirse con harina de basalto y grava fina de basalto para proteger los cables.

Si se instalan cables paralelos, la distancia entre ellos debe ser de unos 50 cm para jardines, o hasta 3 metros en cultivos de campo, considerando que el efecto electromagnético se reduce a la mitad entre cada par de cables.

Método 2a: Cable único sin conexiones

La variante más simple es tender un solo cable de acero inoxidable en dirección norte-sur siguiendo el magnetismo terrestre. No requiere ninguna conexión eléctrica.

Posteriormente se pueden añadir cables extra en paralelo, igualmente sin conectar entre sí, de modo similar al efecto electromagnético de las vías de tren.

A partir de esta configuración básica existen algunas variantes más avanzadas que se explican a continuación. Pero este montaje sencillo de uno o múltiples cables sin conexiones ya permite aprovechar la electricidad natural del ambiente para potenciar los cultivos.

Método 2b: Cable con imán

Esta variante añade uno o más imanes rectos o anulares (de unos 10 cm) en el extremo sur del cable enterrado, si estamos en el hemisferio norte. (O en el extremo norte si estamos al sur).

La idea es que el imán refuerce la alineación con el campo electromagnético natural de la Tierra. Importante que no sean imanes de herradura sino mejor de ferrita.

-(Ver sección de Imanes subterráneos)-

Existe debate sobre si la orientación debería invertirse entre hemisferios. También si conviene o no interconectar los cables en sus extremos. Por simplicidad y precaución, se recomienda no realizar conexiones, especialmente para pruebas iniciales.

Se cree que los imanes de neodimio pueden ser demasiado potentes para este propósito. Los de ferrita son más suaves y alineados con la energía terrestre natural.

Habrá que seguir investigando para determinar cuál orientación y tipo de imanes funcionan mejor. Pero con esta configuración básica ya se puede aprovechar y dirigir el magnetismo natural del suelo para fortalecer nuestros cultivos.

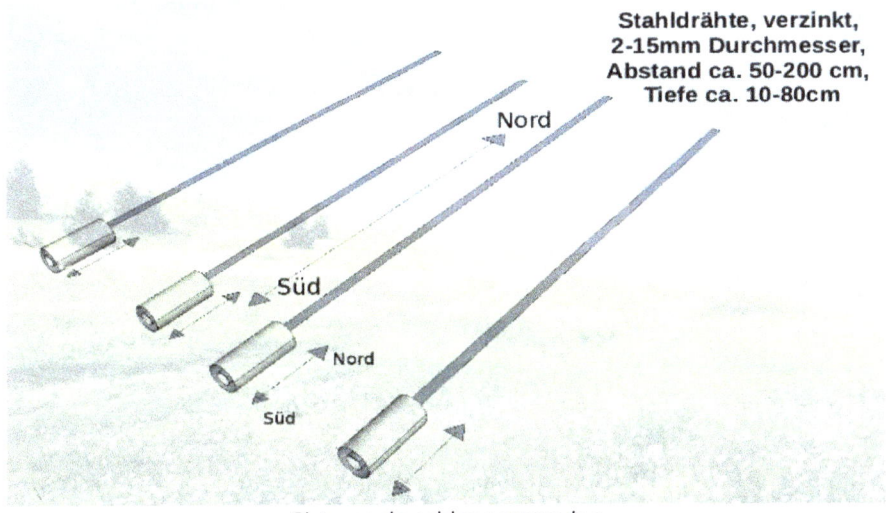

Stahldrähte, verzinkt, 2-15mm Durchmesser, Abstand ca. 50-200 cm, Tiefe ca. 10-80cm

Sistema de cables enterrados

Método 2c: Cable con antena captadora

Esta variante incorpora una antena metálica aislada del suelo mediante una estructura de madera, instalada a unos 4-6 metros de altura o más si es posible.

El objetivo es captar la electricidad natural presente en la atmósfera, que posee un gradiente de potencial eléctrico de unos 300 Voltios por metro de altura.

La antena puede construirse de varias formas y materiales. Luego se conecta mediante cable de cobre aislado al cable enterrado para transmitir la electricidad atmosférica hacia la tierra.
Así se completa un circuito que comunica la ionización eléctrica del aire con el suelo cultivable, resultando en una electrificación natural energizante para las plantas sembradas entre los cables subterráneos.

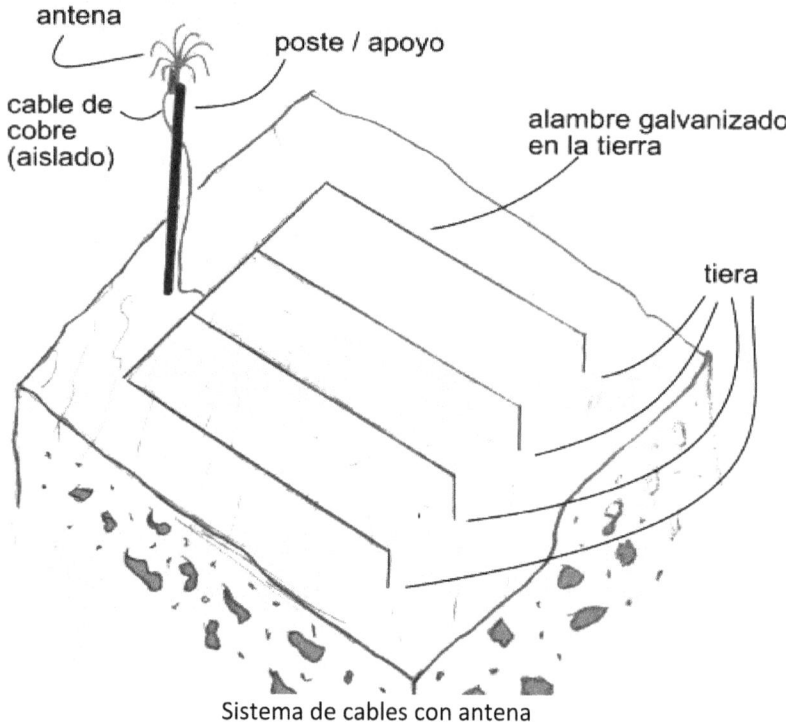

Sistema de cables con antena

En YouTube se puede encontrar un buen tutorial sobre cómo hacer una cabeza de antena
sencilla: Elektrokultur: Elektrokultur-Antenne selber machen
https://www.youtube.com/watch?v=N3Re3WZAYyg
[1] Beiträge zur Theorie der Elektrokultur -
https://drive.google.com/file/d/1WD8LuacPabzZlBJxuvUYFFqd8_Re0sxn/view

A la hora de construir una antena captadora, el elemento principal es la cabeza de la antena. Esta puede fabricarse de distintas formas.

Lo importante es que la cabeza antena combine diferentes metales con la mayor diferencia posible en su potencial eléctrico. Esto hace que los electrones se alejen de la cabeza antena y se descarguen hacia la tierra.

El metal con potencial más alto debe colocarse en la parte superior de la cabeza antena, mientras que el de menor potencial abajo, para desviar el flujo de los electrones que captura la antena.

Una buena combinación es aluminio arriba y cobre debajo, en forma de cable. También puede usarse hierro y cobre juntos.

De esta manera se genera un gradiente eléctrico que atrae electrones de la atmósfera y los conduce por el cable enterrado, electrificando la tierra para nutrir los cultivos.

Potentiels standards en millivolt		
Magnésium	Mg	+ 2340
Aluminium ➡	Al	+ 1670
Titane	Ti	+ 1630
Zinc	Zn	+ 763
Chrome	Cr	+ 710
Fer ➡	Fe	+ 440
Nickel	Ni	+ 250
Étain	Sn	+ 140
Plomb	Pb	+ 130
Cuivre ➡	Cu	- 340

Aquí una versión sencilla de cabeza de antena:

Consiste en numerosos alambres de hierro largos y delgados, dispuestos hacia arriba imitando una "corona de espinas". Se asemeja al cepillo de un deshollinador de chimeneas.

Estos alambres se fijan por su base a un trozo pequeño de tubo de cobre, usando abrazaderas o alambre enrollado.

Luego este tubo de cobre se conecta mediante cable aislado a la toma de tierra. Es importante que ese punto de conexión se aísle con cinta aislante, para forzar que los electrones capturados no se descarguen directo a tierra, sino que pasen primero a través de los cables enterrados.

Esta es solo una versión básica de antena aprovechando la diferencia de potencial entre hierro y cobre. Pueden crearse diseños más avanzados aplicando este principio.

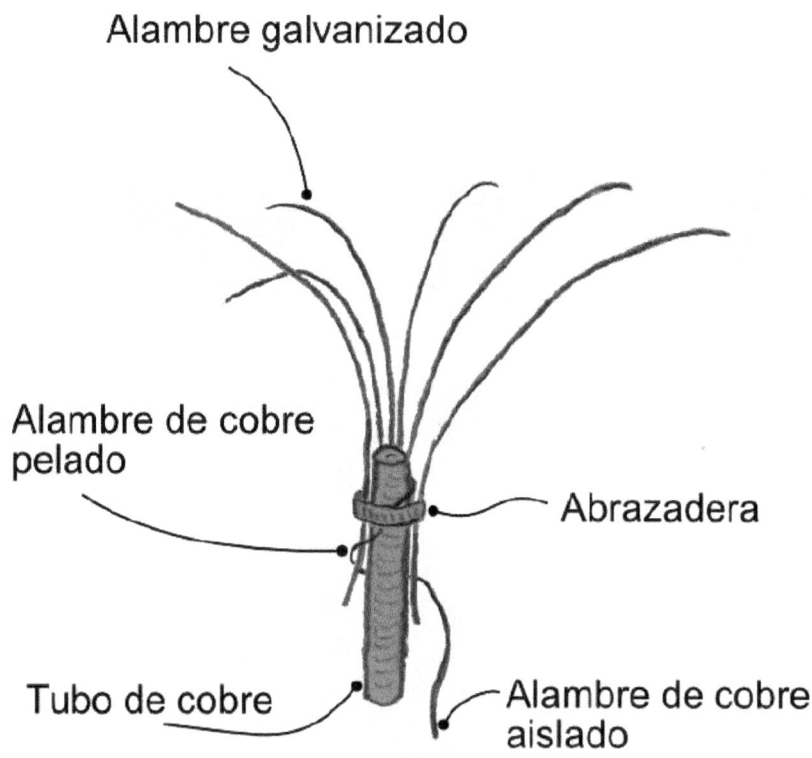

Alambre galvanizado

Alambre de cobre pelado

Abrazadera

Tubo de cobre

Alambre de cobre aislado

Un cabezal de antena muy avanzado es el "Elektrokultivator"   ;-P
 de Christofleau mencionado anteriormente. Encontrará un dibujo
detallado con la explicación de su cabeza de antena
en "Electroculture by Mons. Justin Christofleau"

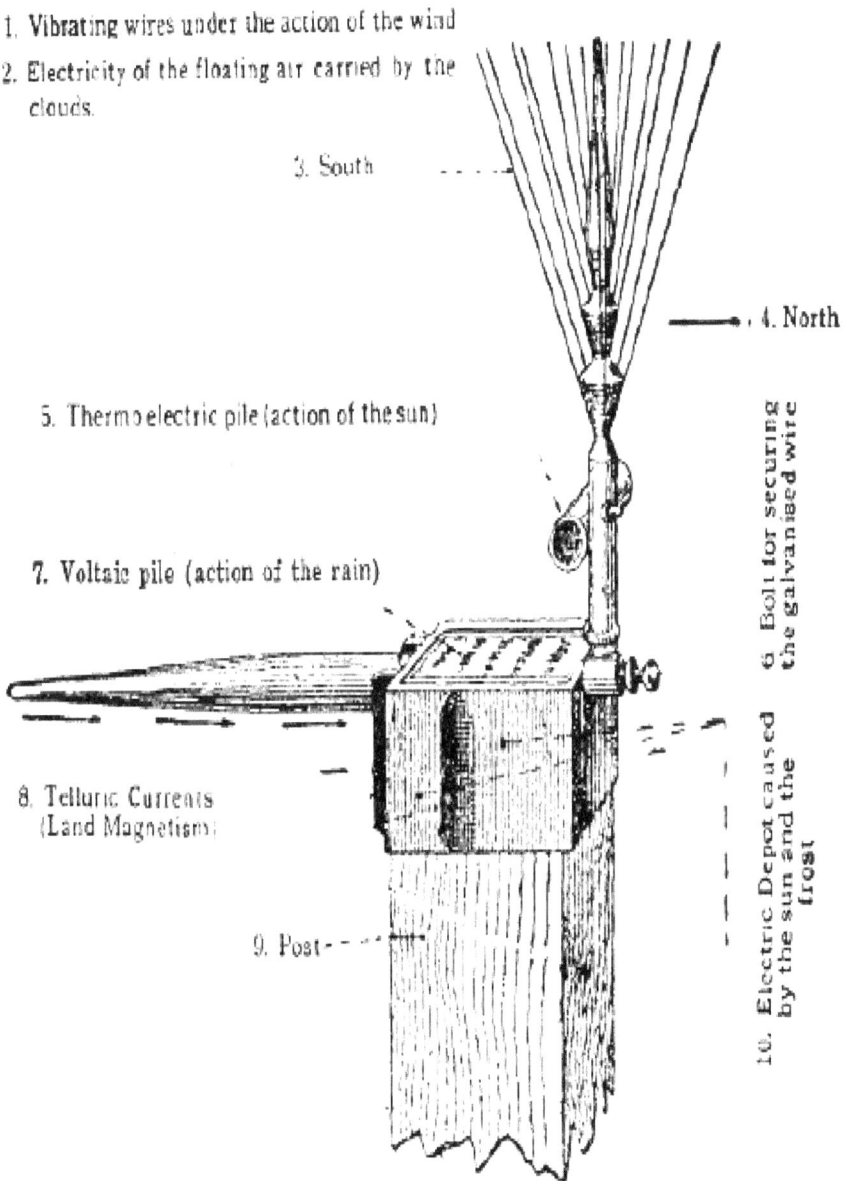

1. Vibrating wires under the action of the wind

2. Electricity of the floating air carried by the clouds.

3. South

4. North

5. Thermo electric pile (action of the sun)

6. Bolt for securing the galvanised wire

7. Voltaic pile (action of the rain)

8. Telluric Currents (Land Magnetism)

9. Post

10. Electric Depot caused by the sun and the frost

(Se habla específicamente de las partes de este cabezal más adelante)

Sistema de cable con imán:

- Es muy simple de instalar, solo se debe enterrar el cable con el imán adosado.
- Pero comprar varios imanes potentes puede resultar costoso y difícil de conseguir según la zona.
- El imán solo refuerza y orienta el campo electromagnético natural ya existente en la Tierra.

Sistema de cable con antena:

- Requiere algo más de trabajo para construir y aislar bien la antena captadora.
- Sus materiales son muy económicos y fáciles de obtener localmente.
- La antena capta distintos tipos de energía eléctrica presente en la atmósfera.

Combinando ambos sistemas se suman todos sus beneficios electrificantes para las plantas.

Otra mejora es intercalar hilos de cobre (sin contacto) en la antena, lo cual por la diferencia de potencial entre ambos metales atrae más flujo de electrones atrapados desde el aire.

La antena luce más potente por sí sola, pero la combinación de técnicas multiplica los efectos para los cultivos.
Esto tiene el efecto de que los electrones de los alambres de hierro son atraídos por los alambres de cobre. Esto aumenta el flujo de electrones.

(Ver Imagen siguiente)

Un ejemplo: Entre los tubos azules está el cable de hierro y entre los tubos naranjas está el cable de cobre. Aquí en la construcción. Los cables de hierro aún no están conectados
a la antena.
Tenga en cuenta lo siguiente: La forma y/o el tipo de antena, así como el tipo y grosor de los cables, pueden influir en el resultado. Además, un árbol alto cerca de la antena puede afectar a su efecto, al menos si la antena está instalada muy cerca o sobre el árbol. La

presencia de una línea eléctrica de alta tensión en las proximidades también puede afectar a la antena.

La profundidad de los cables en el suelo también puede afectar al resultado.

Por supuesto, las condiciones del suelo, el balance hídrico y otros factores también influyen.

Método 3: Influencia en el suelo

Método 3a: Compost

Se colocan dos bandas de compost a cada lado del campo que se va a cultivar. Una es ácida, cargada de iones positivos. Se compone de tierra de brezo, cenizas, arena de Loira, arena fina, polvo de roca, turba, ceniza de madera, polvo de carbón, hollín y estiércol de gallina. La otra es básica, carente de iones positivos. Se compone de toba, tierra caliza, yeso y cal de albañilería, y estiércol. A través del sistema de barro comunicante, los cuerpos alcalinos atraen los iones positivos de los cuerpos ácidos. Este intercambio crea una minicorriente eléctrica que atraviesa la placa de siembra. Estimula la vegetación a su paso.

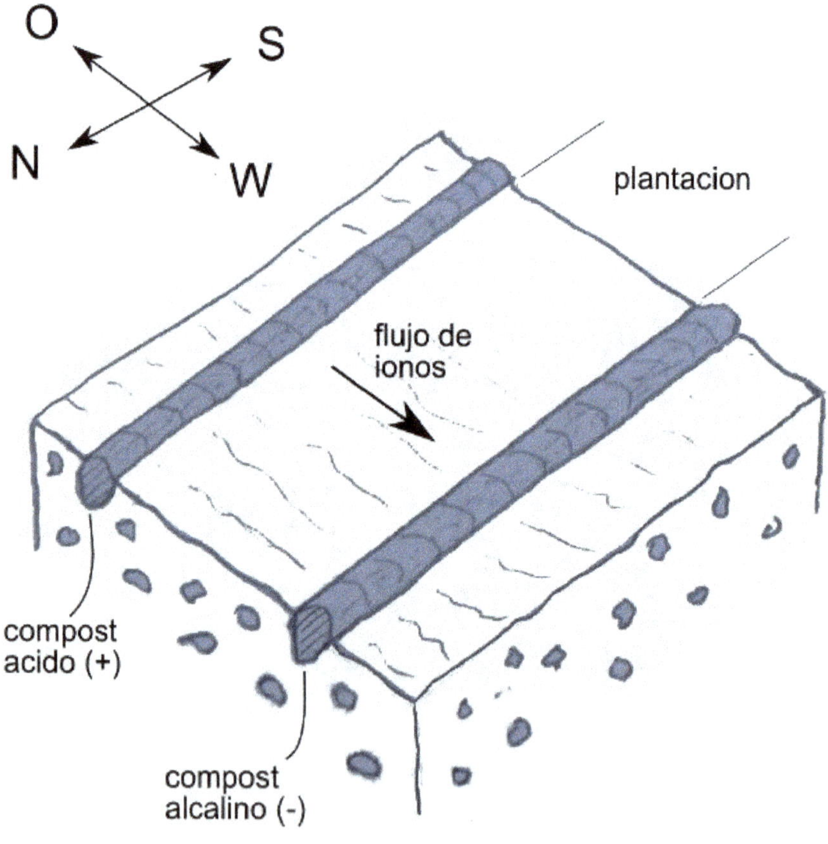

O

S

N

W

plantacion

flujo de
ionos

compost
acido (+)

compost
alcalino (-)

Método 3b: Tierra Negra Fértil

La "Terra Preta" o Tierra Negra es un tipo extraordinariamente fértil, cuyo efecto fertilizante perdura incluso miles de años.

Se compone de:
- Suelo estéril original
- Carbón vegetal
- Fragmentos de cerámica y arcilla
- Desechos orgánicos
- Miles de microorganismos

En la Terra Preta, las plantas crecen hasta 3 veces más rápido y grandes en comparación a la tierra estéril.

Esta fertilidad proviene de su potencial energético. Los microbios prosperan incluso a 2 metros bajo tierra. La clave es la interacción energética entre el carbón vegetal (diamagnético) y los fragmentos de arcilla paramagnética, que multiplica el efecto hasta por diez.
   Juntos generan un extenso campo electromagnético que dinamiza la tierra. Los trozos de cerámica también contribuyen con sales y minerales.
   Así, combinando tipos de materia con cargas magnéticas opuestas, se fertiliza intensamente el suelo por muchos años a través de su propio campo eléctrico natural.

Aquí los pasos para producir Tierra Negra fértil o Terra Preta:

-1. Elaborar un buen compost y dejarlo fermentar bien por 3-6 meses según el clima.
-2. Agregar carbón vegetal triturado, en proporción no mayor al 20%. Debe ser de buena calidad.
-3. Incorporar fragmentos o arcilla paramagnética (que se adhieren a imanes) de hasta 5 cm. La arcilla azul funciona bien.
-4. Complementar con tierra vieja, arena, harina de basalto, y roca de basalto triturada de 0,3 a 0,5 mm.

En porcentaje aproximado:
- 50% tierra vieja con arena, alguna cal.

- 20% compost
- 20% carbón vegetal
- 5% fragmentos de arcilla
- 5% harina y gravilla de basalto

Una vez listo el compost inicial, mezclar el resto bien y dejar nuevamente fermentar antes del uso final.
  Así todas estas materias con cargas magnéticas y eléctricas opuestas generan fertilidad duradera al combinarse.

Para producir Tierra Negra es clave depositar la mezcla en hoyos en lugar de simplemente esparcirla.

Se cavan agujeros de 1 a 2 metros de profundidad. Luego se rellenan con la mezcla y se deja fermentar por unos 6 meses. La distancia al siguiente hoyo debe ser igual al diámetro del mismo.

Existen distintas configuraciones de los hoyos, como círculos, espirales o curvas, que generan diversos efectos energizantes en el suelo.

Por ejemplo, se pueden disponer imitando la sucesión de Fibonacci o un magnetrón. Para más detalles, se recomienda consultar el documento "Terra Preta del Indio: ¿el abono eterno?" de Jens Oertel y Daniel Konzett.

Al confinar la mezcla en depósitos bajo tierra en vez de sólo esparcirla superficialmente, se potencia mucho su capacidad de crear Tierra Negra fértil.

Método 4: Anillo espiral de Lakhovsky
(Se habla más extensamente de este método más adelante también)

El anillo Lakhovsky consiste en una espiral de alambre de cobre aislado, ideada por el inventor Georges Lakhovsky.
Sus dimensiones son de unos 15 a 30 cm de diámetro para plantas pequeñas, pudiendo ser mayor para árboles.

Los extremos del alambre deben sobresalir unos 5-7 cm y formar una apertura. La espiral se debe inclinar a unos 30 grados y con la apertura hacia abajo.

En el hemisferio Norte la apertura se orienta hacia el norte, mientras que en el hemisferio Sur debe apuntar hacia el sur, aunque no hay consenso definitivo sobre si la orientación debería invertirse.

El anillo Lakhovsky rodea la planta transfiriéndole resonancia energética electromagnética que estimula su vitalidad. Puede usarse desde cultivos en macetas hasta árboles, incluso para revitalizar árboles enfermos.

Es un método muy simple y económico para aprovechar la energía ambiental natural y beneficiar las plantas con sus efectos eléctricos.

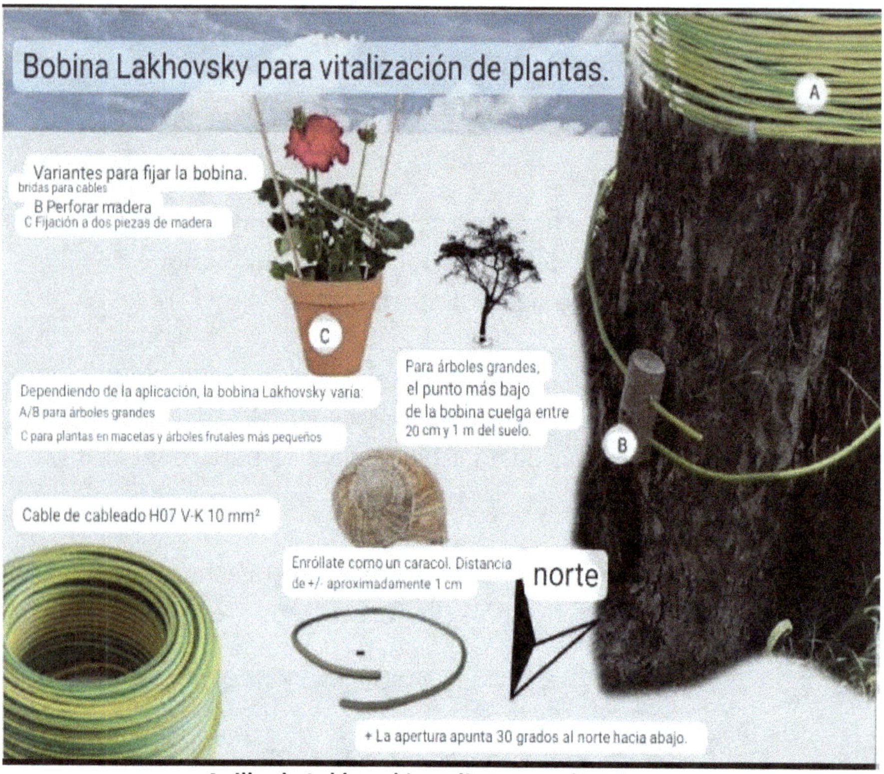

Bobina Lakhovsky para vitalización de plantas.

Variantes para fijar la bobina.
bridas para cables
B Perforar madera
C Fijación a dos piezas de madera

Dependiendo de la aplicación, la bobina Lakhovsky varia:
A/B para árboles grandes
C para plantas en macetas y árboles frutales más pequeños

Para árboles grandes, el punto más bajo de la bobina cuelga entre 20 cm y 1 m del suelo.

Cable de cableado H07 V-K 10 mm²

Enróllate como un caracol. Distancia de +/- aproximadamente 1 cm

norte

+ La apertura apunta 30 grados al norte hacia abajo.

Anillo de Lakhovski en diversas aplicaciones

Método 5: Pirámide energizante
(Se habla de este método más adelante también)

Una pirámide, idealmente de tubos de cobre o grueso alambre, tiene varios usos para vitalizar cultivos:

- Influir positivamente en semillas: colocarlas dentro de la pirámide por unos minutos hasta 15 máximo para luego germinarlas, logrando plántulas de crecimiento acelerado. Tiempos excesivos dañan las semillas.

- Cultivar plántulas dentro de la pirámide para un desarrollo más fuerte y rápido.

- Ubicar la pirámide directamente en el lecho del huerto o jardín, orientando siempre una de sus aristas en dirección norte-sur respecto al polo magnético terrestre.

La geometría piramidal concentra y transmite energías sutiles electromagnéticas que fortalecen las plantas.
Hay que evitar la sobre-exposición ajustando los tiempos de aplicación. Empezando por periodos cortos e ir experimentando poco a poco para encontrar la dosis óptima.

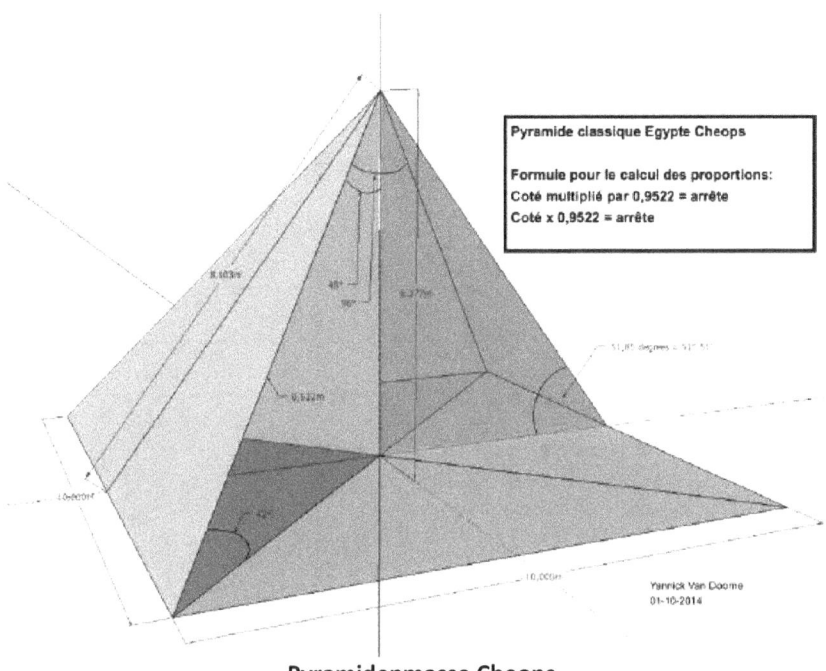

Pyramide classique Egypte Cheops

Formule pour le calcul des proportions:
Coté multiplié par 0,9522 = arrête
Coté x 0,9522 = arrête

Yannick Van Doorne
01-10-2014

Pyramidenmasse Cheops

Una pirámide clásica es, por supuesto, la pirámide de Keops. A continuación, se muestra una tabla con las distintas dimensiones de esta pirámide, como la longitud del borde de la base, la altura, etc. La primera línea muestra las dimensiones originales.

En la primera línea están las dimensiones originales, debajo de la longitud del borde están las proporciones correspondientes. Con esto, espero, una persona con talento para la artesanía podrá construir una pirámide a su medida.

	K (Longitud del borde = Base)	H (Altura de Pir.)	L (Longitud lateral desde la punta hasta la mitad del borde)	G (Borde de esquina a punta)
1)	229,25	146	185,62	218,16
	100	63,7	81	95,17
	250	159,21	202,41	237,9
	300	191,06	242,91	285,49
	400	254,74	323.87	380,65
	500	318,43	404,84	475,81
	600	382,12	485,81	570,98
	800	509,49	647,75	761,3
	1000	636,86	809.69	951,63
	1200	764,23	971,62	1141,95
	1500	955,29	1214,53	1427,44

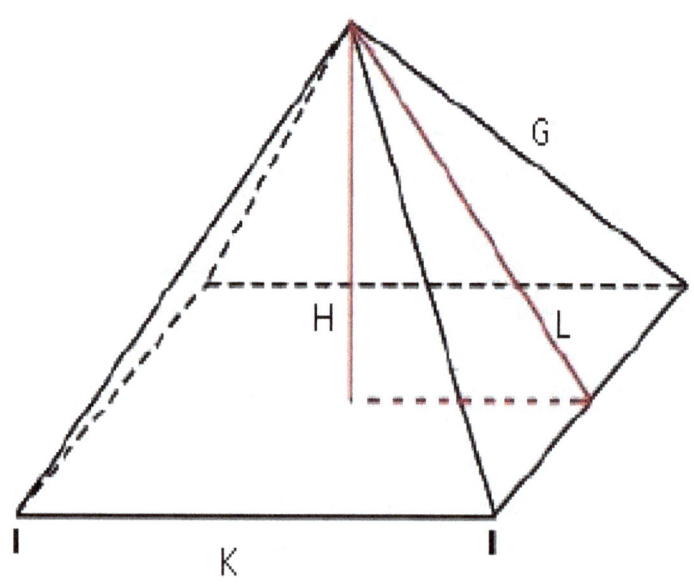

Aunque la ElectroCultura, o mejor la cultura de la energía, se conoce desde hace más de cien años, parece haber una falta de interés científico por seguir investigando esta forma de agrocultivo.

Aún quedan muchas preguntas sin respuesta -a menudo en los detalles que la propia comunidad tiene que desentrañar e investigar.
   Por ejemplo, la alineación del sistema de imanes con alambre y la del anillo de Lakhovski en el hemisferio sur.

En mi propio jardín (hemisferio sur) he alineado hasta ahora (a partir de marzo de 2023) el anillo de Lakhovski de modo que los extremos de energía y los círculos de piedra. Además, se incorporarán críticas para que este documento se convierta en una buena introducción a la cultura energética.

4.2 Tratamiento de semillas

Uno de los usos tempranos de la electrocultura fue el tratamiento eléctrico de semillas previo a la siembra. Ensayos como los de Montbrison (1892) mostraron que algunos vegetales como el tomate manifestaban mayor vigor y sanidad al ser expuestas durante cierto lapso a una corriente eléctrica débil antes de su plantación.

Posteriores investigaciones determinaron parámetros óptimos de voltaje, amperaje y tiempo de aplicación para semillas de diferentes especies, tanto hortalizas como cereales o forrajeras (Priestley, 1907). Un campo eléctrico estático de alrededor 200 V/m durante 5-10 minutos suele ser un rango genérico efectivo para favorecer la germinación.
Exponer las semillas a electricidad modifica su cubierta seminal activando ciertas enzimas y aumentando permeabilidad para una mejor absorción de agua y oxígeno. Además, se ha evidenciado una mayor expresión de genes relacionados a rutas hormonales como las giberelinas, estimulando la división celular durante la germinación.

4.3 Estimulación eléctrica de cultivos

Más que un único método, la estimulación eléctrica a plantas ya establecidas comprende varias técnicas para aplicar corrientes débiles o campos EM durante su ciclo de crecimiento. Algunas de las más difundidas son la electrificación de suelos mediante electrodos enterrados que crean gradientes de potencial favoreciendo la absorción radicular, la instalación de cables o mallas conductoras sobre los cultivos, riego con soluciones electrolizadas, o el uso de inductores que generan campos tipo EF/RF (Lakhovsky, 1925; Priestley, 1907).

Aparte del vigor temprano, la electricidad continúa aplicada en dosis y frecuencia apropiadas mejora la fotosíntesis, la nutrición mineral de los vegetales e impulsa los mecanismos reproductivos, lo cual repercute en aumentos de rendimiento y calidad expresados en mayor contenido de azúcares, proteínas, sabores y aromas de frutos y semillas (Stewart, 1908).

4.4 Hidroponía y fertirrigación eléctrica

Los sistemas hidropónicos representan uno de los campos de mayor innovación actual en electrocultura. Consisten en la estimulación eléctrica **de las soluciones nutritivas** para facilitar la absorción de cationes por parte de raíces vegetales, mediante técnicas de electrolisis o imanes que estructuran el agua mejorando solvatación iónica y permeabilidad de tejidos (Tavera, 1950).

La fertirrigación eléctrica por su parte utiliza electrodos directamente insertados en los sustratos o aplicados en los goteros o aspersores de riego, los cuales liberan iones al paso del agua electrificándola débilmente para potenciar la asimilación de nutrientes. La tecnología actual de pulsos eléctricos programables está perfeccionando la eficiencia de este método.

Ambas técnicas hidropónicas-eléctricas están ampliando sus bondades más allá del mayor rendimiento y calidad. El control sobre pH y conductividad eléctrica que ejercen mejora la estabilidad del sistema radical y reduce problemas fúngicos, bacterianos o de clorosis férrica tan comunes en soluciones recapantes intensivas.

4.5 Una guia básica para iniciarse

Las antenas de electrocultura operan capturando la energía telúrica a través de vibraciones y frecuencias presentes en fenómenos naturales como la lluvia, el viento y las variaciones de temperatura. Esta energía canalizada resulta en plantas más sanas y robustas, mayor humedad en el suelo y una reducción significativa de plagas.

4.5.1 Construcción de mi primera Antena

- Se recomienda una altura mínima de 6 metros. Entre más alta, mayor será su impacto.
- Se envuelve un taco de madera con alambre de cobre y zinc en espiral o formando un vórtice.
- Se orienta la espiral hacia el Polo Norte Magnético. Si estas en el hemisferio norte en sentido de las agujas del reloj, si estas en el sur, al contrario.
- Se ubica enterrada a una profundidad de 15-20 cm en el suelo.
- Se puede experimentar con diseños creativos para potenciar la energía.

Materiales
- Madera (tacos, listones, etc.)
- Alambre de cobre
- Alambre o láminas de zinc
- Tubos de cobre o de PVC

Cobertura
Una antena de 6 metros puede cubrir aproximadamente 20 metros cuadrados.

Efectividad Comprobada
Los experimentos de pioneros como Justin Christofleau demuestran los asombrosos resultados de la electrocultura sin uso de químicos:

- Avena de más de 2 metros de altura.
- Papas de 45-90 cm con 30-35 tubérculos por planta.
- Uvas más dulces y con mejor sabor.
- Zanahorias de 48 cm, remolachas de 45 cm.
- Revitalización de árboles frutales casi sin corteza.

Las antenas atmosféricas pueden fabricarse con tacos de madera disponibles en tiendas de bricolaje, madereras o incluso con madera local.

La altura de la antena es crucial; cuanta más alta sea, mayor será el impacto en el crecimiento de las plantas.
Siguiendo el consejo de Justin Christofleau, se recomienda una altura de 6 a 10 metros o más, aunque cualquier altura puede ser funcional.

Para su fabricación, se envuelve la estaca o palo de madera con **alambre de cobre**, creando una espiral o vórtice de Fibonacci orientado hacia el Polo Norte Magnético (En sentido de las agujas del reloj si estas en el hemisferio norte y al contrario si estas en el sur). La combinación de zinc y cobre puede actuar como una especie de batería cuando la luz solar incide sobre la antena.

Ubique esta antena a una profundidad de 15, 24 - 20, 32 centímetros en el suelo y permita que la naturaleza despliegue su magia. Experimente con diseños creativos para descubrir el potencial real de la electrocultura.

4.5.2 Funcionamiento de la Antena de Electrocultura

Las antenas de electrocultura operan capturando la energía de la tierra a través de vibraciones y frecuencias presentes en fenómenos como la lluvia, el viento y las variaciones de temperatura. Esta energía canalizada resulta en plantas más robustas, mayor humedad en el suelo y una reducción significativa de infestaciones de plagas. Estas ventajas son una de las razones por las cuales esta técnica ancestral ha sido subestimada y poco difundida.

4.5.3 Alternativas y Consideraciones en la Construcción de Antenas

- Tubería de Cobre vs. Bobinas de Cobre: Si bien se puede emplear una tubería de cobre, se obtienen mejores resultados con bobinas de este material, ya que maximizan el flujo energético.
- Uso en Plantas de Interior o en Macetas: La electrocultura es igualmente efectiva en plantas de interior. Para esto, incluso un simple palillo puede servir como antena en entornos domésticos.
- Envolver Plantas en Cobre: Si bien se podría envolver cobre alrededor de las plantas, esto puede no ser beneficioso para todas, pues algunas no toleran esta técnica. La mejor práctica es construir una antena simple y colocarla cerca de las plantas que se desean potenciar.
- Altura Ideal de la Antena: No hay una altura fija, pero se recomienda que las antenas atmosféricas tengan al menos 183 centímetros de altura para capturar más energía atmosférica.
- Cobertura de la Antena: Una antena de 183 centímetros puede abarcar aproximadamente 20,9 metros cuadrados de área.
- Dónde encontrar Alambre de Cobre: Puedes adquirir alambre de cobre en tiendas de bricolaje, home depots, tiendas de fontanería (para tubo de cobre) o sitios especializados en electricidad.

4.5.4 Herramientas de Jardinería de Cobre versus Herramientas de Jardinería de Hierro: Lo que nunca nos dijeron.

Cuando Victor schauburger estudiaba agricultura, notó que las herramientas de Cobre/Brass/bronce no impactarían el magnetismo del suelo como las hechas de Hierro. Las herramientas de hierro disminuyeron el magnetismo del suelo, hicieron que los agricultores trabajaran más duro y causaron condiciones similares a la sequía. Mientras que, por otro lado, las herramientas de cobre/latón/bronce no alteraron el magnetismo del suelo, condujeron a un suelo de alta calidad y requirieron menos trabajo cuando se usaron.

- Resistencia al Conocimiento: Victor Schauberger se enfrentó a la oposición de grupos interesados en la venta de fertilizantes, los cuales no deseaban que su trabajo afectara sus ingresos. Esta resistencia llevó a la supresión de este conocimiento en la década de 1950.
- Relación con las Babosas: La presencia de babosas tiende a incrementarse en suelos con altos contenidos de hierro, pero su número disminuye notablemente cuando se utilizan herramientas de cobre o antenas atmosféricas.

Los descubrimientos de Justin Christofleua son notables y revelan el potencial impacto de la electrocultura en el crecimiento de diversas plantas:

- Avena que alcanza alturas de hasta 213 centímetros en campos sin suministro ni riego.
- Papas que logran crecer hasta los 190 centímetros de altura, produciendo entre 30 y 35 tubérculos, con un peso de 0,45 a 0,9 kilogramos por papa en esas mismas condiciones.
- Los viñedos afectados por Phlyloxera experimentaron una cura y rejuvenecimiento, resultando en uvas más dulces y con un sabor mucho más rico.

- Zanahorias de hasta 48 centímetros de longitud, remolachas de 45 centímetros y casi 43 centímetros de circunferencia fueron obtenidas mediante esta técnica.

- Incluso un viejo peral casi desprovisto de corteza se revitalizó completamente con la electrocultura, comenzando a producir peras de hasta 0,45 kilogramos cada una.

Estos logros notables, obtenidos sin el uso de estiércol, pesticidas o fertilizantes, únicamente con la energía atmosférica, el magnetismo y las corrientes telúricas de la tierra, apuntan hacia una solución sencilla para abordar la escasez que todos enfrentamos.

4.6 Diferentes tipos de antenas atmosféricas y sistemas.

Durante las tormentas eléctricas, la atmósfera se carga de electricidad que luego se descarga en forma de rayos. Esta electricidad es beneficiosa para las plantas, porque la carga positiva del aire encuentra la carga negativa de la tierra, estimulando su crecimiento.

Las antenas atmosféricas capturan esa electricidad y la transfieren a las plantas a través de cables.

Existen dos modelos principales entre multitud de variedades:

-Antena Christofleau: Consiste en un tubo metálico (hierro galvanizado o cobre) que sostiene un cable de hierro galvanizado. El cable se entierra a unos 14 cm de profundidad y se conecta a las raíces de las plantas.

Fabricación: Se requiere un tubo de metal de 1-2 metros de alto (hierro galvanizado o cobre) que actúa como soporte. Dentro va un cable de hierro galvanizado que conduce la electricidad hacia la tierra.

Uso: El tubo metálico se clava en la tierra. El cable interior se conecta a una red o malla enterrada en la zona de cultivo. Otra opción es enterrar el cable directamente a 14 cm de profundidad en varios puntos del campo, conectándolo a las raíces de las plantas.

En la granja: Se instalan múltiples antenas alrededor del cultivo, a una distancia de 10-20 metros entre cada una. Esto crea un campo eléctrico que cubre toda el área.

-Antena de 3 espirales Iguina : Desarrollada por el inventor Pier Luigi Iguina, utiliza 3 espirales para maximizar la captación de electricidad atmosférica.

Fabricación: Consta de 3 espirales de alambre de cobre, cada una enrollada en sentido contrario a las otras. Las espirales se unen en la parte superior donde se fija el cable conductor.

Uso: Igual que la Christofleau, el cable se conecta a una malla enterrada o directamente a las raíces de las plantas.

En la granja: Se instalan múltiples antenas Iguina alrededor del cultivo, intercaladas con antenas Christofleau para maximizar la captación eléctrica.

De esta manera, las antenas atmosféricas aprovechan la electricidad de las tormentas, transmitiéndola a las raíces de las plantas para estimular su crecimiento. Usando varias antenas se crea un campo eléctrico efectivo para todo el cultivo.

El cable enterrado debe conectarse a las raíces de las plantas, o a una malla o parrilla conductora enterrada en la tierra del cultivo. Instalando múltiples antenas Christofleau o Iguina en un área de cultivo, se crea una especie de cúpula energética sobre el lugar.

Las antenas atmosféricas transfieren la electricidad de las tormentas a las plantas mediante cables enterrados, en modelos como el Christofleau o el de 3 espirales Iguina. Múltiples antenas maximizan la zona energizada.

Instrucciones:

1. Colocar el cabezal de la antena en la parte superior de un tubo de metal de 7-8 metros. Fijarlo con un imán de ferrita.

2. Clavar la base del tubo en el suelo, dejando solo el tubo a ras del piso.

3. Pasar un cable de hierro galvanizado flexible por dentro del tubo, desde el cabezal hasta abajo. Hacer un orificio en el tubo para que salga el cable. Soldar el cable al cabezal.

4. Usar 3 cables adicionales para sujetar el tubo y evitar que se caiga.

5. Enterrar el cable saliente a 25 cm de profundidad o conectarlo a una malla enterrada o directamente a las raíces de las plantas.

6. Orientar el cabezal de la antena hacia el sur magnético y el cable enterrado hacia el norte magnético.

7. Para instalar múltiples antenas, dejar al menos 25 metros entre cada una.

Cabezal de la antena:

- Consiste en un tubo de acero y con varillas de hierro galvanizado soldadas para maximizar la conducción eléctrica.
- Lleva pernos para fijar el cable conductor y un imán de ferrita para potenciar el campo magnético.
- La altura recomendada es de 7-8 metros. El radio de acción equivale a su altura.
- El cable enterrado puede extenderse metros hacia el norte para ampliar la zona de acción.

BOBINAS DE LAKHOVSKY

La bobina de Lakhovsky consiste en una simple bobina de alambre de un solo bucle con extremos abiertos, mejor orientada hacia el norte.

Esto ayuda a mejorar el crecimiento de las plantas y/o curarlas de diversas formas de enfermedades. Estas bobinas son efectivas en una variedad de entornos y muchas personas han logrado un éxito sorprendente al aplicarlas a plantas y árboles individuales.

En 1929, George Lakhovsky publicó el libro "El secreto de la vida". Descubrió que todo ser vivo tiene un campo electromagnético. Plantas, humanos, cachorros, agua, todo. Este efecto se conoce como resonancia.

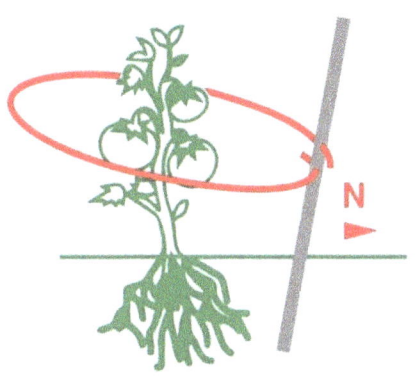

Paso 1: Prepare bucles de cobre con aproximadamente 91cm de cable por bucle. Deje espacio entre los extremos del cable. El bucle se puede superponer siempre que haya un espacio de aproximadamente 2,54cm entre los extremos (sin tocarse).

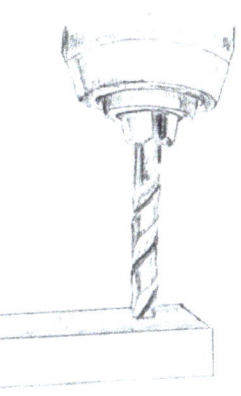

Paso 2: Asegure estos extremos a estacas de madera aproximadamente a 15-30cm por encima del suelo, suspendidas alrededor de la base de la planta. Para mejorar el efecto de antena, funciona mejor con los extremos abiertos mirando hacia el norte.

Paso 3: Incline el bucle de cobre en un ángulo de 30° para que el punto más alto del circuito mira hacia el sur. (Cable se puede colocar en el suelo si está aislado/esmaltado)

La apertura de la bobina (sección de capacitancia) funciona mejor alineada con el flujo geomagnético natural de energía.

Bobinas múltiples

Las bobinas de Lakhovsky tienen muchas aplicaciones y se puede aplicar más de una bobina a una sola planta, persona o ser vivo.

Estas bobinas se fabrican con alambre de cobre aislado, esmaltado o desnudo de cualquier tamaño. Además, se pueden trenzar varios cables para obtener efectos amplificados.

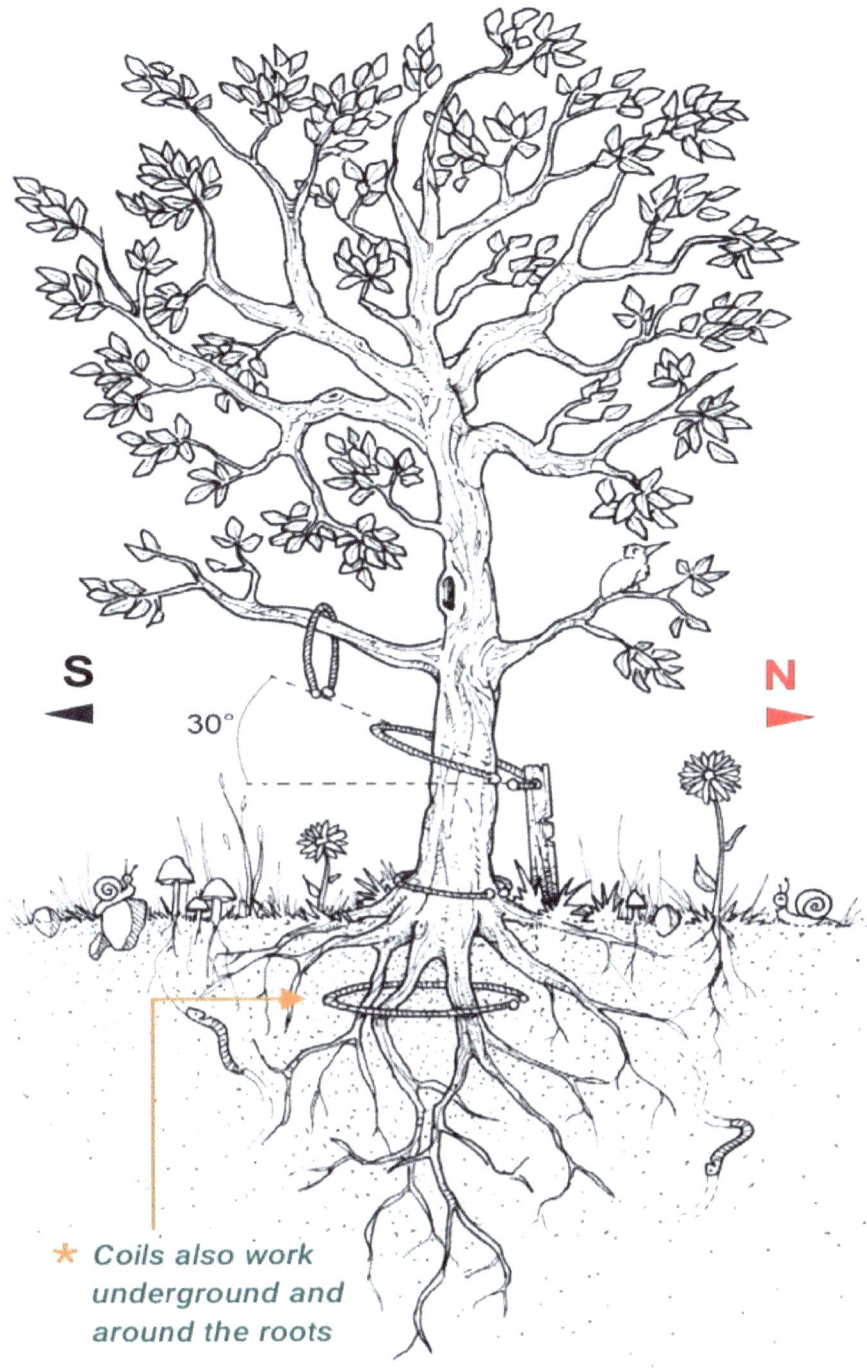

S

N

30°

* *Coils also work underground and around the roots*

*Las bobinas también funcionan bajo tierra y alrededor de las raíces.

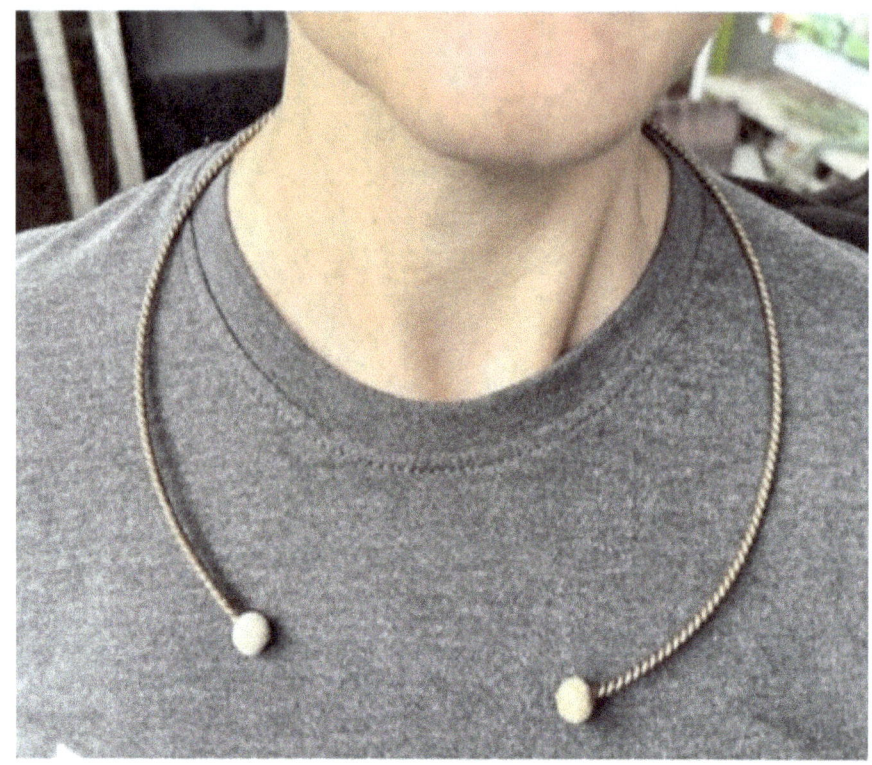

Los descubrimientos de George Lakhovsky en realidad tenían como objetivo mostrar los efectos de la energía electromagnética en el cuerpo humano, pero al principio de su investigación utilizó plantas para probar su tesis.

En enero de 1925, el erudito George Lakhovsky eligió una planta de geranio, entre muchas que previamente habían sido inoculadas con cáncer, la rodeó con una espiral de cobre de treinta centímetros de diámetro, cuyos extremos separados estaban fijados a un soporte. Después de algunas semanas, descubrió que, si bien todos los geranios con cancro habían muerto y se habían marchitado, la planta con el anillo de cobre estaba sana y había crecido mucho, incluso en comparación con los geranios de comparación que no habían recibido inyecciones contra el tumor.

Otra forma de uso:

Para construirlo simple, es un sencillo cable eléctrico. Basta con pelar los dos extremos y colocar el anillo en la base de la planta o colocado sobre soportes, si además dispones de alambre de cobre, mejor. Está colocado de tal manera que gira sobre sí mismo, como en la foto, se desarrollará un campo de energía a su alrededor.

Si se tiene sólo 1 anillo, la apertura va hacia el Norte y los 2 cables no deben tocarse. Con 2 anillos de diferentes diámetros se puede alternar la apertura Norte/Sur.

Tamaño recomendado: 30-32 cm de diámetro o 32 cm de longitud del cable.

Formas de aplicación:

1. Directamente en la base de plantas o árboles
2. Sobre las principales ramas fructíferas de las plantas.
3. Al plantar una nueva planta, colocando el anillo en el fondo del hoyo.
4. Energiza las semillas, colocándolas en el centro del anillo.
5. Energiza el agua para riego.

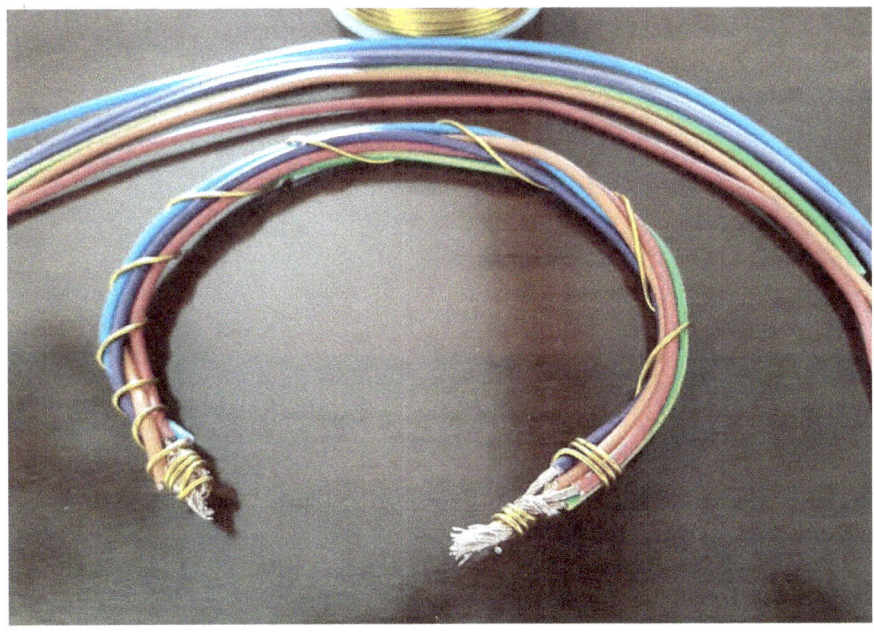

Un Enfoque Diferente para el Cultivo - Alanna Moore

Los descubrimientos e investigaciones importantes que podrían mejorar la calidad de vida a menudo son suprimidos o ignorados si no pueden ser explotados comercialmente. Mientras Australia se acelera hacia un estado de desertificación, los fabricantes multinacionales de fertilizantes y pesticidas químicos felizmente llevan a los agricultores al borde del desastre ambiental. La alternativa orgánica nos es bien conocida a todos: cultivos de alta calidad a bajo costo pero con mucho trabajo manual involucrado. Este artículo describe algunos métodos poco ortodoxos y poco conocidos para promover el crecimiento de las plantas y prevenir y curar las enfermedades de las plantas.

Osciladores Lakhovsky

Un potencial importante para la curación surge de la observación de que todas las células vivas emiten señales de radio y generan débiles campos eléctricos. El físico e investigador Dr. Herbert Pohl, director del Laboratorio de Investigación del Cáncer Pohl en Oklahoma, explicó sus hallazgos en una entrevista durante el 23o Simposio de Teoría Cuántica en Florida el año pasado.

Descubrió que ciertos polvos sensibles a la electricidad son atraídos a través de una célula como si fuera un imán, mientras que sus contrapartes no eléctricas no lo son. Las emisiones de radio (amplificadas durante la división celular) pueden jugar un papel en la función, crecimiento y curación. Pohl sugiere que si se pudieran controlar las frecuencias, también se podría controlar el desarrollo del cáncer.

Las ideas de Pohl no son para nada nuevas, hacen eco de la investigación ampliamente olvidada de Georges Lakhovsky, un ingeniero nacido en Rusia que residió en París hasta la década de 1930. Sus teorías se popularizaron en Europa con la publicación en 1939 de "El Secreto de la Vida: Rayos Cósmicos y Radiaciones de los Seres Vivos", actualmente agotado. Fue un momento desafortunado, con Europa en turbulencia, y en consecuencia su trabajo no recibió el reconocimiento que merecía.

La nueva ciencia de la radiobiología de Lakhovsky unía la física, la biología y la medicina, y inevitablemente antagonizó a los médicos tradicionales. Al igual que Pohl, la radiación celular fue la base de los descubrimientos de Lakhovsky. Comparó el núcleo de una célula viva con un circuito oscilante eléctrico, debido a la presencia de filamentos tubulares retorcidos (los cromosomas) rodeados de fluido conductor. Esto confiere capacidad e inductancia, la habilidad de oscilar a una frecuencia específica. La célula se asemeja así a un receptor de radio con sus bobinas y circuitos, y puede transmitir o recibir ondas radioeléctricas muy cortas, dando lugar a corrientes de alta frecuencia en los circuitos nucleares, mantenidas por la energía de los rayos cósmicos.

En esta perspectiva, el desequilibrio oscilatorio puede verse como precursor de enfermedades, y la regularización del campo cósmico como clave para la curación.

En 1923 el nuevo invento de Lakhovsky, el oscilador radiocelular, se utilizó con éxito para tratar y curar geranios inoculados con cáncer, utilizando ondas hertzianas ultra cortas. Una segunda serie de experimentos usando un circuito oscilante (es decir, un bucle sin excitación artificial) resultó igualmente exitosa.

Este circuito, explicó Lakhovsky, crea una resonancia entre el campo constante de las ondas cósmicas atmosféricas necesario para la armonización local. Las oscilaciones celulares restauradas luego impartieron una división celular más regularizada, mayor inmunidad y resistencia a enfermedades, y la capacidad de resistir ataques de insectos.

Los circuitos luego se aplicaron con entusiasmo a pacientes en muchos hospitales y asilos europeos y americanos, y también a animales.

Lakhovsky también fue la primera persona en experimentar con ondas electromagnéticas de alta frecuencia en biología, allanando el camino para el primer Congreso Internacional de Radiobiología, celebrado en Venecia en 1934. El valor empírico de sus inventos, respaldado por asombrosas fotografías de tejidos regenerados en plantas y animales, gradualmente silenció a los críticos hostiles y escépticos a su alrededor.

Lakhovsky, huyó a Nueva York, donde murió en 1942 a los 73 años.

HACIENDO TU PROPIO OSCILADOR

Corta un trozo de cable adecuado, preferiblemente de cobre, y haz un bucle con los extremos separados como en la Figura 1. Puedes colocarlo alrededor de tu planta enferma o débil con soportes de madera o cuerda. Pero primero debes determinar la polaridad de cada extremo, porque el extremo negativo debe estar arriba.

El dowsing (o radiestesia) amplifica nuestra sensibilidad a estados de energía normalmente imperceptibles, y todos podemos desarrollar esta capacidad inherente. La hermandad del dowsing está llevando a cabo investigaciones pioneras en osciladores, las energías sutiles y la agricultura.

Para detectar la polaridad con dowsing, consigue o hazte un péndulo con cualquier objeto pequeño colgando de una cuerda. Una cuenta, colgante o guijarro con unos 15 cm de cuerda sería adecuado. Obtén una batería para comparar los dos terminales mediante dowsing. Asegúrate de estar cómodo y relajado, y sin riesgo de distraerte. Luego balancea el péndulo en un movimiento vertical sobre un extremo de la batería.

Eventualmente su movimiento cambiará ya sea a una rotación en el sentido de las agujas del reloj o en sentido antihorario: esa dirección se convertirá en tu código para encontrar otras polaridades como semillas macho / hembra, estados ácido / alcalino, o respuestas sí / no a preguntas. Cuando hayas establecido una respuesta para negativo, aplica tu nueva habilidad a los extremos del oscilador y posiciona el extremo negativo en la parte superior.

OSCILADORES PARA ÁRBOLES

Frank Moody, un veterano dowser (radiestesista) australiano de 82 años, es un destacado exponente de la curación ambiental con osciladores. Su diseño de una bobina Lakhovsky mejorada se publicó en la revista Journal of the British Society of Dowsers de junio de 1980, y un artículo posterior describió una de sus aplicaciones más espectaculares.

Una estancia ovina tenía una gran área de eucaliptos, de nueve a doce metros de altura, que sufrían gravemente de muerte regresiva debido a los escarabajos. Frank, muy solicitado en todo el mundo por su trabajo, procedió a instalar dos de sus bobinas, de 0,9 m de diámetro, espalda con espalda, a 4,5 m de altura en un árbol muerto. Aparecieron nuevas hojas en tres días, y ahora miles de los árboles han recuperado su vitalidad, con su cuota completa de hojas. ¡Todo por aplicar dos trozos de cable!

Para hacer una "Bobina Moody" para un árbol puedes usar alambre de cerca calibre 12. Enróllalo alrededor del tronco, con una extensión de antena de 45 cm funcionando hacia arriba desde el extremo negativo, y un cable de conexión a tierra que baja hasta el suelo desde el extremo positivo, ambos extremos engrapados en su lugar en el árbol. Mantén la bobina paralela al suelo con soportes de madera clavados en su posición.

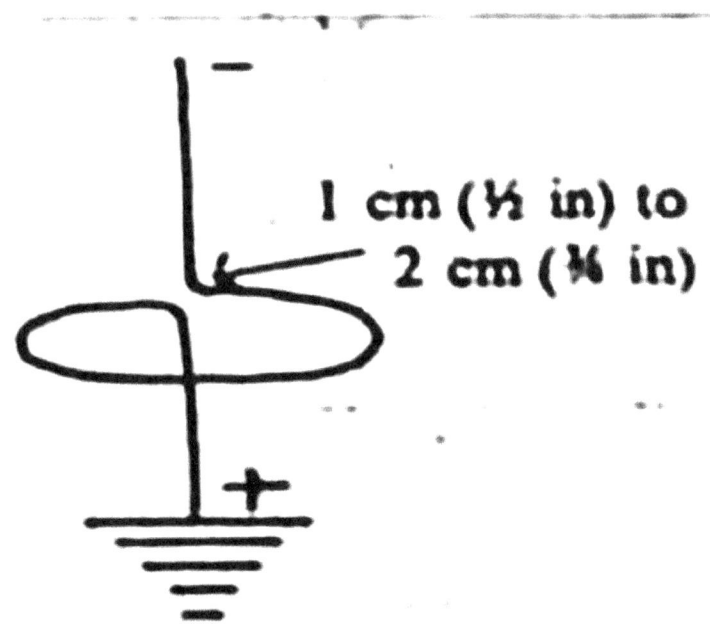

ANTENAS EN ESPIRAL

La espiral de Ighina

Otra solución interesante es la espiral, creada siguiendo medidas áureas de varios tamaños siguiendo conos preformados. Las espirales son de cobre y también se pueden montar en la antena del pararrayos para mejorar la conducción de energía o usarse individualmente para energizar el agua.

Con las espirales se capta la energía cósmica y la energía telúrica, amplificando el Ritmo Cielo-Tierra. Las espirales ascendentes, típicamente amarillas, utilizan energía solar o cósmica. Las espirales azules descendentes están en conexión con la energía telúrica de la tierra. Cuando los dos se fusionan, se crea el verde.

Estas son espirales de Luigi Ighina inventadas por el pionero y genio que estudió con Marconi (inventor de la radio). Ighina descubrió cómo curar las células cancerosas con vibraciones, pero la comunidad académica nunca la reconoció como una científica ortodoxa. Más bien, fue ignorado o ridiculizado por su trabajo.

Ighina descubrió que los caracoles reciben energías atmosféricas especiales a través de las espirales de sus caparazones. Esto le dio la idea de experimentar con este tipo de espirales haciendo antenas. El alambre de aluminio funciona bien para esta técnica, pero materiales como el cobre, el hierro, el acero y otros metales también pueden funcionar.

La forma correcta de hacer espirales es siempre rotación en el sentido de las agujas del reloj desde arriba hacia abajo.

Sin embargo, la forma cónica no tiene por qué ser perfecto. Hay muchas formas diferentes de caracoles y ellos todos parecen trabajar para aprovechar esta energía.

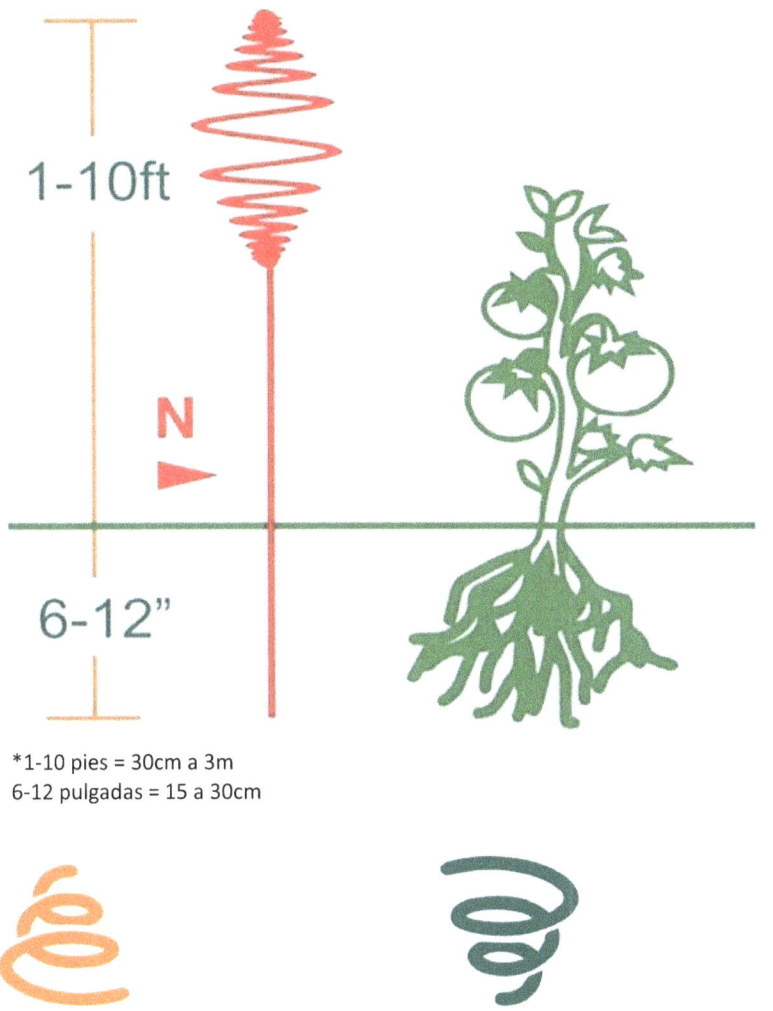

1-10ft

N ▶

6-12"

*1-10 pies = 30cm a 3m
6-12 pulgadas = 15 a 30cm

Energía cósmica: Flores y semillas / Energía terrestre: Crecimiento vegetativo

Cuando la punta del cono se dirige hacia el cosmos, recogerá más energías cósmicas buenas para flores y semillas. Cuando lo apuntes hacia la tierra, recolectará más energías terrestres y mejorará un mayor crecimiento vegetativo.

Para un crecimiento equilibrado de las plantas, lo mejor es colocar una espiral en cada dirección, una hacia la tierra y otra hacia el cielo, conectada al suelo directamente o con un alambre enrollado alrededor de un palo/poste que se adentra en el suelo.

Muchas personas también han tenido éxito simplemente colocando conchas de caracol alrededor de su jardín e incluso en el suelo, que naturalmente tiene la misma geometría y efectos beneficiosos que las antenas.

Tamaño = Frecuencia

El tamaño y la forma de una antena determinan su frecuencia de resonancia. Por lo tanto, las espirales de diferentes tamaños atraerán diferentes frecuencias de señales al bioma del suelo y, en última instancia, a las raíces de la planta.

Experimente para observar a qué frecuencias de resonancia responden más sus plantas.

La electrocultura funciona con muchos de los mismos principios que Nikola Tesla, quien una vez dijo: "Si quieres encontrar los secretos del universo, piensa en términos de energía, frecuencia y vibración".

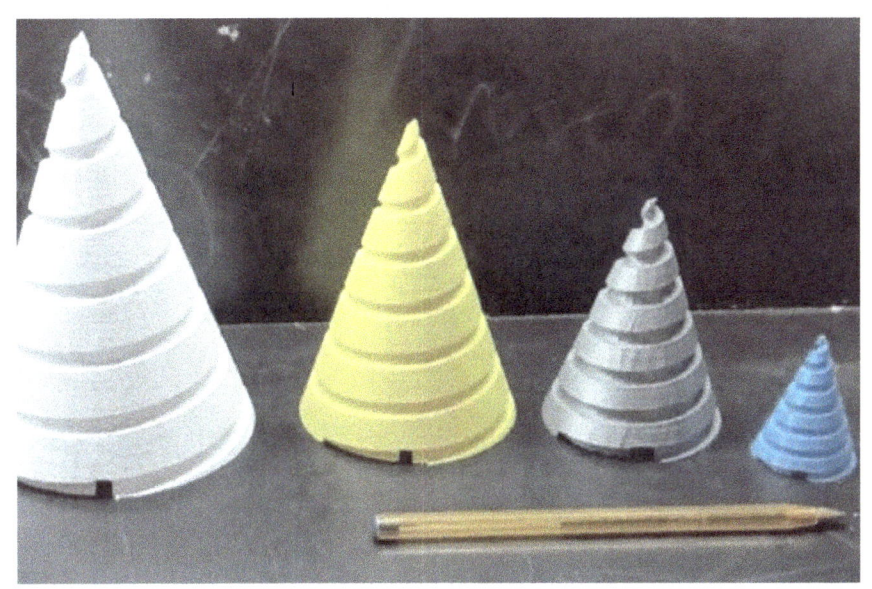

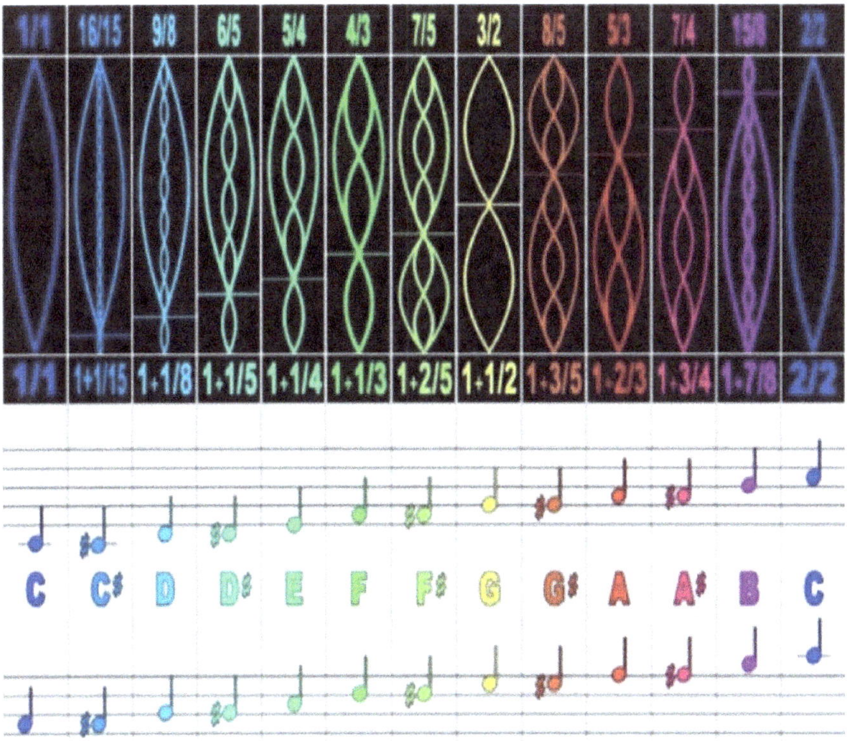
1/1
16/15
9/8
6/5
5/4
4/3
7/5
3/2
8/5
5/3
7/4
15/8
2/2
1/1
1+1/15
1+1/8
1+1/5
1+1/4
1+1/3
1+2/5
1+1/2
1+3/5
1+2/3
1+3/4
1+7/8
2/2
C C♯ D D♯ E F F♯ G G♯ A A♯ B C

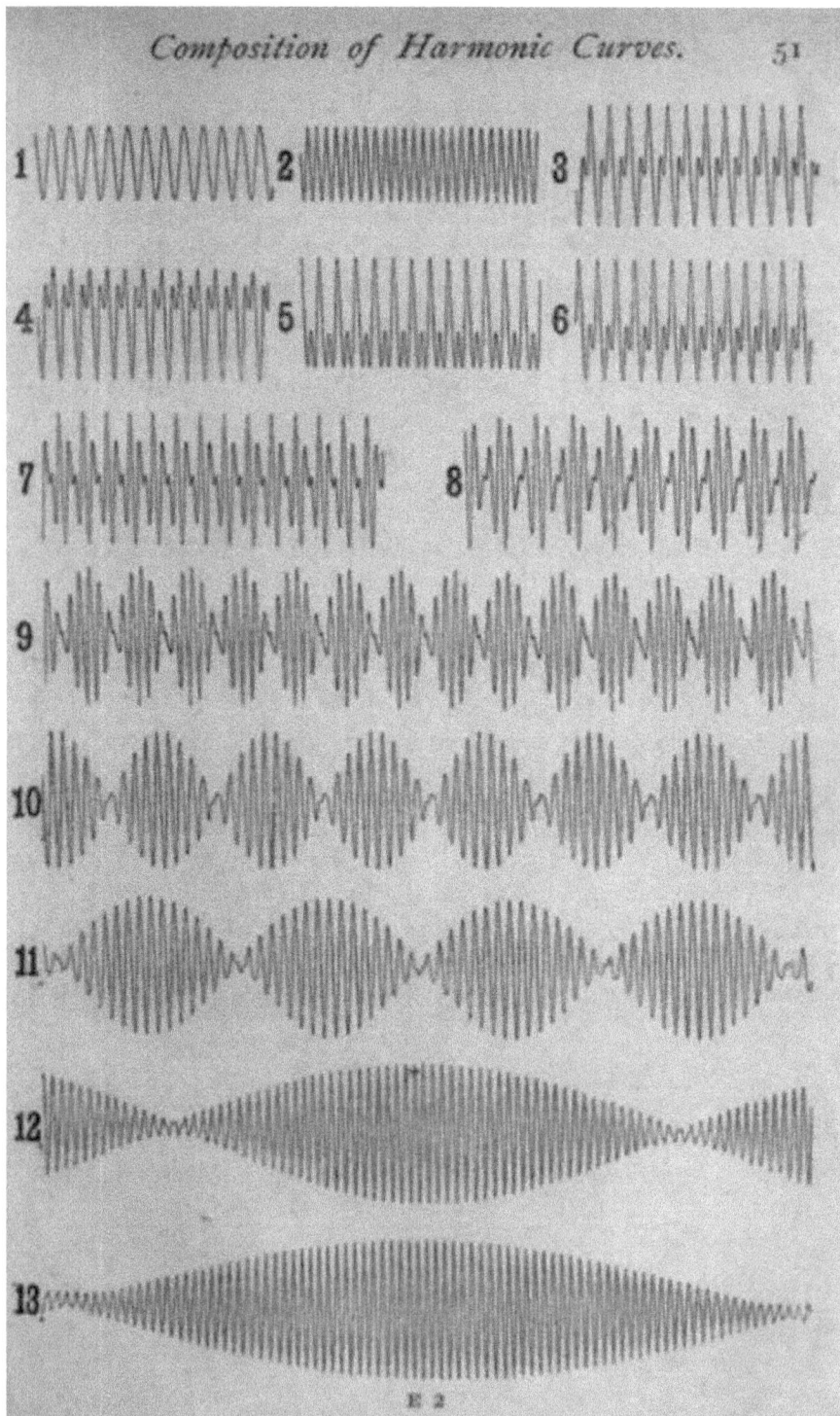

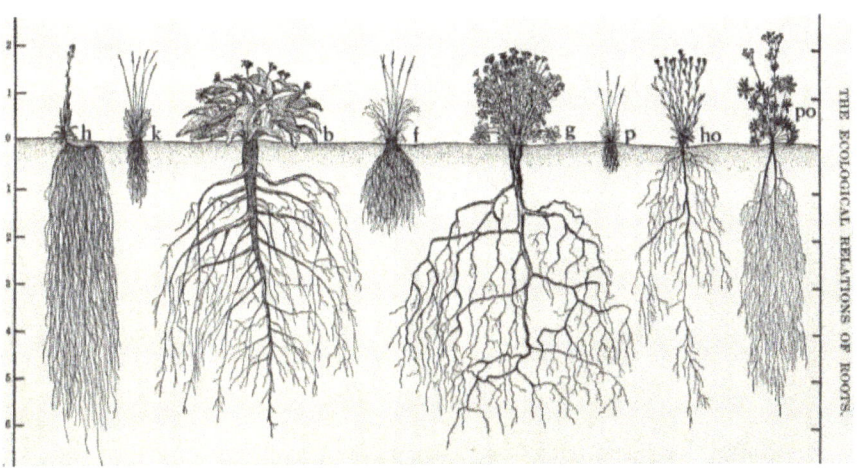

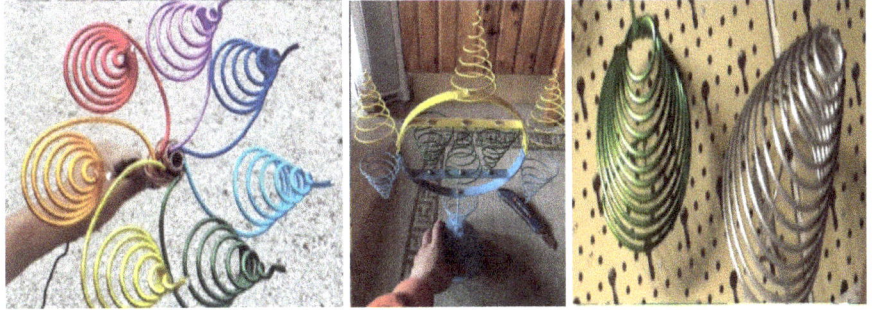

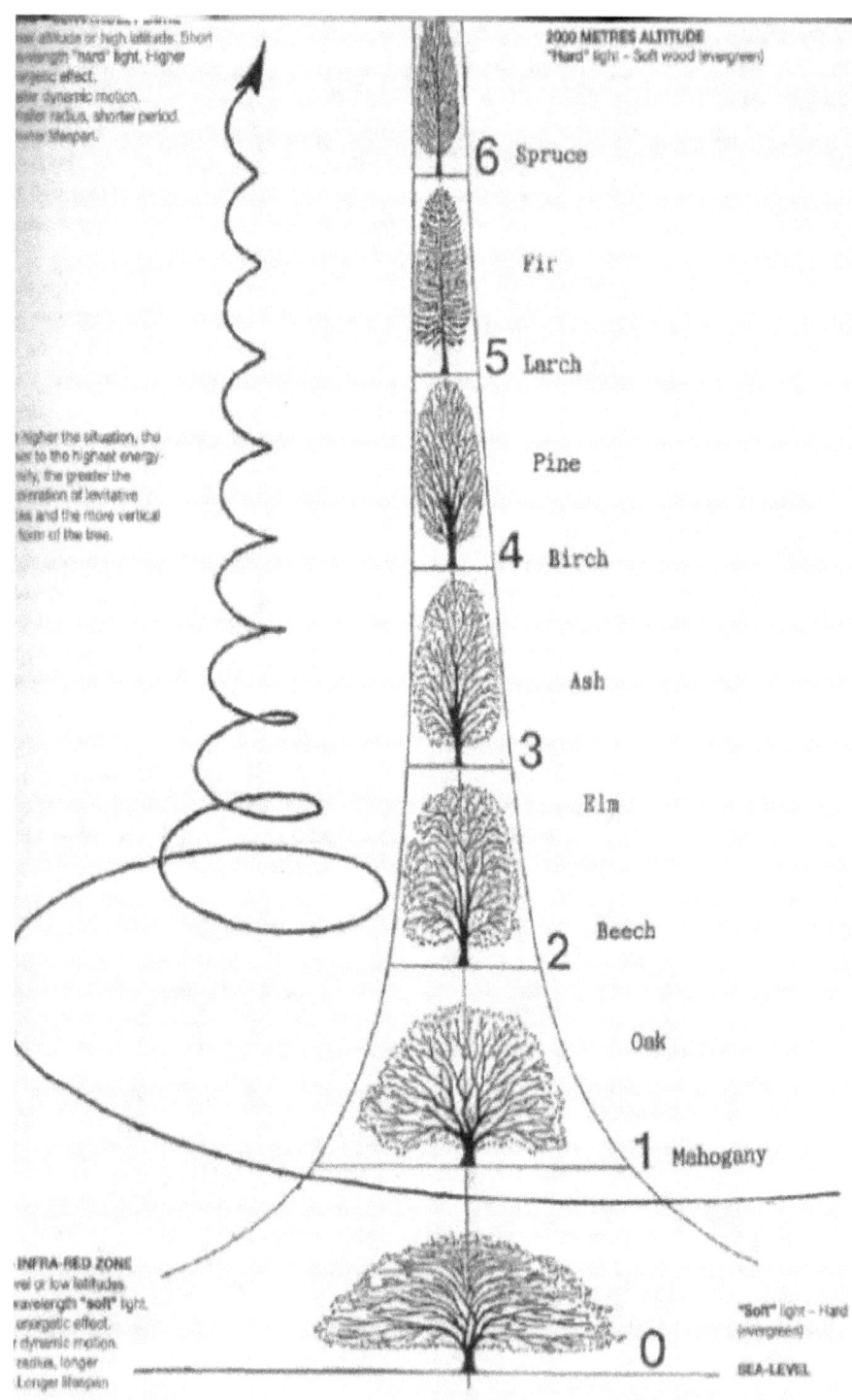

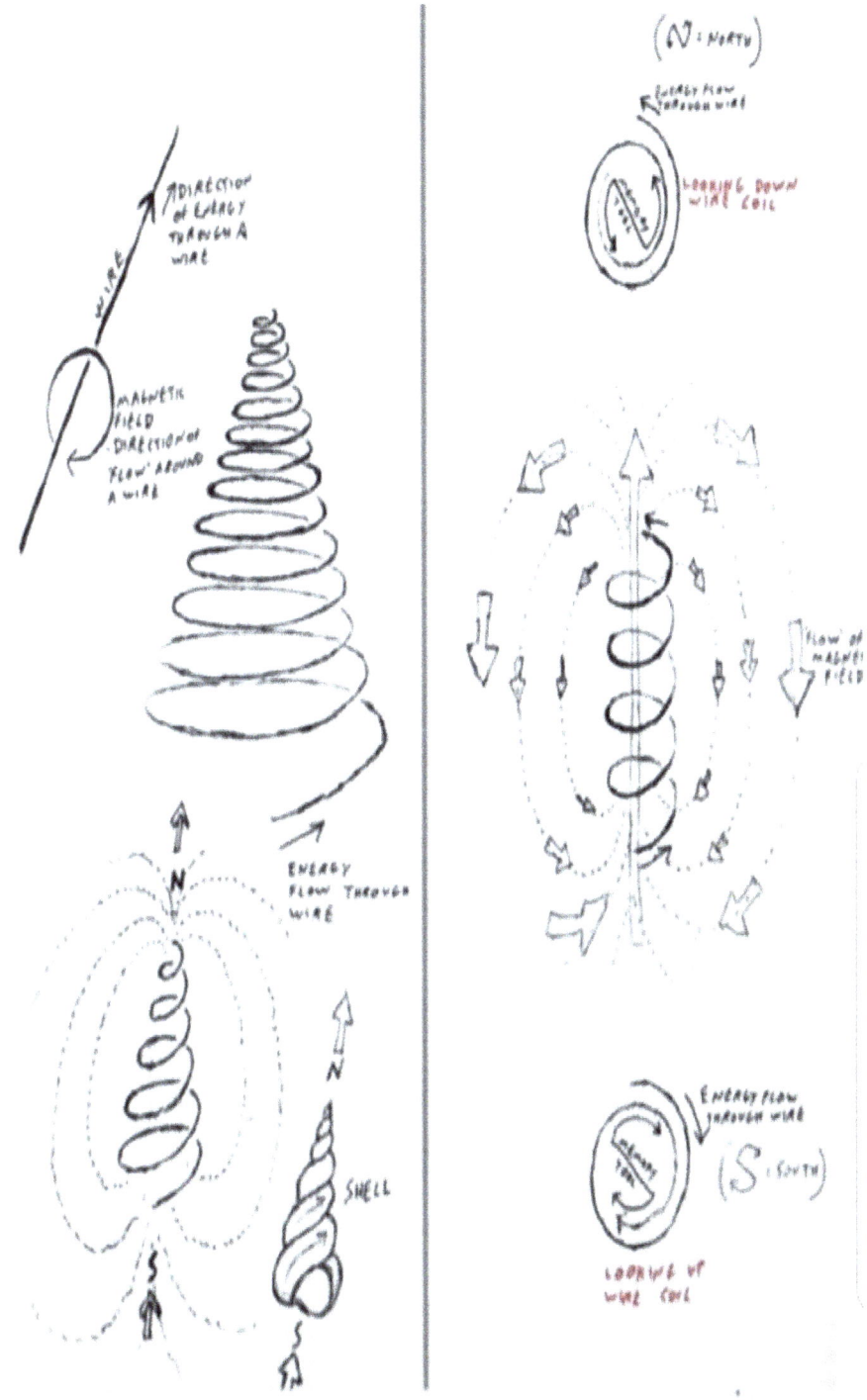

ANTENAS Y CILINDROS MAGNÉTICOS

Se hace una antena magnética partiendo de un tubo de cobre de 7-9 cm de diámetro (lo puedes encontrar en Ferretería), al cual se le fija una escobilla para deshollinador, luego se fija a un poste de madera para luego conectar todo con un cable eléctrico a una serie de cilindros de malla metálica galvanizada, llenos de tierra suficiente para finalmente sembrar las plántulas.

Puede optar por fijar la antena con la base directamente en contacto con la red galvanizada para que pueda transferir directamente la energía al cilindro, o puede aislar el terminal del poste con cinta aislante o una parte de tubería de plástico y conectar varios cabos eléctrico estándar a los cilindros, como se muestra en las fotos a continuación.

Para la autoconstrucción necesitará:

* Una red de hierro galvanizado para conejos, 1 rollo, de altura 50 cm, 25 m (con esta longitud suelo hacer unos 20 cilindros con cierre también por debajo – en mi opinión es importante cerrar por debajo sino pueden entrar topos u otros animales... como roedores varios ...)

* 1 tubo de cobre de 2,5 metros + 1 antena, en mi caso hecho con deshollinador (pero también podéis reciclar perchas metálicas para ropa y hacer algo parecido)

* Cable eléctrico para conectar, Cortacables, Tijera de electricista para pelar cable, Cinta aislante para fijación o americana / Opcional: poste de apoyo + abrazaderas para fijación

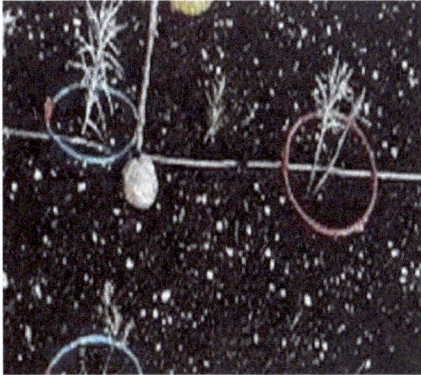

IMANES SUBTERRÁNEOS

La antena magnética terrestre

Las Antenas Magnéticas Terrestres desarrolladas por el investigador francés de electrocultura, Yannick Van Doorne, toman esencialmente la fuerza magnética generada por un conjunto de imanes cilíndricos, y dirigen esa fuerza a través de un cable (de Sur a Norte). El material del cable debe ser metálico galvanizado y ferromagnético (hierro o acero), por lo que el alambre galvanizado clásico utilizado en agricultura para tutorado o cercado es muy adecuado y de fácil obtención. Un solo imán puede cargar hasta 100 pies de cable o más. La cera de abejas es una antena cósmica natural que atrae energías y frecuencias al sistema de antenas, especialmente cuando se trata primero con frecuencias de 432Hz.

El poder que tienen los 432Hz fue reconocido por las mas destacadas civilizaciones antiguas. Los instrumentos musicales del antiguo Egipto que han sido desenterrados hasta ahora, todos han sido reportados de estar afinados a esta frecuencia concreta.

 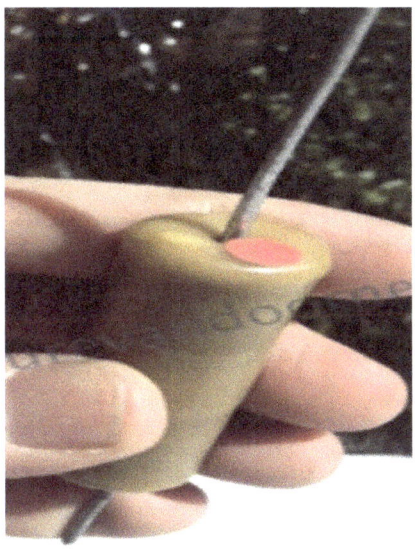

Cómo se hace:

Paso 1: Simplemente pase el alambre galvanizado a través del centro de los imanes cilíndricos y fíjelo al extremo sur del alambre con una cubierta de cera de abejas (para amplificar el efecto).

Paso 2: Instale el sistema de 1-3 pies por debajo del suelo en una orientación de sur a norte. Toda la tierra se carga en un radio de 3 pies alrededor del alambre. El extremo norte (+) del imán debe apuntar hacia el norte.

Los dos tipos más comunes de imanes permanentes son los cerámicos (ferrita), como se ve abajo y el neodimio (plateado brillante) que es más caro y no es adecuado para esta aplicación.

El alambre galvanizado es el mejor para sistemas que incluyen imanes. El acero inoxidable también funciona, pero solo si es magnético (pruébelo con un imán).

Alcance = 3 pies (unos 90cm)
Espaciado= 6 pies (1,82m)
Cable subterráneo (de 30cm a 90cm de profundidad)

TORRE DE ENERGÍA / TORRE IRLANDESA DE BASALTO

Las torres de energía aplicadas en electrocultivo DIY están construidas en basalto.

Su acción depende del tamaño y del punto energético donde se encuentren. Pueden cubrir desde 200-300 m2 hasta 500-1000 m2 e incluso algunas hectáreas dependiendo de su tamaño y ubicación. Suelen estar ubicados al Sur del campo de acción, sobre corrientes subterráneas, nodos de Hartmann y zonas de deslizamientos como fallas.

PIRAMIDES

Las Pirámides utilizadas en electrocultivo DIY respetan la proporción áurea y están construidas en cobre o madera. Tienen poderes increíbles que facilitan el crecimiento, la producción y la resiliencia de las plantas. Los dos tipos de pirámide que se utilizan en el electrocultivo son la pirámide de Keops y la de Nubia.

-PIRÁMIDE DE CHEOPS:

Las proporciones de la pirámide de Keops son conocidas y muy conocidas, estudiadas y re-estudiadas, pero lo único que necesitas saber es que la relación entre la altura de la pirámide y el lado de la base es equivalente a la inversa de la sección áurea, φ ("Griego phi") es decir 0.618033.

De acuerdo con esta relación, por lo tanto, es necesario multiplicar la base (cuadrangular) por 0,952 para obtener el montante.

-LA PIRÁMIDE NUBIA

En el Nubio la relación entre el Montante y la Base es igual a 1,618033.

Entonces en este caso será necesario multiplicar el lado largo de la base por 1.618033 para obtener el montante.

Una pirámide se puede utilizar para:

* Energiza las semillas.
* Fertilizar hectáreas de tierra.
*Tienda de comida.
*Ayuda a la salud de los animales, gallinas, ...
*Energizar el agua, el vino, la comida.
*Ayuda de meditación.
*Estimular la eliminación y la depuración.
*Aumentar la vitalidad de un lugar.
*Genera electricidad.
*Neutralizar la radiactividad.
*Transmutar elementos.
*Generar iones negativos.
*Generar frecuencias armónicas.
*Salud y Bienestar.
*Purificar el aire circundante.

Reglas del juego:

* Orientación de los 4 lados de la base según los puntos cardinales.
* Inserte una espiral en el vértice para aumentar la entrada de energía.
* La Pirámide de Cobre es la de mejor rendimiento para la pregerminación.
* Evite cargar/sembrar durante estas fases de la luna: Apogeo/nudo ascendente o descendente – Perigeo (influencias negativas en las plantas).
* Intención positiva directa para el cultivo.

Secuencia de construcción:

1. Elegir el tipo de pirámide a construir, anotando las medidas: Base y Montante.

2. Marcar las medidas para los cortes en las barras de cobre o madera (ejemplo Keops: 4 piezas de 25 cm y 4 piezas de 23,8 cm para la pirámide clásica) (ejemplo nubio: 4 piezas de 20 cm y 4 piezas de 32 ,26cm).

3. Realizar los cortes obteniendo 4 piezas para la base y 4 montantes.

4. Marcar una distancia de 2 cm en cada pieza desde el borde.

5. Apriete el tubo en un tornillo de banco para aplanarlo, en comparación con los 2 cm marcados.

6. Marcar un punto a 6mm del borde, necesario para hacer los agujeros de unión de 4 mm.

7. Perforar las 8 piezas

8. En este punto, el trabajo está terminado para las bases.

9. Los montantes deben colocarse en un tornillo de banco y deben trabajarse doblándolos, para crear un ángulo que facilite el acoplamiento, siempre vea la pirámide de muestra como referencia.

10. Una vez modeladas las esquinas proceder al montaje.

11. Utilizar siempre el mismo material y no mezclar otros metales para evitar la inercia.

12. Montaje con remaches de cobre de 12 – 16 mm diámetro 4 mm.

13. Montaje con tornillos de cobre o metales compatibles (Latón).

Lista de Materiales / Equipos:

* Barra de cobre de diámetro 12, 14 mm, de tamaño adecuado.
* Remaches o tornillos de cobre + Remachadora / alternativamente tornillos y pernos
* Tornillo de banco, sierra, lima de desbarbado, broca de 4 mm

CRISTAL GENESA

El Cristal Genesa representa el conjunto de los cinco sólidos platónicos.
Es un agente armonizador que se utiliza en pequeños y grandes cultivos tanto en invernadero como en campo abierto para reequilibrar y dinamizar las plantas y el ecosistema.

La Genesa se posiciona en el centro del área afectada por el cultivo expresando un intento de vida, de energía, para todas las formas vitales, creando un campo de energía dedicado al área cultivada, que visualizaremos durante la fase de intento. Acompañan el desarrollo de las plantas que obviamente están siempre en evolución.
Además de la intención, también es posible insertar una hoja, un elemento, un pedazo de una planta en particular si queremos trabajar la energía positiva de ese cultivo específico, quizás para mejorar la resistencia, o la floración, en lugar de la fase, del desarrollo del fruto.

La Genesa se posiciona en el centro del área afectada por el cultivo expresando un intento de vida, de energía, para todas las formas vitales, creando un campo de energía dedicado al área cultivada, que visualizaremos durante la fase de intento. Acompañan el desarrollo de las plantas que obviamente están siempre en evolución.

Además de la intención, también es posible insertar una hoja, un elemento, un pedazo de una planta en particular si queremos trabajar la energía positiva de ese cultivo específico, quizás para mejorar la resistencia, o la floración, en lugar de la fase, del desarrollo del fruto.

Algunas reglas básicas para vivir positivamente el electrocultivo DIY

* Evitar suelos demasiado húmedos.
* Se desaconseja encarecidamente la proximidad a líneas eléctricas de alto voltaje.
* No coloque la antena debajo de un árbol, contra una pared o cerca de un edificio más alto, mejor en campos abiertos/libres.

* Si es posible, retire otros objetos metálicos más altos que la antena en el área, esto permitirá la concentración de energía en la antena.
* Evite objetos / cables metálicos aéreos (cables telefónicos, cables eléctricos, etc.).
* Respetar el posicionamiento según los puntos cardinales (Pirámide en particular y anillos).

NB: para la antena Lakhovsky Rings, nunca conecte los 2 extremos, el anillo debe permanecer abierto. Dirija la apertura del anillo hacia el Norte y no permita que las plantas toquen las partes de cobre descubiertas.

LA ANTENA PARARRAYOS

La Antena Pararrayos combina todos estos materiales para maximizar su potencial. La antena se instala en un poste que mide al menos 1,80 metros de alto y también se puede conectar a un cable subterráneo (orientado hacia el norte) que es efectivo hasta 90 metros o más.

Combinar diferentes tipos de metales permite que la antena reciba diferentes tipos de energías. Cuantos más tipos de energías puedas aprovechar, mejores serán los resultados.

6-20ft

★ The taller the better

Entre 1,8 y 6 metros, cuanto más alto mejor.

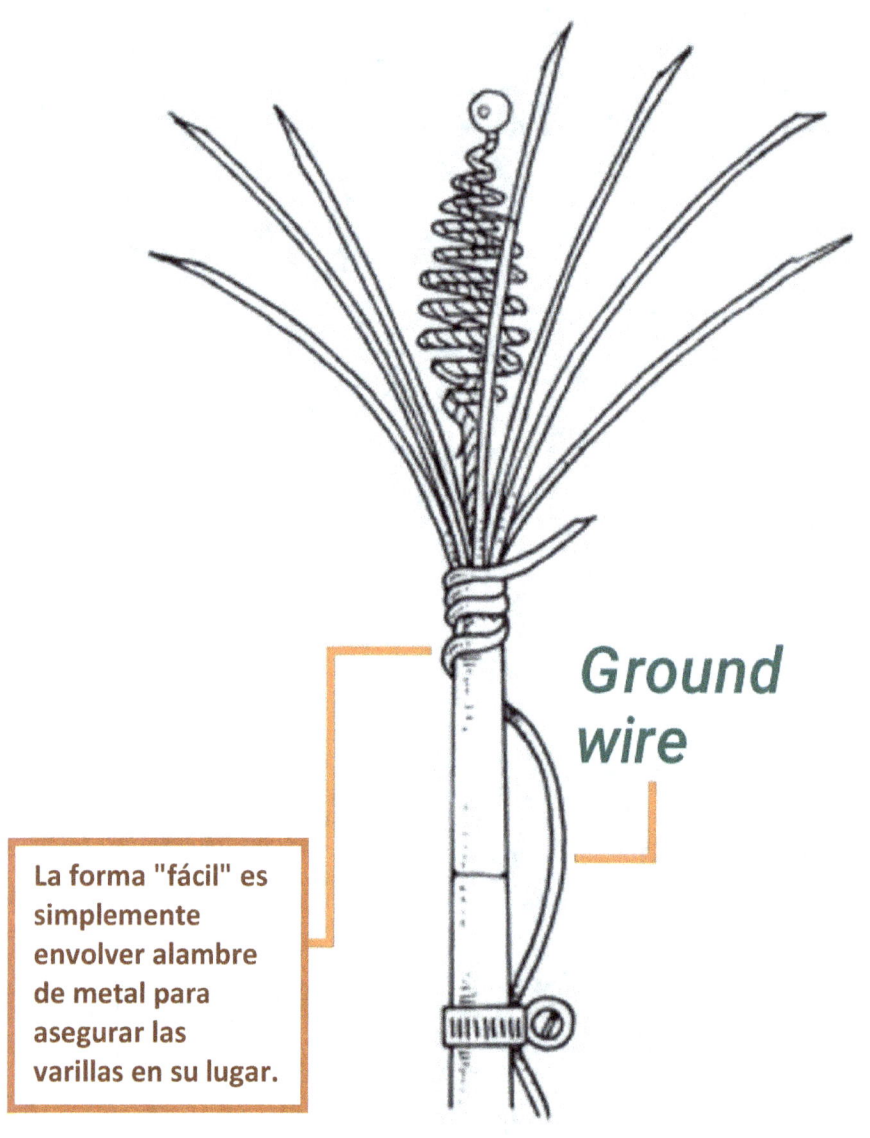

Ground wire

La forma "fácil" es simplemente envolver alambre de metal para asegurar las varillas en su lugar.

Hay aproximadamente 2000 tormentas eléctricas ocurriendo en la Tierra en cualquier momento y cerca de 50 rayos cada segundo. Cada evento crea ondas electromagnéticas que viajan a través de nuestro planeta.

Como se hacen:

Paso 1: Las espirales y varillas se aseguran en un tubo de metal con un diámetro de 1-1,5 cm.(3/8″ - 1/2″) Una opción es pinzar el extremo del tubo.

Paso 2: A través del tubo pasa un tornillo largo (aguja) roscado con un imán de ferrita y una mariposa. Apuntando directamente al sur, captura las energías atmosféricas y terrestres que rodean el aparato.

Paso 3: Entre el perno de mariposa y el imán, se puede conectar un cable de tierra que dirige la energía recogida hacia el suelo.

Galvanizado = una capa protectora de recubrimiento de zinc aplicada al hierro y al acero. (El acero es simplemente una aleación de hierro).

Consejo profesional: El cable de tierra de hierro/acero galvanizado es el mejor si deseas conducir las energías magnéticas, porque el cable de cobre conducirá principalmente el tipo de energías eléctricas y menos de las magnéticas.

Instalaciones de jardín

Opción 1: Jardín Abierto

La antena se entierra de 30 cm a 1 m bajo tierra y tendrá un rango efectivo con un diámetro aproximadamente igual a su altura. Las energías magnéticas solo fluirán hacia el norte desde la antena, pero las energías eléctricas fluirán a su alrededor.

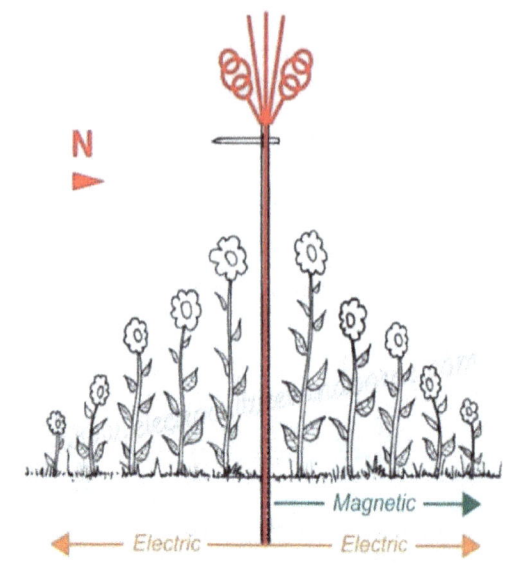

Opción 2 Jardín cercado:

Una malla circular crea un campo homogéneo (como una jaula) que distribuye la energía de manera uniforme. Esto permite un mayor control y un crecimiento más predecible La jaula de acero puede tener un diámetro de 1,8-2,7 metros o más y una profundidad de 30 cm a 1 m (no hay límite para la profundidad o altura).

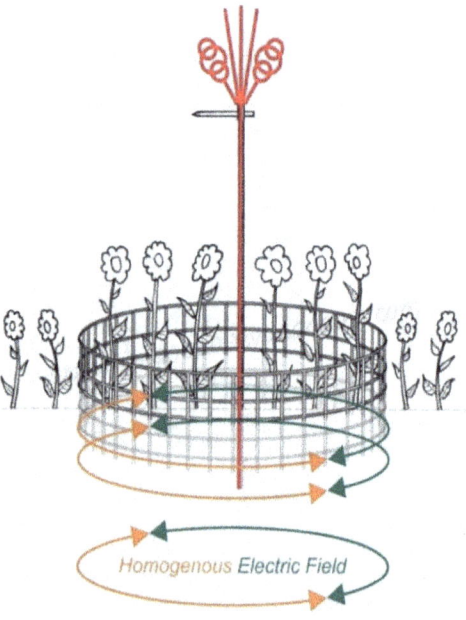

Un Campo Eléctrico Homogéneo tiene la misma magnitud y dirección en cualquier lugar dado del campo.

Opción 3 Red subterránea

Este método distribuye la energía en cables subterráneos que están alineados con varias hileras de plantas (orientadas de sur a norte). Estos cables subterráneos son efectivos hasta 90 metros o más desde una sola antena, con un radio de acción efectivo de 1 metro alrededor del cable.

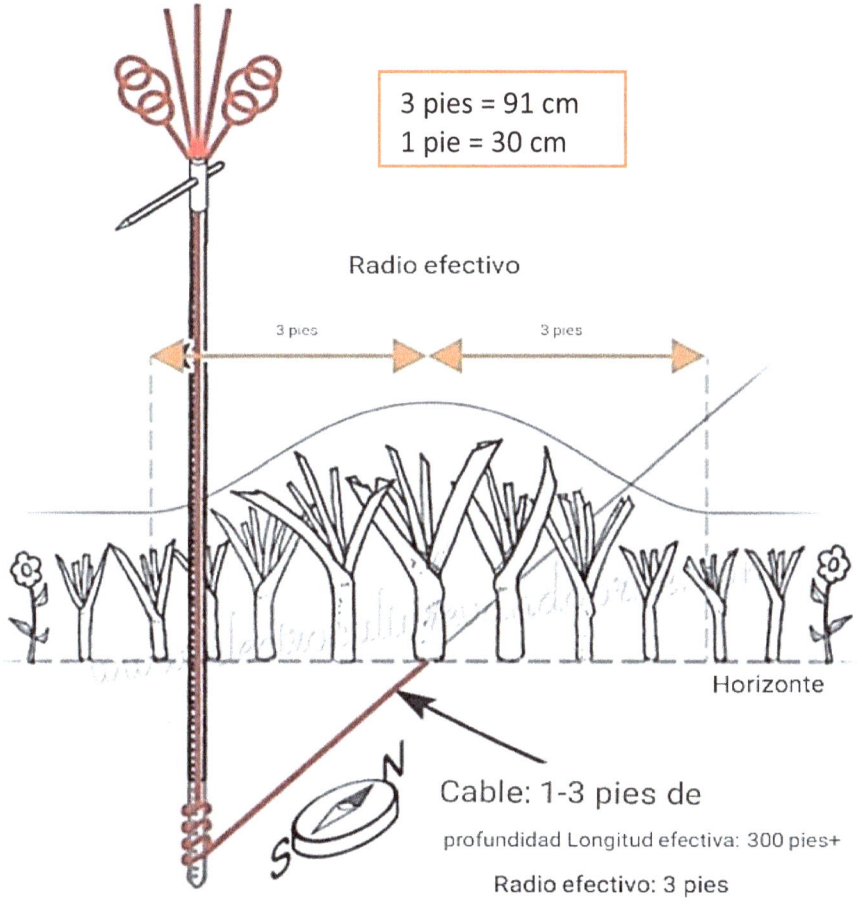

3 pies = 91 cm
1 pie = 30 cm

Radio efectivo

3 pies | 3 pies

Horizonte

Cable: 1-3 pies de profundidad Longitud efectiva: 300 pies+
Radio efectivo: 3 pies

Muchos informes muestran que las antenas pueden ser efectivas por kilómetros o millas con un solo cable. Esto tiene sentido porque las plantas responden a electricidad sutil (muy poca) y muestran efectos significativos, siempre que el cable esté alineado con el norte, entonces el jugo sigue fluyendo (como el vino).

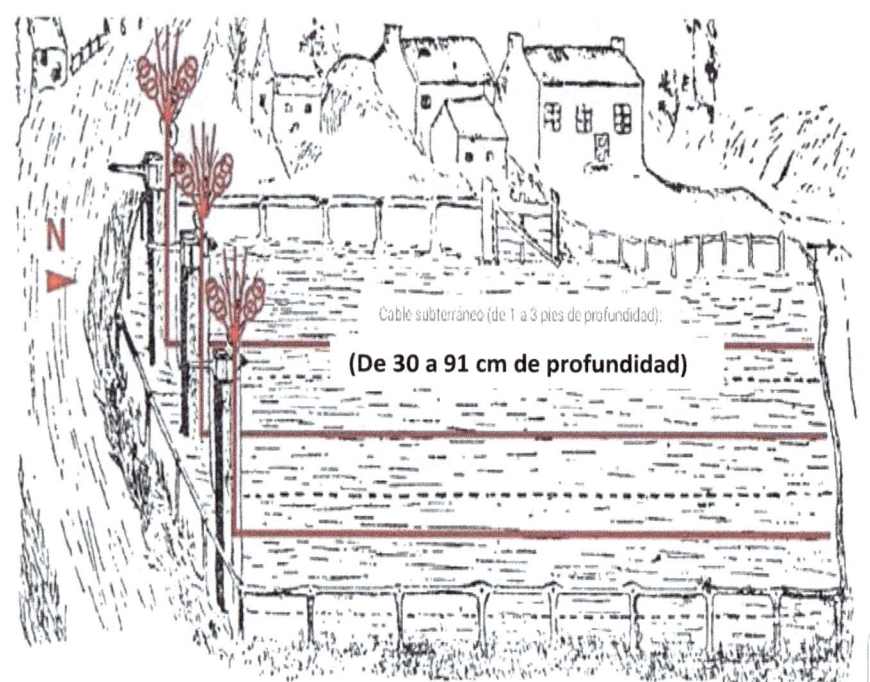

Cable subterráneo (de 1 a 3 pies de profundidad):

(De 30 a 91 cm de profundidad)

Instalación en Viñedos

Opción 4 Red de viñedos

Para las vides, la antena se conecta al alambre metálico superior del emparrado. Luego se conectan cables conductores en dirección descendente y se entierran aproximadamente 30 cm en el suelo.

El siguiente ejemplo muestra un emparrado que va de sur a norte, pero también puede funcionar con vides que van de este a oeste, instalando el cable subterráneo y perpendicular a las vides. De modo que el cable siga corriendo en dirección sur-norte.

La electrocultura producirá frutas y verduras que tienen niveles más altos de nutrientes, como uvas con niveles más altos de azúcar y alcohol, haciéndolas así más adecuadas para la exportación y el comercio (y para beber).

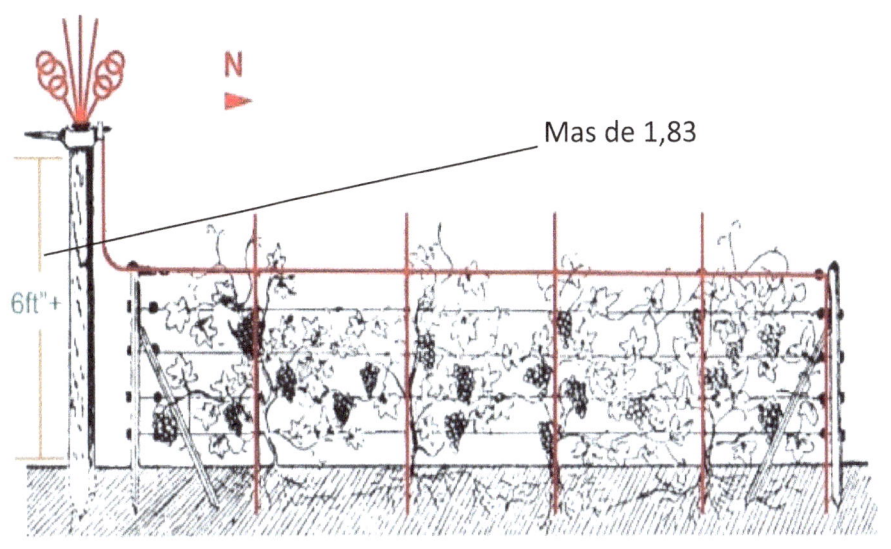

Mas de 1,83

6ft"+

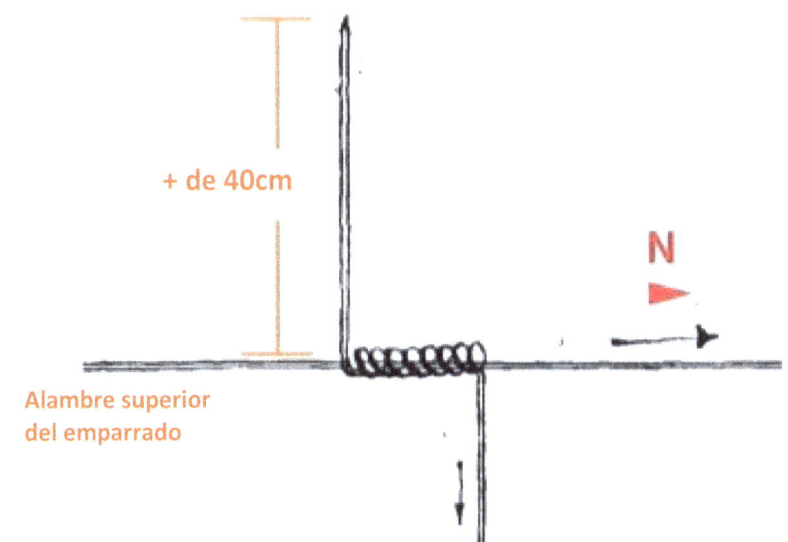

+ de 40cm

Alambre superior
del emparrado

Cable conductor

Este diagrama muestra el método para fijar el cable conductor al alambre superior de un emparrado. El cable conductor debe sobresalir al menos 40 cm por encima del alambre superior del emparrado.

En 1934 Justin Christofleau patentó un sistema de electrocultivo que demostró ser tan eficiente que podía aumentar el rendimiento de los cultivos en proporciones considerables (hasta un 200%) sin fertilizantes químicos de ningún tipo.

También previno enfermedades, ayudó a proteger las plantas y ayudó a rejuvenecer las plantas y, entre otros beneficios, la germinación de las semillas fue más corta y los rendimientos se aceleraron considerablemente.

La antena se puede utilizar tanto en un pequeño jardín como en jardines comunitarios, tanto en invernadero como en campo abierto, y se coloca al sur del cultivo (dirigida hacia el Norte) a una altura variable en función del tamaño del campo o invernadero donde se instalará.
Luego se conecta la antena con un cable eléctrico de cobre, de arriba hacia abajo. Se debe conectar a los cables de hierro galvanizado preparados, o presentes en la huerta/viña, o tenderlos, tanto a ras de suelo, enterrados, como suspendidos en espalderas.

La antena pararrayos utiliza materiales de aluminio o cobre con imanes y se utiliza para conducir energía cósmica directamente a las plantas.

Se han visto y probado muchas variantes con un tremendo éxito, está en tu mano probar las que mejor funcionan para tu cultivo concreto.

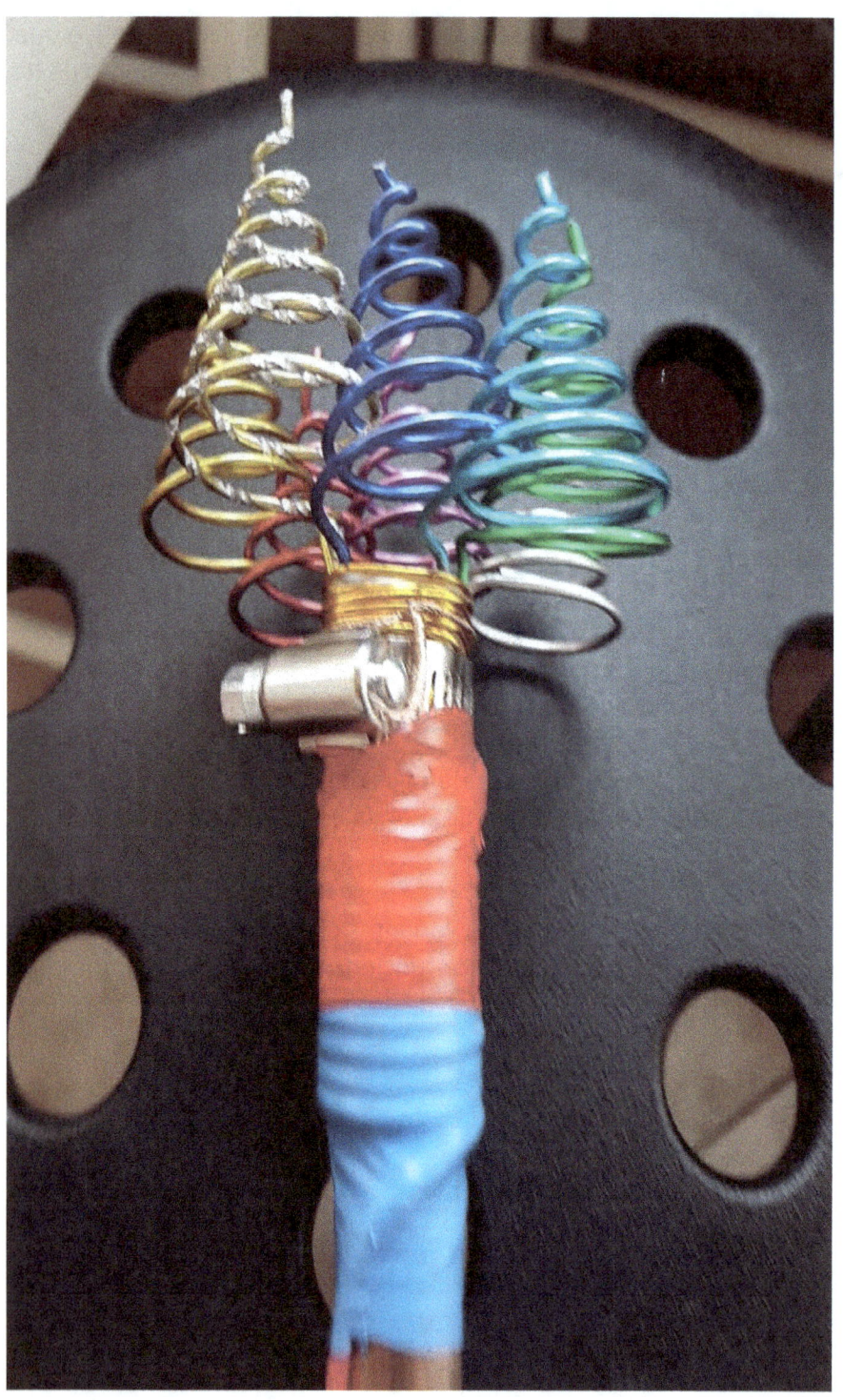

4.7 JUSTIN CHRISTOFLEAU

La antena y el cabezal Christofleau

Caballero de Merito de la Agricultura. Medallista de Oro de la Sociedad de Fomento para las Industrias Nacionales. Miembro de la Sociedad de Científicos e Inventores de Francia. Miembro de la Fundación de la Sociedad Nacional de Agricultura. Miembro de la Asociación de fabricantes e Inventores de Francia.

La electrocultura es un método para aplicar electricidad atmosférica a la fertilización de la vida vegetal y durante los últimos años, se ha desarrollado de tal manera, que hoy se practica en muchos de los países del mundo, a saber; Francia, Inglaterra, Canadá, Alemania, Suiza, Italia, Bélgica, Dinamarca, Suecia, etc. Su éxito ha sido tan marcado que hay más de un millón de aparatos en uso en estos países y su aplicación se extiende a medida que se conocen mejor sus beneficios...

El descubridor de este proceso es un conocido científico francés, el Sr. J. Christofleau, que dedicó años de investigación al desarrollo y la aplicación de su proceso y el aparato, que finalmente perfeccionó y patentó en todo el mundo.

Es el resultado de sus esfuerzos, el aparato mencionado se ilustra a continuación:

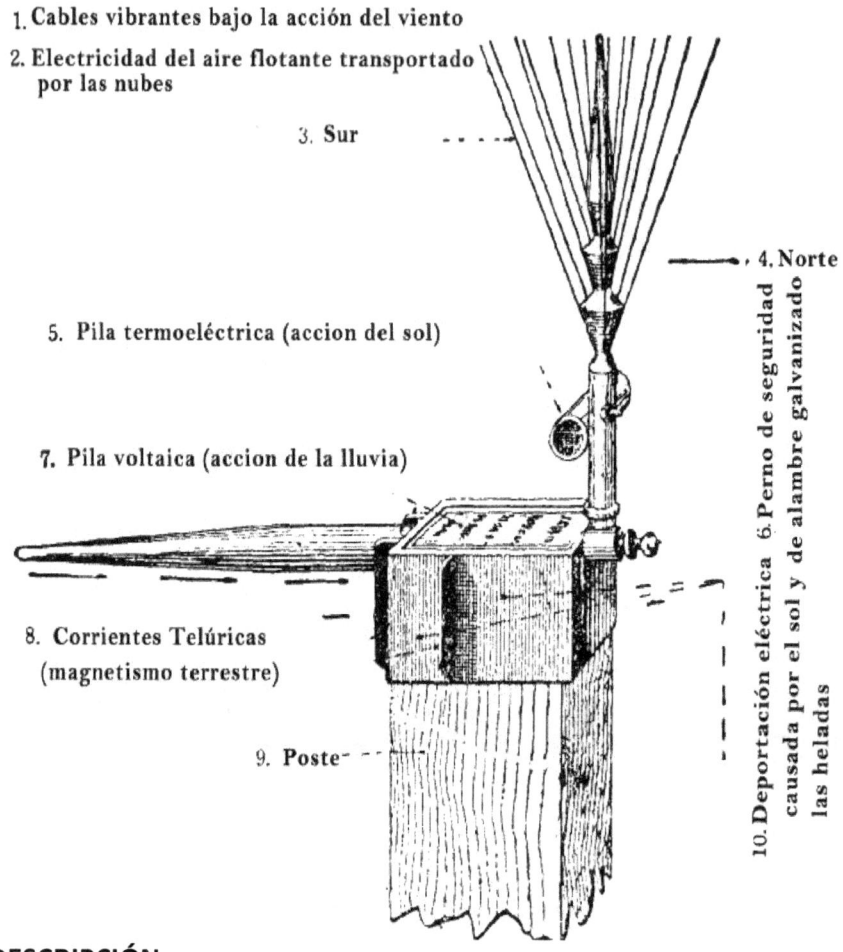

1. Cables vibrantes bajo la acción del viento
2. Electricidad del aire flotante transportado por las nubes
3. Sur
4. Norte
5. Pila termoeléctrica (accion del sol)
7. Pila voltaica (accion de la lluvia)
6. Perno de seguridad
8. Corrientes Telúricas (magnetismo terrestre)
9. Poste
10. Deportación eléctrica causada por el sol y de alambre galvanizado por el sol y de alambre galvanizado las heladas

DESCRIPCIÓN

Magnetismo terrestre y corrientes telúricas. El aparato debe colocarse firmemente en un poste al menos a 6 metros del suelo, con el puntero horizontal apuntando al sur magnético directo y el puntero perpendicular al cielo.

Electricidad atmosférica. - Las corrientes con las que se impregna la atmósfera se capturan mediante un puntero perpendicular, y los cables aéreos del aparato, que sirven como conductor, por lo que la electricidad atmosférica positiva pasa a las corrientes negativas en la tierra.

El puntero horizontal, que apunta directamente al sur, captura el magnetismo terrestre y las corrientes telúricas que rodean el aparato.

La acción del sol: Dentro de la carcasa del aparato hay crestas, y afuera hay bridas correspondientes a las partes más delgadas de la carcasa. Cuando el aparato se coloca en posición en el poste, con el puntero directo al sur, el sol naciente golpea naturalmente la faceta oriental del aparato. Las bridas en la parte exterior de la carcasa, sirven para desviar los rayos del sol desde la parte delgada de la carcasa hacia las gruesas crestas. Estas bridas también están expuestas al viento y enfrían la parte de la carcasa a la que están unidas. La diferencia resultante en las temperaturas provoca un "depósito" eléctrico, o almacén, debido a las partículas metálicas.

La misma acción tiene lugar más tarde en la tercera faceta, o lado oeste, del aparato:

DURANTE TODO EL DÍA EL SOL CREA UN DEPÓSITO ELÉCTRICO EN TODO EL APARATO.

Pila Termo. - Unida a la parte inferior del vástago del aparato hay un tubo, que consta de dos piezas de metal, una de cobre y otra de zinc, unidas por dos soldaduras y conectadas al vástago principal, de modo que una de las soldaduras está expuesta al calor del sol, mientras que la otra, que está debajo, está sombreada por sus rayos. Esto forma o genera una corriente eléctrica del cobre al zinc, es decir, una corriente negativa y positiva, que desde allí se transmite a la parte del aparato a la que se une el zinc. El conjunto se convierte en una revista termoeléctrica y es provocado por la acción de los rayos del sol y un contacto del zinc y los metales de cobre.

El efecto del frío y la escarcha. - Tanto el frío como las heladas engendran electricidad, debido a la diferencia de temperaturas transmitidas a las paredes o la carcasa del aparato de la misma manera que se describe en el párrafo anterior, bajo el título de "La acción del sol."

Efecto del viento. - El viento al soplar a través de los cables aéreos hace que vibren y capturen la electricidad positiva con la que se carga el aire.

Efecto de la lluvia. En la parte superior del aparato hay un platillo de zinc al que se clava una placa de cobre; el contacto mismo de estos dos metales por sí solos son suficientes en sí mismos para formar un "Depósito" o almacén eléctrico y, además, el platillo forma un receptáculo para la humedad causada por la humedad de la atmósfera, la lluvia, la escarcha o el rocío. La acción sobre el platillo de zinc y cobre lo convierte en una batería voltaica. El aparato en sí es metálico y se coloca en un poste alto, es frío y, naturalmente, sirve para extraer la humedad de la atmósfera.

Toda esta energía eléctrica reunida por el aparato es la electricidad positiva de la atmósfera, que se transmite al suelo por medio del alambre galvanizado.
El alambre galvanizado en el suelo se dirige en una línea recta al norte magnético directo para cualquier distancia requerida. Esto sirve para capturar las corrientes terrestres magnéticas. Es la combinación de electricidad positiva de la atmósfera y la electricidad negativa de la tierra lo que causa el flujo continuo y el reflujo de la electricidad natural en el suelo.

Esta corriente destruye todos los insectos y parásitos que atacan la vida de las plantas por el solo hecho de que las vibraciones causadas son proporcionalmente mayores que las vibraciones de los mismos insectos. Se forman transformaciones químicas que darán a la vegetación los elementos fertilizantes y los productos nitrogenados que son necesarios para la nutrición y el desarrollo de la vida vegetal.

La pila termoeléctrica está compuesta por placas de cobre y zinc unidas por soldadura estaño-plomo, materiales ampliamente utilizados en aplicaciones termoeléctricas.

Opera en un rango de temperatura de 10°C a 40°C entre la unión expuesta al sol y la sombreada, generando un voltaje de entre 50 y 200 milivoltios, dependiendo de la intensidad de radiación solar.

Esta pequeña corriente eléctrica se suma a la obtenida por los demás transductores del aparato: la electricidad atmosférica capturada del aire por el puntero vertical, el magnetismo telúrico detectado por el puntero horizontal, y el "depósito" eléctrico producido sobre la superficie metálica de la carcasa por efecto fotoeléctrico.

Todas estas energías convergen al sistema de crestas y valles internos, donde son rectificadas y almacenadas para su aprovechamiento en el uso final de la corriente eléctrica generada.

NOTAS POR M. JUSTIN CHRISTOFLEAU.

Ya en 1749, Abbe Nollett, quien parece ser el primer científico que notó los efectos de la electricidad en la vegetación, anunció que la electricidad contribuyó a la EVAPORACIÓN DEL SUELO, facilitó la germinación de las semillas y aumentó la rapidez de la ascensión de la savia en vegetación.

En 1783, Abbe Bertholon no solo dio a conocer el papel de la electricidad atmosférica en la vegetación en una de sus obras, sino que hizo su aplicación práctica con un "electrovegetómetro" que él inventó. En un período mucho posterior, un científico ruso, Spechnoff, perfeccionó el Electrovegetómetro, inventado por Abbe Bertholon, y observó una sobreproducción del 62 %. Para avena, 56 %. Para el trigo, el 34 %. Para linaza, M. Spechnoff, además, ha descubierto que la composición del suelo se modifica por la acción de las corrientes.

Hacia finales del siglo pasado, el hermano Paulin, director del Instituto Agrícola de Beauvais, inventó un nuevo aparato, el "Geomagnetofero", que dio excelentes resultados, especialmente en lo que respecta a las uvas, que eran más ricas en azúcar y alcohol; su madurez fue más apresurada y más regular.

Todos los experimentos realizados hasta el día de hoy por los científicos demuestran que las tierras sometidas a electricidad han producido cultivos que son más de un tercio, dobles e incluso triples, de acuerdo con la efectividad del aparato y el cuidado brindado a su instalación y, además, que esos cultivos se preservan de los microbios, los parásitos y las enfermedades epidémicas que son la ruina de los agricultores, esos microbios, etc., que son destruidos por la electricidad.

Para que no me acusen de invocar el testimonio de selentints, que ha muerto hace mucho tiempo, es agradable para mí registrar lo irreal.

Testimonios comprobables de experimentos realizados con mi aparato por varias personas de buena reputación que realmente viven, que pueden ser cuestionadas y cuyos experimentos han sido, en algunos casos, certificados por un oficial de la Municipalidad. J.C

INSTRUCCIONES DE INSTALACIÓN

1.- Fije el aparato firmemente en la parte superior del poste, de unos 25 pies (7.62 metros) y asegúrelo con una clavija de madera en el agujero en la cara sur del dispositivo.

2. Entierre el poste de 5 pies (1.52 metros). Y frente al puntero del aparato dirección Sur (magnético), y la cabeza del aparato dirección Norte magnético. Esto es absolutamente esencial, ya que todo el funcionamiento del aparato depende de esto. (Ver imagen "Instrucciones")
3. Coloque alquitrán en la parte superior del poste que se inserta en el aparato, y también los 5 pies (1.52 metros) del poste que está enterrado en el suelo.

4. Adjuntar calibre N° 12 de alambre de hierro galvanizado flexible y al perno entre la arandela y el aparato mediante un solo anillo de ojo y enrollar el extremo firmemente alrededor del cable "hacia abajo" principal por 15cm; luego suelde el extremo para hacer un buen contacto. (Ver imagen "Instrucciones" Fis D)

5. Aísle el cable principal con 4 orbes aisladores de porcelana en el costado del poste, teniendo cuidado de que el cable se mantenga tenso. (Ver imagen instrucciones Abeja 15. A. y B.).

6. Use tres cables de sujeción, para evitar que el poste se desvíe con un viento fuerte.

7. Entierre el cable 25cm de profundidad en un surco recto, que va desde el poste en una línea recta de la franja de tierra que se va a electrificar. En los casos en que se vaya a pisar el suelo, el cable debe estar enterrado al menos cuatro pulgadas más profundo que la profundidad del arado.

8. Use doble aislante similar a los utilizados para las líneas eléctricas, en la base del poste debajo del suelo, donde el cable principal gira en ángulo recto desde el poste a lo largo del surco. El cable se pasa a través del aislante, que está unido a la base del poste por tres hebras cortas de alambre fuerte. Después de que el alambre principal se haya colocado y fijado correctamente en cada extremo, es decir, en el perno del aparato y la clavija en el extremo norte del campo, los hilos cortos de alambre que sostienen el aislante en la base del poste deben ser retorcidos, lo más tenso como sea posible, haciendo que el cable principal en el surco y el poste se aprieten. (Imagen instalación)

9. Cuando el cable se corta en el límite norte, se enrolla firmemente alrededor de una clavija en el suelo y el extremo del cable se enrolla alrededor del cable principal durante 15cm y luego se suelda y se entierra 20,32cm.

10- Al establecer la dirección correcta para el surco con una brújula, debe colocarse en un pedazo de tabla seca y nunca directamente en el suelo o cerca de cualquier material de hierro o alambre, etc., como las corrientes de tierra y el hierro influirán en la brújula.

11. El funcionamiento exitoso del aparato depende completamente de que la dirección precisa del puntero del aparato sea el Sur (magnético) y el cable subterráneo sea el Norte magnético directo.

12.- Es necesario utilizar madera seca para el poste en el que se fija el aparato, ya que la madera verde es apta para deformarse y, por lo tanto, desvía la punta del aparato.

13. Es aconsejable probar la dirección del puntero de vez en cuando en caso de que el poste se haya torcido. Un buen método para hacerlo es introducir dos clavijas de madera en el poste, a unos 5 pies (1,52 metros) de distancia entre sí, en una línea directamente debajo del puntero; los puntos se mantienen así en línea exacta. Entonces es fácil probar la dirección del puntero mirando hacia arriba desde la clavija inferior hasta el punto superior para ver si los tres siguen alineados; si no, es necesario volver a configurar el aparato con una buena brújula.

14.- Se debe tener cuidado para eliminar las raíces o piedras que se encuentran en el curso del surco.

15.- El cable no debe enrollarse alrededor de los aisladores en el poste, sino que debe pasar por el costado y pasar rápidamente al aislador por medio de un pedazo de cable de amarre de calibre liviano. (Ver Fig. B, imagen instrucciones)

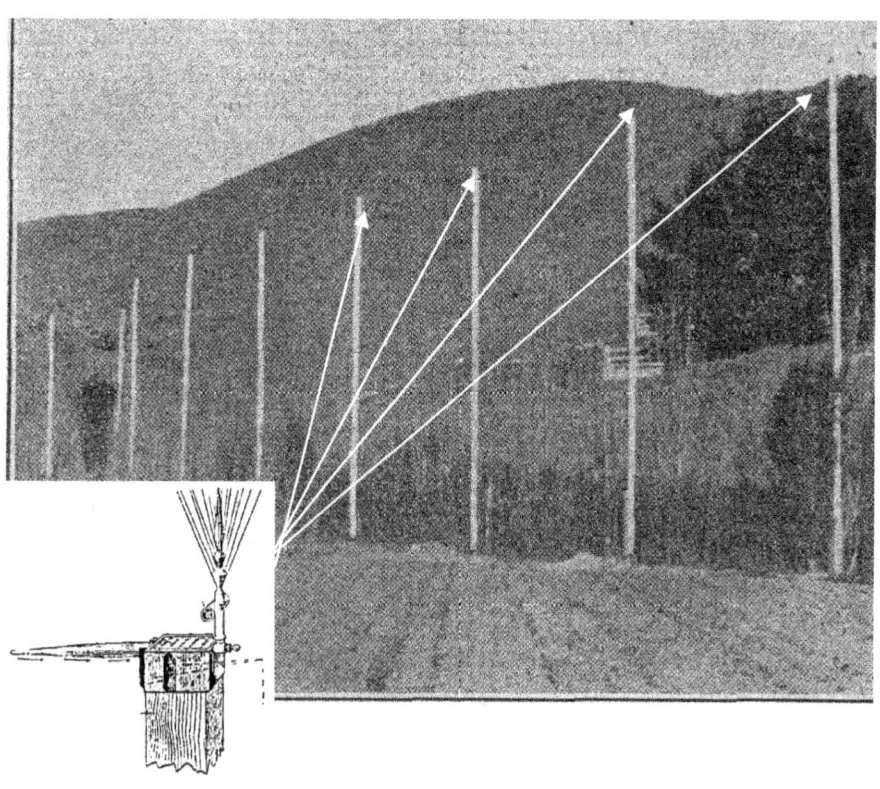

Imagen "Instrucciones":

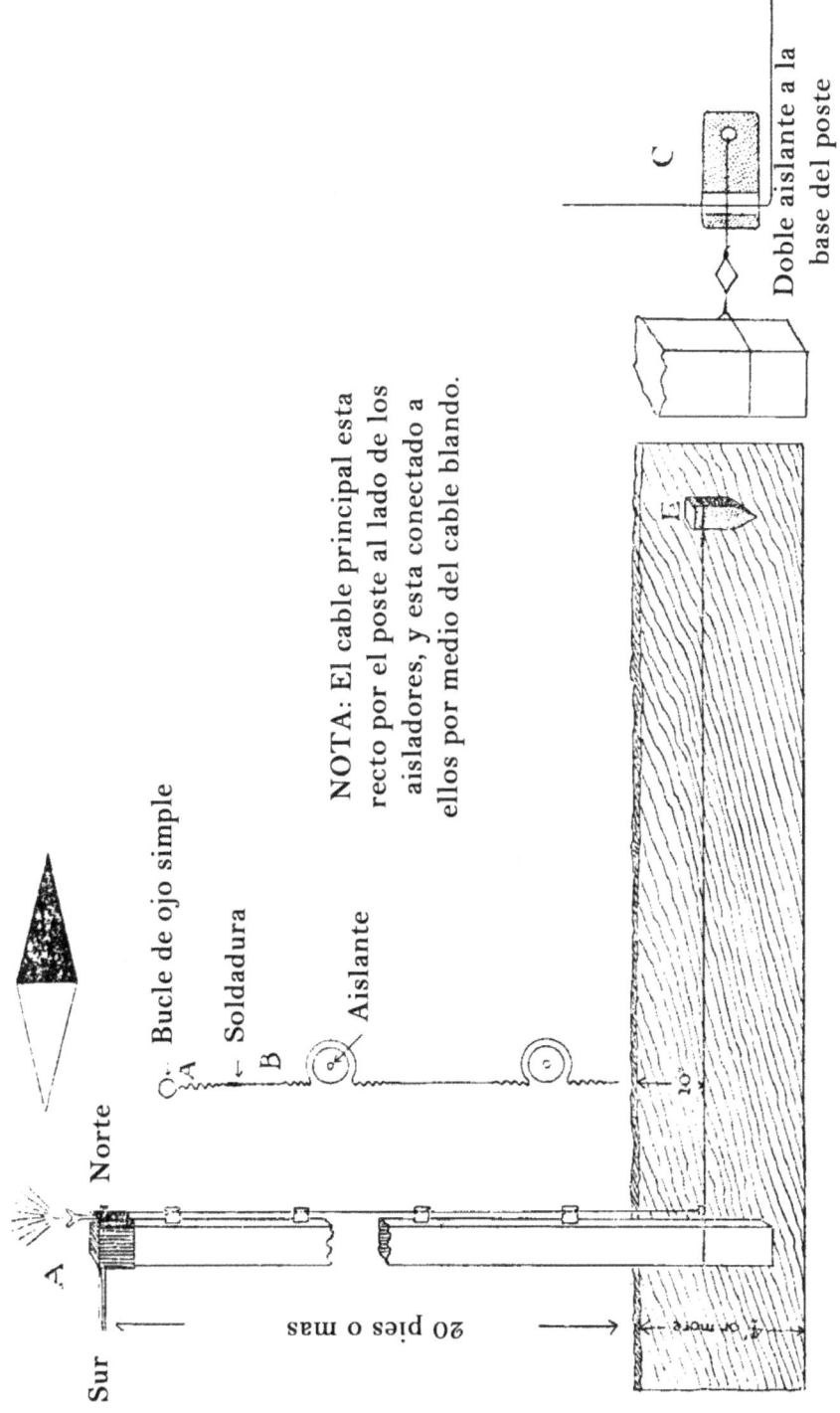

NOTA: El cable principal esta recto por el poste al lado de los aisladores, y esta conectado a ellos por medio del cable blando.

Doble aislante a la base del poste

C

Bucle de ojo simple

Soldadura

Aislante

Norte

Sur

20 pies o mas

APLICACIÓN A LAS VIÑAS PROPORCIONADO CON CABLES.

La electrificación de las enredaderas que están en los alambres es muy simple, y se ve considerablemente favorecida por los alambres que están cargados de electricidad.

Como el aparato influye en una franja de tierra de 4,26 metros de ancho, si las hileras de enredaderas son de 4,26 metros o menos separados, es aconsejable colocar el poste con el aparato en el extremo sur, equidistante entre las filas, y pasar el cable en un surco recto por el centro de las filas hasta un punto directo al norte (magnético).

En los casos en que las hileras están separadas por más de 4,26 metros, el aparato puede colocarse en el extremo sur de cada hilera, y el cable puede dirigirse a un surco que se extiende hacia el norte y a unos pocos pies de los extremos de las viñas.

Un segundo método para aplicar el aparato a una fila de viñas (Ver "Diagrama Viñas"). El cable principal del aparato se puede unir al cable superior del enrejado, siempre que el cable sea de una naturaleza adecuada, es decir, calibre 12 o 12 1/2, suave y flexible, cable de hierro galvanizado y cuentagotas del mismo calibre (Ver "Diagrama Viñas").

El cable del gotero debe sobresalir 40,6cm por encima del cable del enrejado superior principal, luego pasar en dirección perpendicular hacia abajo y enterrarse 45,7 pulgadas en el suelo.

De los dos métodos, el primero es el más recomendable. En ambos casos, es esencial, por supuesto, que las hileras de viñas corran directamente Sur - Norte (magnético).

Diagrama Viñas:

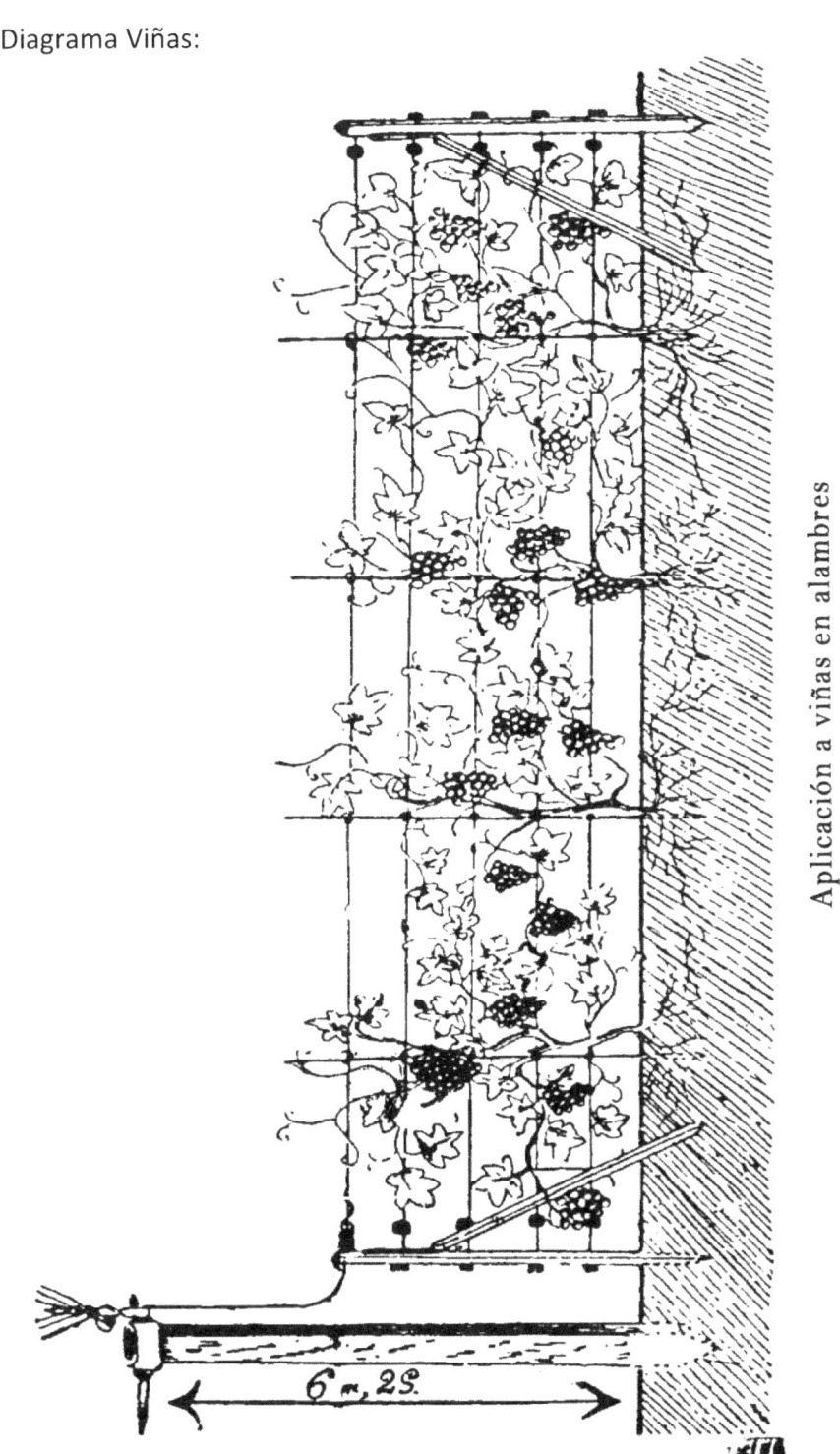

Aplicación a viñas en alambres

6 m, 25.

NOTA

A medida que la electricidad va más allá del extremo donde se cortó el cable, y para evitar que se escape a un campo vecino, se puede establecer fácilmente una barrera enterrando una clavija en cada extremo y fijando el mismo cable de calibre y a la misma profundidad que el cable principal, 1,83m desde el límite norte.

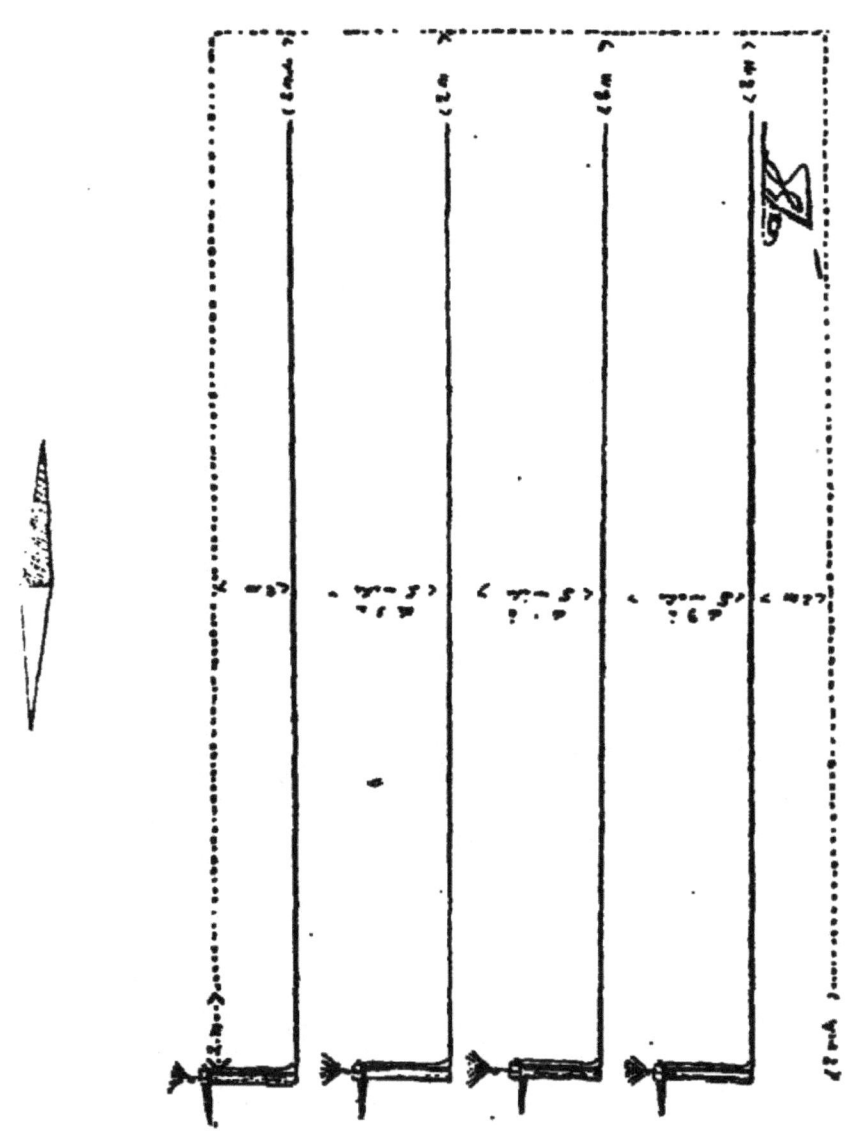

PARA VIÑAS QUE CORREN AL ESTE Y AL OESTE.

Postes erectos de 6m. Sobre el suelo para transportar el aparato en el extremo sur de la viña; los puestos de 4,26m. Aparte, con unos 2,43m. Poste de filtro directamente opuesto, cada aparato en el extremo norte del campo. Conecte el cable de hierro galvanizado suave y flexible de calibre 12 0 12 1/2 al aparato, aislándolo por el poste durante 3,96m; luego conecte (usando aisladores) con el poste del filtro en el límite norte, el cable que pasa sobre cada enrejado se conectará a un gotero del mismo cable de calibre, pero los goteros se dejarán 40,6cm por encima del cable aéreo y se enterrarán 45,72cm en tierra (ver imagen).

El efecto del aparato en las viñas, además de destruir insectos, parásitos, etc.. por el hecho de que las vibraciones causadas en el suelo son más altas que las vibraciones de los propios insectos, es crear materia fertilizante y los productos nitrogenados. Lo que le da a cada vid una fuerza prodigiosa, lo que le permite resistir con éxito el moho y el odio. Durante tres años, la pulverización y la sulfuración de las viñas pueden disminuir considerablemente, y después de cinco años se pueden eliminar por completo. Las viñas electrificadas aumentarán la cosecha en una proporción considerable, y las uvas en sí mismas serán más ricas en azúcar y alcohol, lo que las hará más adecuadas para el comercio de exportación.

APLICACIÓN A UNA FILA DE ÁRBOLES.

Cuando se va a electrificar una hilera de árboles, sin importar su longitud, siempre que corra directamente Sur - Norte, el aparato se coloca en un poste de 6m.

Sobre el suelo en el extremo sur de los árboles, y como es el caso de las viñas, si las hileras de árboles están separadas por 4,26m o menos, coloque el poste con el aparato equidistante entre las filas en el extremo sur y pase el cable en el surco en el medio de las filas en línea directa a un punto en el límite norte. Si las filas son más de 4,26m. Aparte, coloque el aparato y coloque cerca de la cabeza de la fila, y pase el alambre en el surco hacia el norte, pasando a unos pocos pies de las copas de los árboles. Los árboles tratados de esta manera serán más vigorosos y harán un crecimiento más rápido, y la fruta producida es más grande, más dulce y madurará dos semanas antes que los árboles no electrificados. La fruta contiene más alcohol y se mantendrá mejor y, por lo tanto, será más adecuada para el comercio de exportación. Los cereales contendrán más carbohidratos.

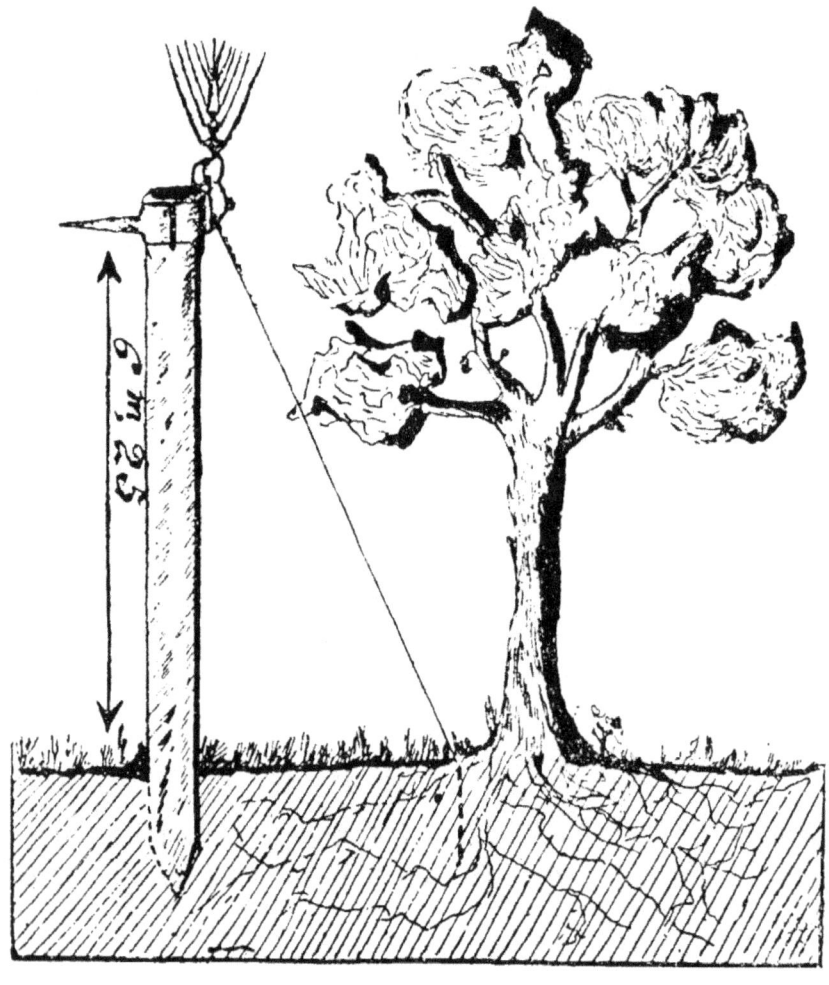

APLICACIÓN A ÁRBOLES AISLADOS.

Electrificación de un solo árbol. Es muy fácil electrificar un solo árbol. El aparato se coloca a tres pies de distancia, el árbol está al norte del aparato. El cable galvanizado se entierra 15 o 16 pulgadas en la base del árbol, y se arrojan unos cubos de agua (preferiblemente agua de lluvia) donde está enterrado el cable. Después de unos meses, el árbol ganará un nuevo vigor y, si está enfermo, arrojará nuevos brotes y mejorará rápidamente.

Metodo de fijacion de enredaderas que corren este – oeste.

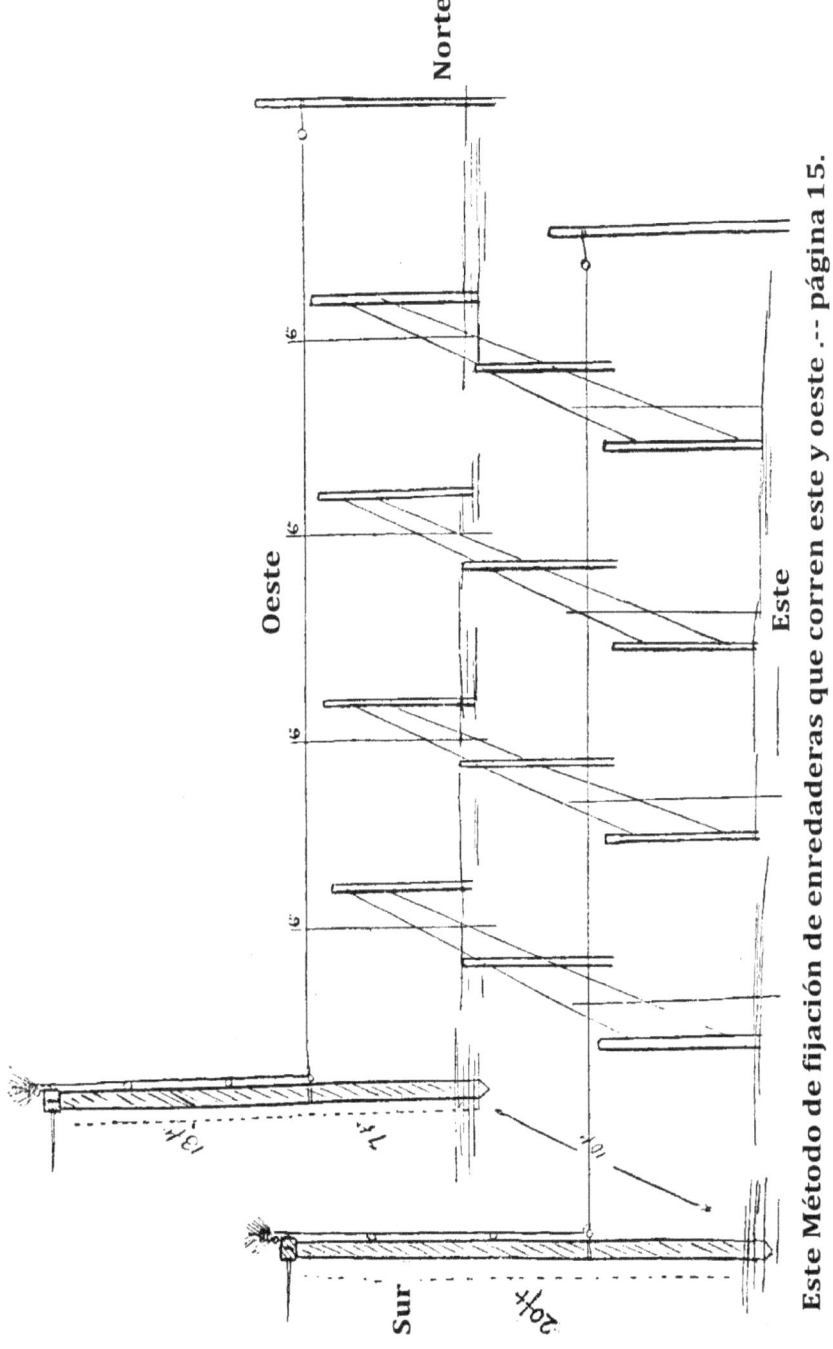

Este Método de fijación de enredaderas que corren este y oeste .-- página 15.

4.8 El tubo cósmico. Cultivando la atmósfera - Hugh Lovel

La agricultura biodinámica creció a partir del trabajo de Rudolf Steiner, quien era un magnífico científico y un dotado clarividente. Él no solo hizo un estudio sobre el mundo tangible, su trabajo abarca la realidad invisible que se cuela por este. Consecuentemente, sus visiones de la naturaleza diferían del materialismo de sus tiempos, especialmente cuando vino a la fuerza de vida.

El curso de agricultura de Rudolf Steiner fue fuerte en el asunto de la fuerza de vida. Fuerza es la esencia de la coacción, o lo que se impone. La vida es una característica de los organismos que muestran en su accionar el metabolismo, reproducción y similares.
Esto es, la fuerza de vida maneja la vida de los organismos y los hace vivir.

Está asociada con el oxígeno, respiración y la circulación de los fluidos vitales, tales como la sangre o la salvia. Si no sabemos cómo funcionan las fuerzas vitales en los entornos de la tierra, no podremos alcanzar una productividad agrícola duradera en cuanto a calidad y cantidad.

El curso de agricultura de Steiner habla sobre la calidad productora de un acre de Gingseng tanto como para 50,000 acres de producción de granos industrial. E incluso hoy, más de 70 años después de la muerte de Steiner las innumerables granjas alrededor del mundo, chicas y grandes, lo demuestran con el ejemplo.

En su visión, esta fuerza surge de entre polaridades opuestas. La electricidad se origina entre las polaridades positiva y negativa.
El magnetismo surge entre las polaridades de polo sur y polo norte.

Y la tercera fuerza, una fuerza cohesiva o fuerza moldeadora, nace entre un punto y la periferia o arriba y abajo. Como la gravedad (parte de esta fuerza), antes de Sir Isaac Newton, esta tercera fuerza no se identificaba ni se le nombraba. Aun así, es de gran importancia para la agricultura

Las corrientes opositoras a esta fuerza creadora son la gravedad y lo sutil. ¿Quién ha visto la gravedad? Nadie. Y nadie ha visto lo sutil, pero así trabajan estas fuerzas, todo lo que vemos tiene sus efectos.

La gravedad, que no tiene vida o materia, trabaja hacia un punto del polo; mientras que lo sutil, lo cual está vivo o es espiritual, se manifiesta en el entorno. Ambos promueven la organización y son moldeables.
Como sea, la gravedad trabaja en ciertas sustancias, mientras que la sutileza en otras. El éter permea la sustancia física, así que solo las sustancias físicas responden a la gravedad, mientras que
las formas etéreas responden a lo sutil. Los organismos vivos, con ambos cuerpos físicos y etéreos responden a la gravedad y a lo sutil.

Sustancia y éter
Con el tiempo se llegará a un acuerdo sobre la nomenclatura asociada a las fuerzas formativas que surgen entre un punto y la periferia. Por ahora el objeto de estudio es nuevo en los círculos científicos del Este y los nombres presentados en este artículo pueden o no perdurar. A pesar de todo, las manifestaciones de la fuerza formativa se sumergen en las profundidades de las sustancias o a las alturas del éter y necesitan ser nombradas para que se pueda hablar de ellas.

Los estados de las sustancias relativos al punto de polaridad asociado con la gravedad, puede ser comparado con los estados del éter y su polaridad del entorno y asociados con la sutileza.
Con la sustancia estos estados, desde el más leve hasta el más intenso: radiante, gaseoso, líquido y sólido. Corresponden a los 4 estados del éter, desde el menor hasta el más intenso: calor, luz, sonido y éter de vida.
Estos 2, sustancia y éter, no actúan de manera independiente si no juntas.

Más bien, ambas interactúan y trabajan en sincronía. La sustancia radiante, es la sustancia más enrarecida, es virtualmente indistinguible del éter cálido, el más raro de los éteres.
He aquí el punto de cruce.

Desde que hay gases que están permeados por el éter ligero, líquidos por éter sonoro y solidos por éter de vida.

Como mencionamos al inicio, la fuerza sutil (levitacional) trabaja en el éter hacia la periferia. Pero solo como una fuerza centrípeta y centrífuga (ambas fuerzas motoras de gran respeto, la centrípeta presiona las cosas juntas, mientras que la centrífuga las arroja afuera) influyendo a las sustancias materiales.

También existen en ambos hacia arriba y hacia abajo, que influyen en el éter – hacia abajo cuando las formas orgánicas se descomponen y hacia arriba cuando las formas orgánicas se reúnen.

Esquema de cableado del circuito

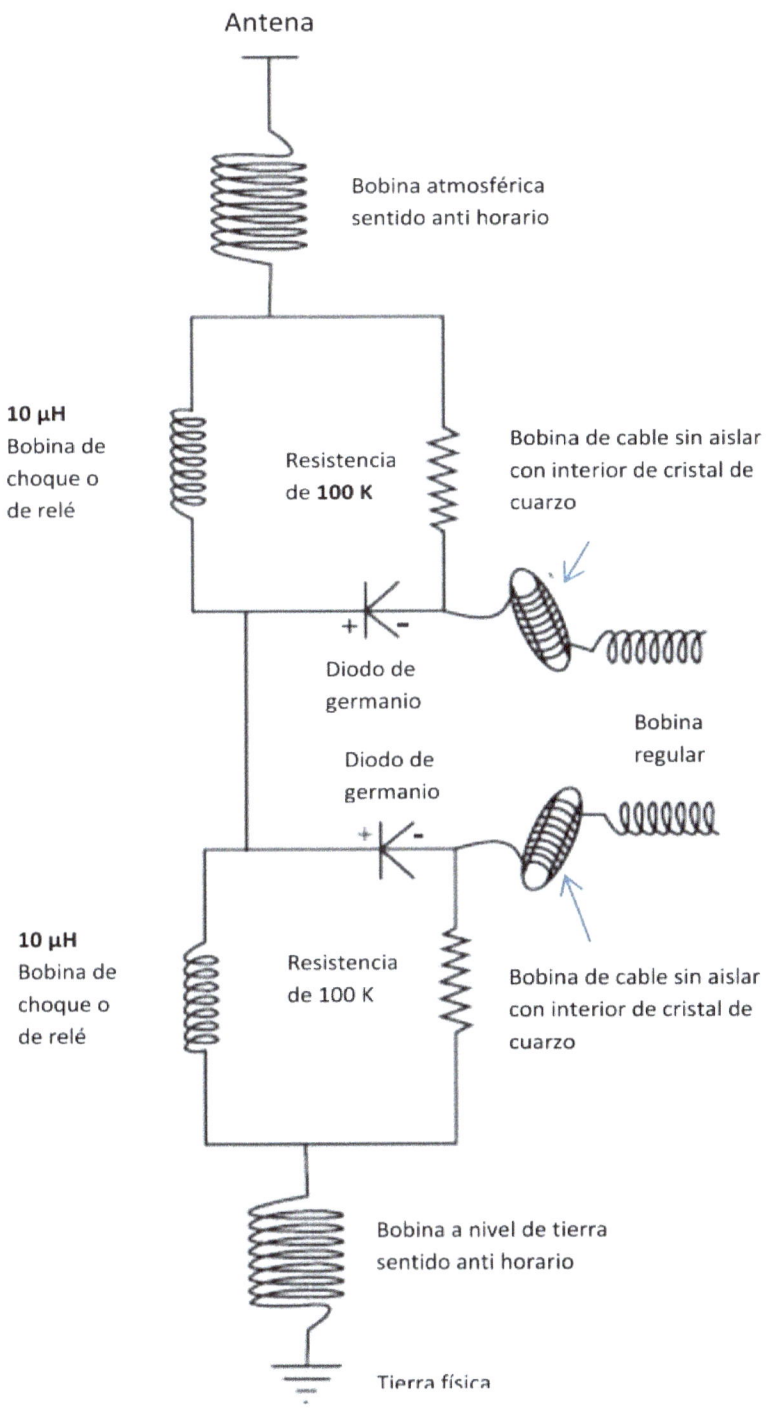

Antena

Bobina atmosférica
sentido anti horario

10 μH
Bobina de
choque o
de relé

Resistencia
de **100 K**

Bobina de cable sin aislar
con interior de cristal de
cuarzo

Diodo de
germanio

Bobina
regular

Diodo de
germanio

10 μH
Bobina de
choque o
de relé

Resistencia
de 100 K

Bobina de cable sin aislar
con interior de cristal de
cuarzo

Bobina a nivel de tierra
sentido anti horario

Tierra física

El éter cálido y el de luz, junto con los elementos fuego y aire, permean y pertenecen a la corriente ascendente que mueve progresivamente desde adentro de la tierra.

Ahora, los éteres de sonido y de vida, ligados a los elementos agua y tierra permean y pertenecen esencialmente a la corriente descendente que busca el centro.

Esto puede observarse en la tendencia de los gases y las energías a ascender, mientras que los líquidos y sólidos se hunden. Estas son las fuerzas elementales en acción.

Con los organismos vivos, así como los cuerpos mecánicos en movimiento, ambas corrientes de fuerza interactúan. La corriente digestiva (transformadora) se hunde en la tierra y es absorbida totalmente por el humus de arcilla, el protoplasma del suelo. Después de lo cual, la corriente de fructificación (formativa) asciende de la tierra y trae consigo lo que esta esparcido en el suelo después de la corriente digestiva. Los éteres llevan en ellos las sustancias que permean.Las formas se desintegran y se reparten en el suelo solo para brotar de nuevo, transformadas.

Considere una manzana que al morir, cae del árbol, golpea a Sir Issac Newton en la cabeza y lo inspira a formular sus leyes de gravitación. En vida, el desafío a la gravedad a tomar forma y peso en las ramas.

El éter más concentrado, el éter de la vida, permea el humus de arcilla sólido, el protoplasma del suelo. Desde ahí brota para dar frutos.

Los fertilizantes solubles con su naturaleza líquida transportan al éter sonoro afuera, las plantas tampoco tendrán vida. Asi como los vegetales que crecen por hidroponía, los cuales crecen del estado líquido, nunca tendrán la vitalidad de los vegetales que crecen en lo sólido, el suelo vivo. Los alimentos verdaderamente vitales crecen desde el suelo hacia arriba

Plan de construcción

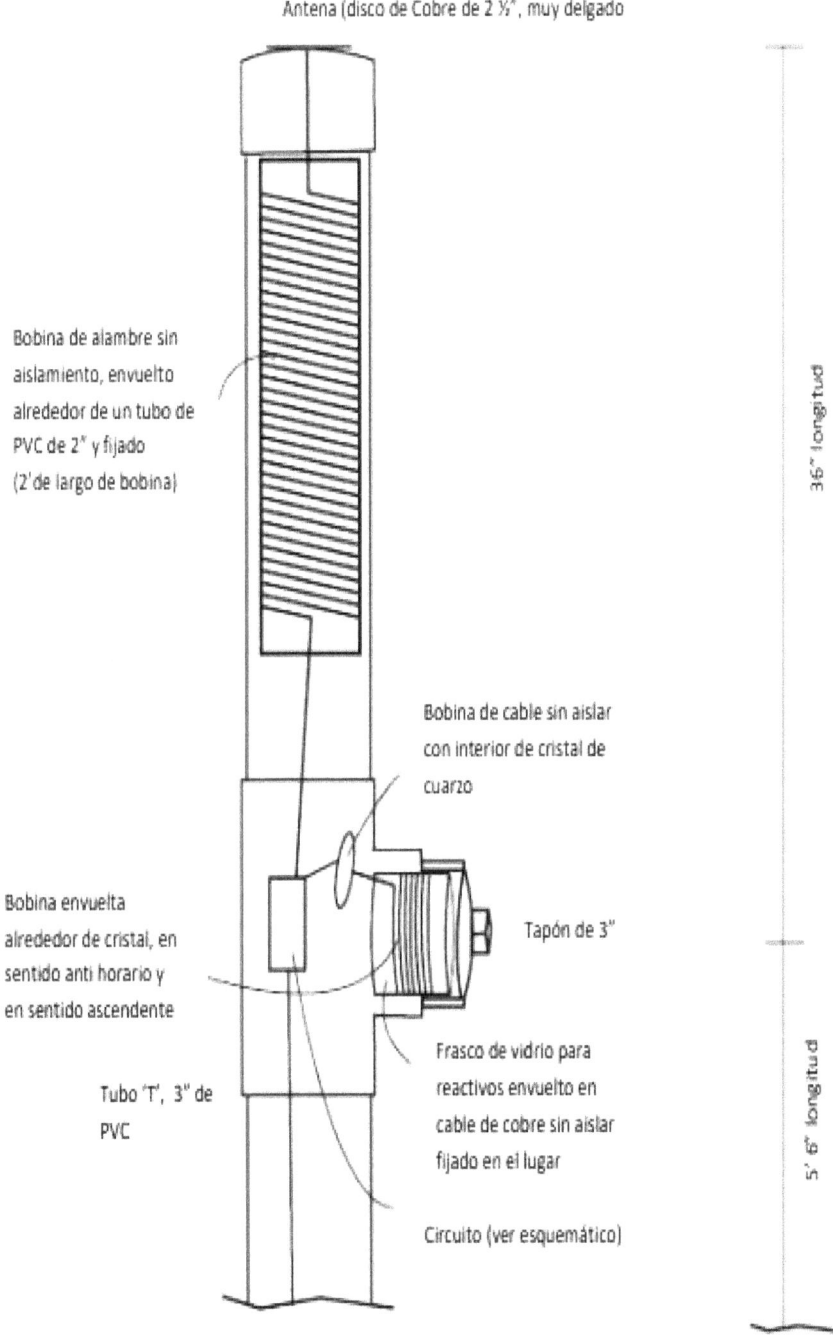

Antena (disco de Cobre de 2 ½", muy delgado

Bobina de alambre sin
aislamiento, envuelto
alrededor de un tubo de
PVC de 2" y fijado
(2' de largo de bobina)

Bobina de cable sin aislar
con interior de cristal de
cuarzo

Bobina envuelta
alrededor de cristal, en
sentido anti horario y
en sentido ascendente

Tapón de 3"

Tubo 'T', 3" de
PVC

Frasco de vidrio para
reactivos envuelto en
cable de cobre sin aislar
fijado en el lugar

Circuito (ver esquemático)

36" longitud

5' 6" longitud

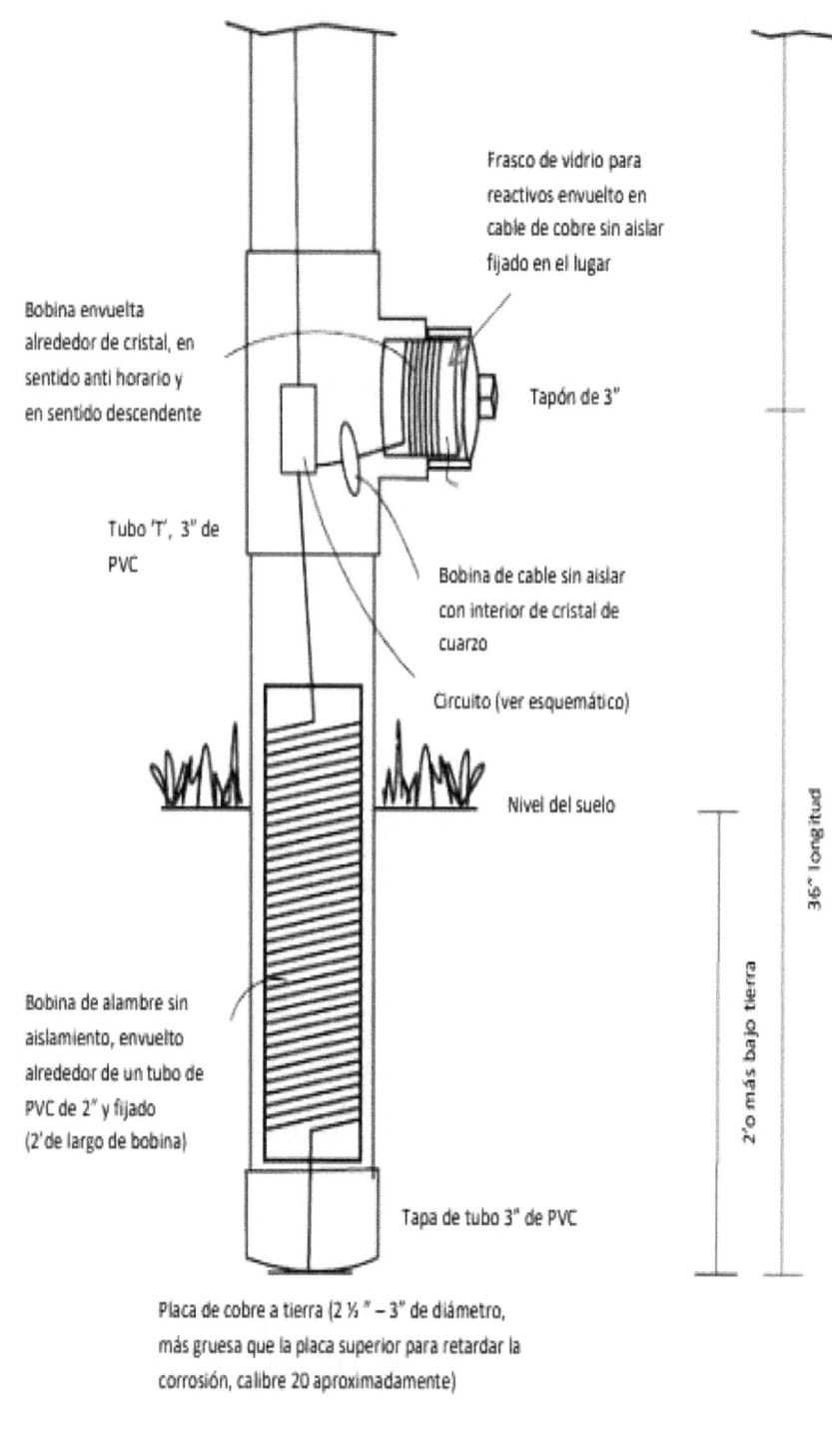

Frasco de vidrio para reactivos envuelto en cable de cobre sin aislar fijado en el lugar

Bobina envuelta alrededor de cristal, en sentido anti horario y en sentido descendente

Tapón de 3"

Tubo 'T', 3" de PVC

Bobina de cable sin aislar con interior de cristal de cuarzo

Circuito (ver esquemático)

Nivel del suelo

Bobina de alambre sin aislamiento, envuelto alrededor de un tubo de PVC de 2" y fijado (2'de largo de bobina)

2'o más bajo tierra

36" longitud

Tapa de tubo 3" de PVC

Placa de cobre a tierra (2 ½ " – 3" de diámetro, más gruesa que la placa superior para retardar la corrosión, calibre 20 aproximadamente)

Ritmos Naturales

Estas corrientes de la fuerza formativa y transformativa siguen ritmos naturales. En la mañana, el rocío se evapora y la niebla se quema semejante a como surgen las fuerzas formativas. En la tarde, el rocío cae y la niebla se asienta similar a cuando las fuerzas transformativas se hunden. De igual manera, en primavera y verano las formas plantares del éter brotan, y en otoño e invierno se calman para ser transformados en renovado protoplasma en el suelo. Estos ciclos diarios y anuales indican porque los ritmos de los éteres son tan importantes en la agricultura.

En la agricultura biodinámica estas polaridades son llamadas: la polaridad de tierra y la polaridad cósmica (o de punto y periférica). Los ciclos de formar/transformar de la fuerza vital, fluyen entre estos trabajos extremos a través de las agencias contrarias de cal y silicio. La arcilla, que contiene a

ambos, las interviene. Estos conceptos merecen ser analizado una y otra vez.

Sol, Luna, Planetas y Constelaciones

¿Quién, en nuestros días presentes, podría explicar la función de una brújula, desarmándola?, todos están de acuerdo en que has fuerzas trabajando en una escala mayor. Esto no es diferente a cultivar un rábano. Grandes fuerzas dirigen a las semillas para mandar a sus cotiledones hacia arriba y sus tentáculos hacia abajo. Los mejores señalamientos de la interacción de estas fuerzas son las posiciones del sol, la luna y la familia de planetas del sistema solar contra las constelaciones de fondo.

No solo lo hemos utilizado para el ciclo diario y anual del sol, lo usábamos para ver como la luna influye en las mareas. Esas mismas influencias trabajan en las plantas. Excavadores que trabajan en la tierra saben que la luna influencia cuanto debe excavarse y lo fácil que será rellenar otra vez.

Los trabajadores de un hospital saben vigilar cuando hay luna llena y 'todo se descontrola'. La luna es la más cercana de nuestra familia celestial. Los otros planetas, aunque su influencia sea más sutil, tienen efectos profundos y muy similares. ¿Cómo podemos saber la importancia de esto para la agricultura? Los agricultores biodinámicos, usan un calendario de siembra sideral (fiel a las estrellas).

El sol está en el medio y trabaja con ambas corrientes de fuerza: la interior y la exterior. Las fuerzas del exterior, son expansivas, desarrolla planetas (Marte, Júpiter y Saturno), trabaja hacia arriba y por fuera de la tierra, por medio de la ligera, limpia y transparente sílice. Estas fuerzas se expresan como cualquier cosa que crece grande, comestible y deliciosa, los refrescantes rábanos, una jugosa lechuga, un dulce melón o una mazorca de maíz gordo. Esta dirección de las fuerzas tiende a fructificar y encuentra su expresión en productos alimenticios.

Mientras tanto, las fuerzas internas, contraen, digieren planetas (la Luna, Mercurio y Venus) trabaja hacia debajo de la tierra por medio de la cal pesada, opaca y 'parecida al cemento'. Estas fuerzas se expresan en la digestión, excreción, construcción del suelo y en la reproducción, lo cual me trae muchas malas hierbas a la mente. No solo las malas hierbas son reproductivas, si no que frecuentemente contienen propiedades medicinales superlativas. Ellas son el complemento natural del cultivo y deben ser consideradas medicina. Aunque varios investigadores biodinámicos han pasado décadas explorando los matices involucrados con estas dos corrientes de fuerzas formativas, y solo han visto una pequeña parte.

La ayuda siempre es bienvenida, por todos los medios. La diferencia entre los productos cultivados por biodinámica y el resto, orgánicos o cualquiera similar, es tan inusual que nadie que haya olido las hierbas en un frasco puede equivocarse. Para que las mejores fuerzas de la vida estén presentes, los productores quieren saber cómo y cuándo deben aplicar los preparativos para obtener una calidad de rendimiento de la cosecha. El aroma es uno de los principales indicadores de la calidad. Aunque la abundante cantidad es también un indicador de lo que se cultiva.

La tercera fuerza

La agricultura, el cultivo de la tierra, es devota de lo que sea necesario para ganar vida y vitalidad del suelo. Claramente el suelo contiene fuerza de vida y la agricultura trae esta fuerza a nuestras mesas. Literalmente, la agricultura es un proceso de cosechar éter de vida proveniente de la tierra y llevárselo a los consumidores. Nuestra biología hace el resto extrayendo la fuerza de la vida y reciclando los desechos.

La agricultura, en nuestros tiempos, ha perdido la vista de su realidad. Hoy día los granjeros tratan de hacer suficientes fanegas y contenedores para pagar los intereses de la deuda en el banco. Hay un pequeño pensamiento acerca de cuanta energía de vida contiene un cultivo. Los cultivadores biodinámicos se han dado cuenta de la seriedad de esto, ellos conocen la importancia de cultivar alimentos en el suelo sólido. Pero la mayor parte de la sociedad está estancada con la fertilización química, la cual no es manera de revitalizar a las plantas y animales.

Biodinámica

Brevemente, los cultivadores biodinámicos ven a sus cultivos como una persona viva. En la medida de lo posible, los cultivadores biodinámicos mantienen los gastos de compra al mínimo al suministrarse ellos mismos la mayoría de los fertilizantes, semillas, stock, etc. Los CB trabajan para construir la fuerza dentro del organismo del cultivo, es por eso que cada año el cultivo se encuentra más sano y más resilientemente vivo. Esto requiere ciertas habilidades de trabajo con las corrientes opuestas de cal y sílice como mediadores de la arcilla en el suelo. La Agricultura biodinámica reconoce que el crecimiento es cíclico y en cierto punto todo el crecimiento debe decaer y ser digerido de nuevo en la (arcilla) tierra. Usualmente lo que se digiere es capturado por la arcilla y retenida, en lugar de caer al fondo, por decirlo de algún modo. Entonces desde las rocas de silicio debajo de la fuerza ascendente, que hace que las plantas surjan para formarse y broten de nuevo formando un nuevo ciclo de crecimiento mientras extrae los nutrientes de la arcilla.

Preparaciones de la biodinámica

Con estos datos en mente, los CB utilizan preparaciones homeopáticas especiales para catalizar y mejorar estas corrientes de fuerza. El estiércol de cuerno biodinámico (estiércol de vaca almacenado en un cuerno de vaca y enterrado todo el invierno) enriquece la corriente de cal. El silicio de cuerno biodinámico (cuarzo finamente troceado almacenado en un cuerno de vaca y enterrado durante el verano) enriquece la corriente de silica.

El estiércol de cuerno es esparcido en gotas de agua en la tierra por la tarde para que se empape junto con el rocío matutino. El silicio de cuerno se esparce como una niebla a la atmosfera en la mañana cuando el rocío se forma y se evapora. Esencialmente, el estiércol de cuerno trata el suelo, mientras que el silicio la atmósfera.

Apoyando a estas preparaciones en el cuerno, existen 6 preparaciones de composta además de una decocción foliar de equisetum, la cual es utilizada para fortalecer a las plantas, haciéndolas más resistentes a plagas cuando las condiciones son muy húmedas. Súmele un sinfín de preparaciones específicas para el control de mala hierba, insectos, animales (vertebrados) y demás plagas que son hechas mediante la metodología biodinámica.

Utilizando el Tubo Cósmico

Mientras haya más agricultura biodinámica que la que se resumió antes, debe ser claro que los cultivadores biodinámicos trabajan con las fuerzas que son canalizadas por los tubos cósmicos. Las preparaciones biodinámicas hacen reactivos ideales para los tubos cósmicos. Y es por esto que las fuerzas involucradas, ambas hacia arriba y hacia abajo, sean tan importantes para el tubo cósmico y así trabajar en ambas direcciones. Esto se traduce en un tubo cósmico con ambas direcciones, con un pozo ascendente y una bobina atmosférica, con un pozo hacia abajo y una bobina de tierra.

Todas las preparaciones biodinámicas pueden ser aplicadas con excelente eficacia por medio del tubo cósmico, brindando atención a que preparación irá en el vórtice ascendente y cual al vórtice descendente. Yo mismo he vendido mi equipo de rocío y nunca más anticipar, incluso vía manual, el verter los preparados otra vez. He tenido más éxito emitiendo los preparados con el tubo cósmico. Con los preparados biodinámicos en los pozos de reactivo, el tubo cósmico los esparce todo el día y la noche todo el año y reamente los saca de ahí. También, dado que los preparados son compatibles con la tierra, se esparcen más fuerte que otros agentes. Un tubo cósmico, colocado correctamente puede abarcar una milla y media. No he encontrado mejor método de aplicar las preparaciones biodinámicas en mi experiencia. Dependiendo del criterio del cultivador, el tubo cósmico puede hacer obsoleto a la maquinaria de gasolina que se requiere para el riego de grandes acres. Las aplicaciones especiales, como usar los preparados para prevenir insectos, daño por helada, etc. Tal vez requiera riego directo, aunque con los instrumentos de tratamiento radiónico estas aplicaciones especiales también pueden tratarse.

Consideraciones

Mientras los métodos precedidos de cómo se utilizan los preparados sean fáciles y compatibles con el dispositivo, todavía tiene los inconvenientes de los dispositivos mecánicos. Las máquinas son extensiones del organismo humano. En varios niveles éstos trabajan automáticamente sin supervisión. Como tales, ocasionalmente son utilizados inapropiadamente. Mientras el uso del tubo cósmico pueda hacer obsoleto el uso de equipos de riego mecánicos, vale la pena sospechar de las máquinas. Existen muchas buenas razones para poner atención en el funcionamiento de cualquier dispositivo automático/mecánico, incluso si solo se trata de un tubo cósmico. Poniendo BD507 en el tubo durante la noche para prevenir el daño por helada, por dar un ejemplo, y después dejarlo olvidado ahí por un mes, puede causar desequilibrios serios en el cultivo.

Suelo y atmósfera

Cuando él construyó el primer tubo cósmico Galen Hieronymus, como la mayoría de nosotros, pensó en términos de mejorar el suelo. Casi nadie piensa en mejorar la atmósfera. Galen construyó sus tubos para recibir energía cósmica y transmitirla al suelo. El no previó por traer el ascendente, la corriente de sílice en la atmósfera.
Dado que estos tubos cósmicos primarios solo trabajaban descendentemente, terminaron por desbalancear las fuerzas en la mayoría de los cultivos. Casi toda la gente que instaló el dispositivo termino por desenterrarlo de nuevo ¿Quién sabía que más hacer? Soporté seis años seguidos de fallas al cultivar tomates, antes de que me diera cuenta de que el tubo cósmico tenía que trabajar de forma equilibrada en ambas direcciones, abajo en el suelo con el estiércol de cuerno y arriba en la atmósfera con el cuerno de silicio. Mi diseño revisado fue publicado en la edición de octubre de 1996 en Acres U.S.A. que resulto en mi primer cultivo de tomate en 7 años. Si ¡hola!, pero no fue suficiente.

Los siguientes pasos

El artículo titulado "Diez años con un tubo cósmico", fue publicado en la edición de octubre de 1996 de Acres de U.S.A, desde entonces, unas pocas cosas han salido a la luz. En particular, el tubo cósmico debe de tener una bobina atmosférica, análoga a la bobina de tierra, representado en el esquemático publicado en el artículo original (ver la ilustración revisada). También, en este artículo algunas ideas adicionales son aclaradas acerca de las fuerzas y su papel en la biosfera.

Describí porque y como construir una versión improvisada del tubo cósmico de Hieronymus. Ahora desarrollos adicionales serán compartidos.

Para resumir brevemente el artículo previo, la versión original de Galen Hieronymus de lo que él llamo "tubo cósmico", trabajo excelentemente bien para traer la corriente descendente, digestiva y nutritiva de la fuerza formativa en el suelo. Pero, por más de diez años (11 ahora) encontré que no era tan bueno guiando la corriente ascendente complementaria, la corriente fructificante fuera del suelo. Me di cuenta que Hieronymus no observó que la energía de vida se mueve en ambas direcciones y el utilizó todos los reactivos en sus tubos como si solo trabajaran en dirección del suelo.

Como sea, como un cultivador biodinámico, trabajo con preparaciones biodinámicas para regenerar ambas corrientes de fuerza. Me he hecho muy consciente de que las fuerzas etéricas en nuestro mundo trabajan en ambas direcciones: ascendente y descendente.

Y es claro que no fui lo suficientemente lejos con el rediseño publicado en esa edición. Los cambios significativos que necesité hacer es hacer el tubo un poco más grande y agregarle una bobina atmosférica (similar a la bobina de tierra) en él para obtener la corriente energética de silicio extraída de la atmosfera de la misma manera que la corriente de cal (calcio) entra al suelo.

Y yo incorpore ambas corrientes de fuerza en un solo tubo, desde el uso de diodos en los manantiales de arriba y abajo para permitir esto. Las energías ascendentes simplemente evitan el circuito inferior y las descendentes evitan el circuito superior. Los diagramas de acompañamiento pueden ser utilizados por quien quiera construir su propio tubo cósmico.

Como un apartado, Bruce Walton de Frankfort Michigan, construyo el primer tubo doble-circuito, doble-fuente. Es por eso que yo no reclamo ningún crédito al respecto, pero fue un paso en la dirección correcta. Para los platillos de arriba y abajo el utilizó un disco de cobre interno y un anillo de cobre externo. Hice una antena de recepción para el circuito y que la hagan de disco y que mis antenas exteriores sean los anillos, así que para cada circuito tengo un disco y un anillo. Al tener 2 circuitos distintos (contra el circuito simple que usé en este artículo) las fuerzas ascendentes y descendentes pueden fluir simultáneamente.

Desde que el sol domina totalmente nuestro entorno, como sea, el flujo tiende hacia arriba en la mañana y hacia abajo en la noche, entonces el circuito más sencillo y simple tiene un diseño que funciona muy bien y es muy simple para los constructores novatos, y por supuesto, para quien quiera experimentar y compartir sus experiencias.

Modificando tubos existentes
He recibido un buen número de preguntas acerca de cómo los tubos existentes pueden ser modificados. En este punto, creo que la modificación es una pérdida de tiempo. El diseño antiguo de Galen y los que se desprendieron de él, son perfectos para obtener la corriente de cal al suelo.
Mantenga su tubo actual. Utilícelo con estiércol de cuerno, abono de barril (composta) y cualquier cosa que pueda ayudar al suelo a constituirse.
Sin embargo, este tubo debe de ser emparejado con otro que trabaje con el sílice y la corriente ascendente. Si usted está buscando lugares óptimos para sus tubos, sugeriría encontrar un invortex para el tubo descendente y un out-vortex para el tubo ascendente e instalar ambos. Tenga en mente que este balance es esencial. Y no tire sus viejos tubos Hieronymus, Mattioda, etc. Ellos trabajan muy bien, siempre y cuando usted balancee su actividad con otro tubo trabajando con la fuerza contracorriente. Si usted no quiere hacerlo por sí mismo, pídale a alguien más que lo apoye.

Reactivos

No importa que tan bien diseñado esté un tubo cósmico, solo será tan bueno como los reactivos que contiene, así como una estación de radio solo es buena como los programas al aire. Así pues, la cuestión de colocar los reactivos correctos en su tubo es la más importante. Hasta hoy día he encontrado que utilizando todas las preparaciones biodinámicas (en potencias homeopáticas determinadas por una dosificación) tienen un enfoque muy eficaz. Me gusta dosificar con una foto de una perspectiva aérea del área que abarca el tubo. Cualquier reactivo adicional, además de las preparaciones, puede ser adaptado según la situación. Con respecto a esto, si usted quiere obtener los reactivos para el tubo cósmico es libre de contactarme. Estoy trabajando en esta nueva área con un productor en masa de tubos y reactivos. No hay secretos que no le expliquemos después. Pero esto abre una nueva lata de gusanos la cual la gente no ha sido consiente. A veces, y depende de cada uno, esto puede ser un poco difícil de entender.

Preveo que, por un tiempo, tendremos algunos de los más avanzados tubos cósmicos, con opciones como el color o reactivos herbales, o incluso insectos sofisticados y reactivos para plagas.

No hay tope en esta tecnología. Cualquier persona con inteligencia puede acceder o incluso, crear nuevas versiones, acordes a sus necesidades. Esto es algo de la vanguardia de la agricultura muy simplificada.

Notas de construcción
Como construir tu propio tubo cósmico

Las siguientes instrucciones y planos se actualizaron y corrigieron del plano publicado en octubre de 1996 de Acres de U.S.A. La mayor diferencia entre esta y el diseño previo fue la adición de una segunda bobina principal, trabajando hacia arriba. Hay aclaraciones menores relativo a los materiales, el tipo de alambre, etc. El diseño previo funcionará, como sea. Considere esto como una mejora y una aclaración.

Materiales para su construcción

Para hacer mí tubo cósmico me dirigí a Radio Shack y compré un paquete de resistores de 100 k omhs (RS 271-1347), un protoboard de doble propósito general (RS 276-148A) y un paquete de diodos de Germanio (RS 276-1123). Desde que Radio Shack ya no vende bobinas de choque de 10micro henrys, tuve que ordenarlas (necesito 2 por tubo) a All Electronics (en México Steren).

En la ferretería adquirí un rollo de calibre 24 de cable de cobre sin aislar (para envolver todas las bobinas), un rollo de cinta de doble cara, cable aislado (para conectar los circuitos), un rollo de cinta masking tape y tres paquetes de barras de silicón. Compré también, aproximadamente 12 pies de tubo de PVC de 3 pulgadas de diámetro calibre 40, 2 tubos 'T', 2 tapones, 2 tapones de limpieza, 2 tubos de 2 pies de longitud de 2 pulgadas de diámetro calibre 40 y un bote de pegamento para PVC. No tenían placas de cobre. Me mandaron a una tienda de hojalatería para adquirirlos.

Casualmente tenía un par de cristales de cuarzo de aproximadamente una pulgada de largo y fui a
la tienda de abarrotes a comprar 2 frascos de 99 centavos que se usan para curtidos y almacenar mantequilla, puesto que tienen el tamaño ideal (2-1/4" de diámetro y 3-1/2" de alto) para hacer los pozos de reactivos. Tengo un cautin de lápiz, soldadura de estaño, pistola de silicón, taladro, tijeras de hojalatero, pegamento para PVC, entre otros.

Construcción

Para el pozo de reactivos pegué un enchufe de limpieza en cada brazo de la bobina envuelta en mi frasco de pepinillos (lavados, sin etiqueta) con un ancho y medio de la cinta de doble cara.

Iniciando con la parte abierta del frasco, hice espirales del cable calibre 24 sin aislar sobre el frasco y la cinta de pegamento de cada frasco. Entonces, hubo 7 vueltas completas con espacio de ¼" entre ellas. Tengo la opción de envolverla en sentido horario o antihorario, así que envolví a un frasco con sentido horario y otro en antihorario. La corriente hacia abajo trabaja muy bien cuando envolvemos en sentido horario a la bobina.

Cuando terminé de enrollar la bobina, la cubrí con masking tape para asegurarla en su lugar. Dejé un par de pies de extra cable de bobina al fondo de cada frasco y cortar el exceso suelto de mi carrete. Estas son mis bobinas de reactivo. Coloque el silicón derretido dentro de los tapones de limpieza para que el tapón enrosque perfectamente y el cable en el fondo del frasco salga por fuera de la conexión 'T'.

Para las tapas de arriba y abajo, tomé un frasco con un diámetro de 2 ½ pulgadas, lo coloqué sobre la placa de cobre y dibujé 2 círculos con un marcador. Después, corté los discos con las tijeras para hojalata y limé los bordes suavemente. Los tapones son curveados, así que puse cada disco en cada tapón y le di unos pequeños golpes con el mango de mi gran desarmador hasta que formé una buena forma curva semejante a un domo. Entonces, cubrí los bordes inferiores con silicona y lo pegué en el centro exterior de cada tapón. Después, hice unos agujeros pequeños en cada uno y soldar y conectar el cable del circuito principal, sellando con silicón cualquier agujero para prevenir que la humedad entre al tubo.

Fue un trabajo complicado elaborar las bobinas principales. Enrollé cinta de alfombra en espiral a lo largo de los dos pies de largo y 2 de ancho del tubo de PVC, estirándoles lo más apretado posible y sin dejar brechas o rebabas. Dejé cerca de una pulgada de distancia limpia del final del tubo de PVC. No despegué la tira de respaldo ya que tendría un tubo largo y pegajoso para trabajar. En lugar de eso solo pelé un par de envolturas. Con el hilo de cobre sin aislar de calibre 24 comencé a envolver, dejando 2 pies extra de hilo de cobre al inicio, mantuve la bobina apretada y rotando el tubo así que enrollé mi cable en aproximadamente media pulgada de espacio entre cada vuelta de la espiral. Una vez que tuve 3 pulgadas de envoltura de bobina la cubrí con cinta Masking tape. La rutina indicó pelar un par de vueltas de respaldo de la cinta de alfombra, envolviendo 8 de 10 vueltas de cable y después cubrir la mayoría de la vuelta con Masking tape antes de descubrir algo más de la cinta de alfombra de apoyo. Al tiempo que lo estaba haciendo tuve un limpio y buen trabajo. Dejé un extra de 2 pies al final de cada bobina.

Para los circuitos pozo envolví mis cristales, primero con cinta de alfombra (doble cara). Después hice las espirales con el hilo sin aislar, hice 7 vueltas completas y las cubrí con cinta Masking tape.

Circuitos pozo
Como se indicó anteriormente, Hieronymus debió haber imaginado que las energías solo iban corriente abajo. Él diseñó sus pozos para que las energías cruzaran el diodo (desde ánodo hacia cátodo),

pasando por la bobina de pozo, pasando a través del resistor y finalmente hacia abajo a la base de la bobina.

Mi bobina de pozo inferior trabaja de manera similar. Los diodos (que solo permiten el flujo energético en una sola dirección) permiten que ambas corrientes, descendente y ascendente, compartan y trabajen en el mismo circuito. Así que, en el pozo superior (el cual trabaja hacia abajo) conecta la antena de disco superior a través de la bobina de la base a una división entre una bobina de 10 micro henrys y un diodo de germanio. La bobina de pozo se enlaza entre el diodo y el resistor de 100K ohms y se reincorpora al principal mediante el otro lado de la bobina de choque

Más específicamente, el lado del cátodo (+) del diodo se sale del principal, que viene hacia abajo desde la antena superior. Mientras que el ánodo (-) va hacia al pozo. La bobina de pozo recoge el agente reactivo que se encuentre en el pozo y canaliza esta energía a través de la bobina envuelta en el cristal de cuarzo y al circuito entre el diodo y el resistor de 100K. Desde ahí la energía va y atraviesa el resistor y se reintegra al circuito principal.

Desde que la energía del diodo solo es unidireccional, de ánodo a cátodo (no hacia la otra dirección), significa que solo las energías descendentes de pozo recogen los reactivos que se encuentran en este pozo de corriente hacia abajo. La energía va hacia abajo, cruza el diodo, recoge el reactivo, pasa el resistor y se reintegra al circuito principal arriba de la bobina de choque.

La bobina de choque solo está ahí para aislar y descartar radio frecuencias u otras estáticas. Es un seguro para mantener el circuito limpio. ¿Quién sabe qué podría recoger una tubería cósmica?

El pozo superior está colocado en sentido contrario que el pozo inferior. Desde la antena de fondo el circuito se divide en una bobina de 10 micro henrys y el cátodo de un diodo de germanio. Desde que la energía fluye de cátodo a ánodo, esta toma la energía ascendente. Los agentes reactivos de

la bobina de pozo va a través de la bobina envuelta sobre el cristal de cuarzo y entra en el circuito

por el lado del ánodo del diodo, pasa por la resistencia de 100 k y se integra al circuito principal, el cual se dirige hacia la bobina de arriba y la antena del tubo cósmico.

4.9 VARIACIONES DE SISTEMAS Y OTRAS IDEAS BUENAS

A continuación, podemos ver algunas imágenes de antenas Christofleau, pararrayos, etc.

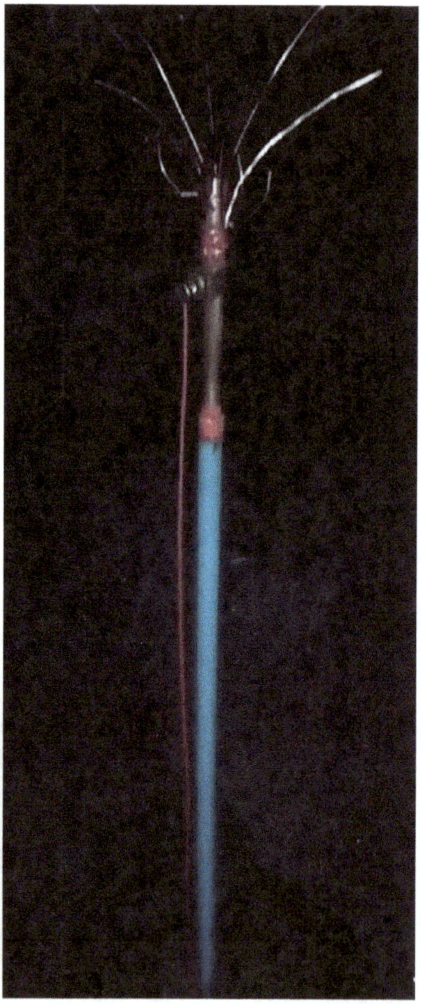

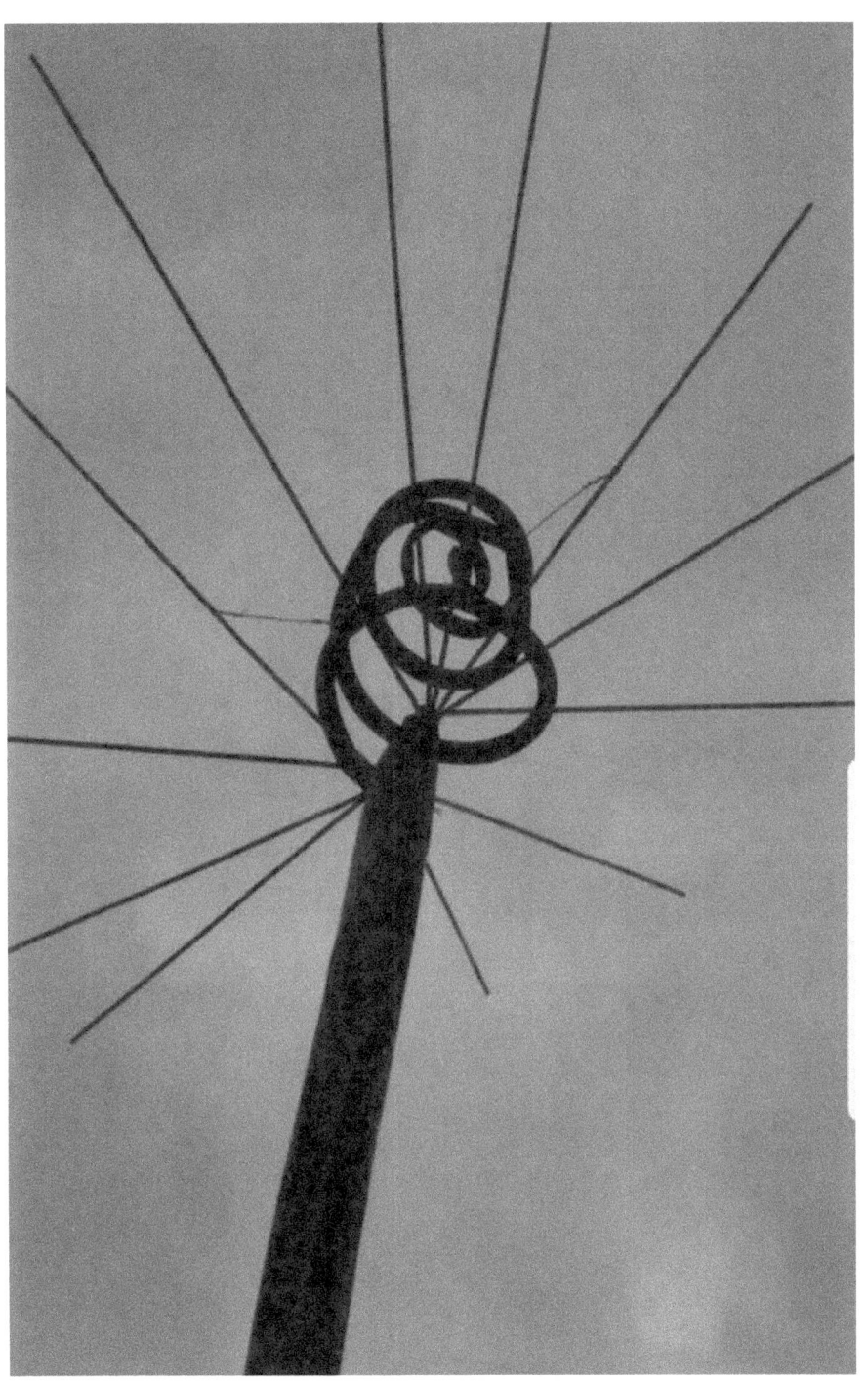

Usando un equipo de ondas escalares se pasan los alambres de aluminio a un poste por encima de los cultivos

Usando un capacitor de plasma

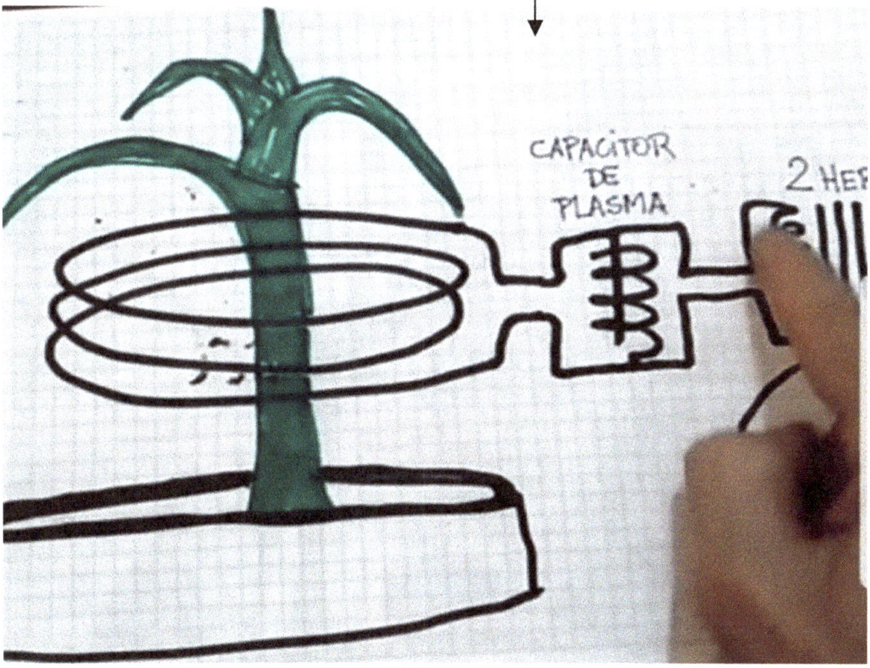

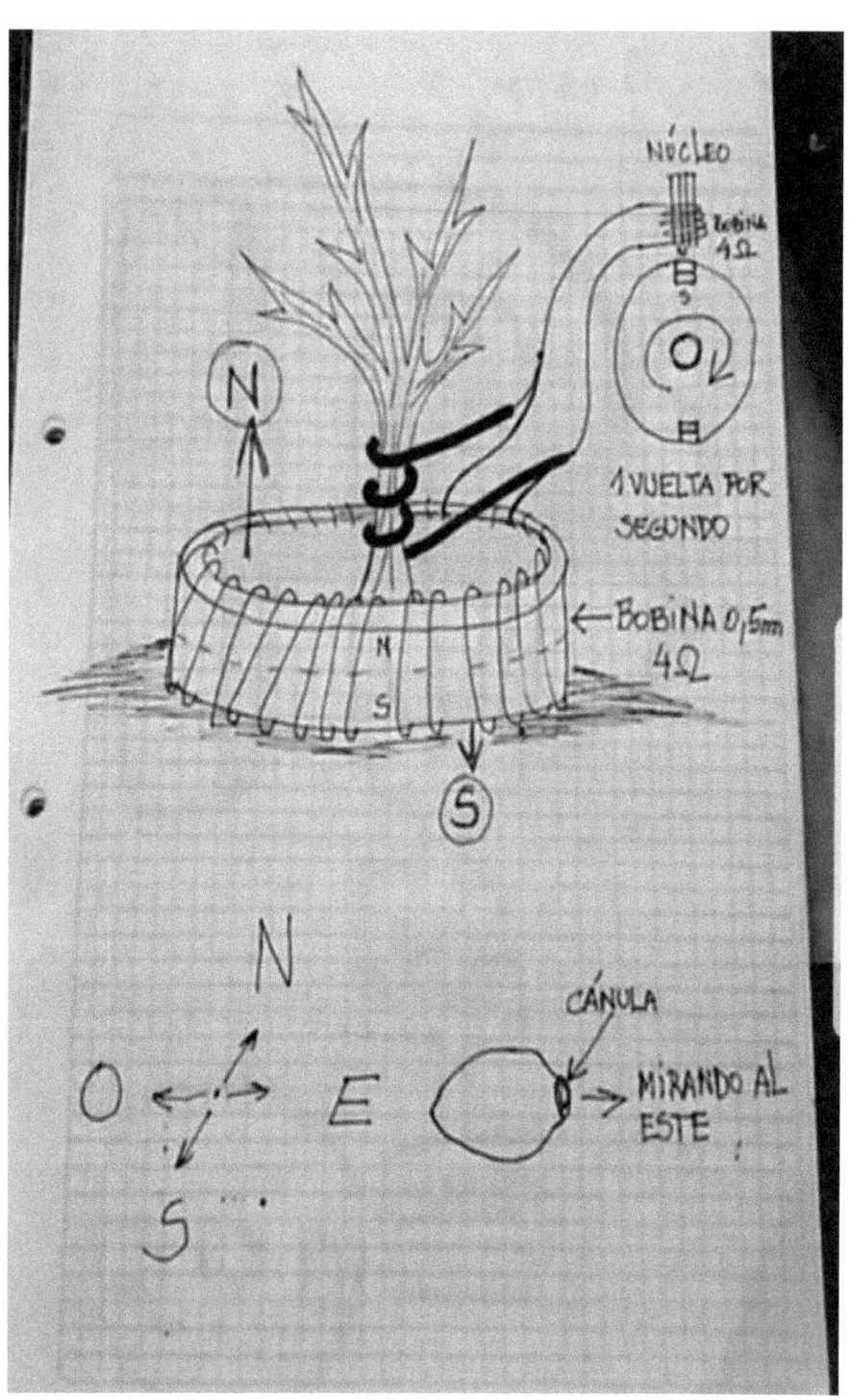

NÚCLEO

BOBINA 4Ω

N

1 VUELTA POR SEGUNDO

←BOBINA 0,5mm 4Ω

N
S

S

N

O ←→ E

S

CÁNULA

MIRANDO AL ESTE

Mi proyecto personal:

En mi idea el planteamiento sencillo es utilizar una antena pararrayos Christofleau y bajar la energía a una batería Leyden en el cultivo. El sistema capta la energía ambiente y telúrica y/o magnética terrestre en la botella Leyden cuyo circuito pasa por formar un anillo de Lakhovsky en el interior de la tierra alrededor de un cultivo concreto, sin cerrar el anillo, tal como se describe en la bobina de Lakhovsky, dejando una distancia entre extremos suficiente para que al elevarse la carga de la botella y tener energía suficiente pasará la corriente en saltos de entre los polos del hueco logrando así un sistema autónomo que entrega dosis discontinuas de cargas más elevadas que la continua que se obtendría de la antena sola.

Podría hacerse la variante sin el anillo buscando experimentar sobre cambiar el sujeto de ánodo y el de cátodo:
Antena Pararrayos-Magnética conectada a botella Leyden y a raíces en un polo, conectada a pared exterior botella Leyden y tierra en el otro (o viceversa)

Otra variante: El macetero es la botella Leyden el interior forrado con el conductor añadiendo materiales conductores + la tierra y el cultivo. El exterior de la botella-macetero conectado a tierra (al suelo o a la toma tierra de un enchufe)

¿Qué es una botella de Leyden?

Es un tipo primitivo de condensador eléctrico, precursor de los capacitores modernos. Fue inventado en 1746 por el científico Pieter van Musschenbroek en la Universidad de Leyden, Holanda.
Consiste en una botella de vidrio parcialmente llena de agua, con un conductor interno (cadena, hoja de metal) y un conductor externo que cubre la botella (lámina de metal). Permite almacenar una carga eléctrica entre los dos conductores.

La botella de Leyden es el primer capacitor o condensador eléctrico primitivo inventado. Permite almacenar energía en forma de carga eléctrica estática.

Funciona porque el vidrio actúa como un excelente aislante eléctrico. En la botella se introduce una lámina o cadena conductora que se conecta a una varilla metálica en la tapa. Alrededor de la botella se envuelve otra lámina conductora, aislada de la anterior por el vidrio no conductor.

De esta forma queda un espacio con dos superficies conductoras separadas por aislante, es decir, un capacitor. Cuando sometemos una de las superficies conductoras a alto voltaje, por ejemplo frotándola con seda, las cargas son atraídas y retenidas en esa lámina por influencia electrostática sobre la otra lámina. Así es como almacenamos energía, en forma de separación de cargas entre ambos conductores.

El alto voltaje polariza las capas conductoras, cargando la botella. Al conectar un conductor externo entre ambas capas, se produce una chispa o descarga igualando las polaridades. Esa descarga instantánea libera la energía almacenada en forma de corriente eléctrica.

Otro experimento sería usar una placa solar para inducir electricidad a las plantas o electrificando la tierra completa o electrificando solo la planta.

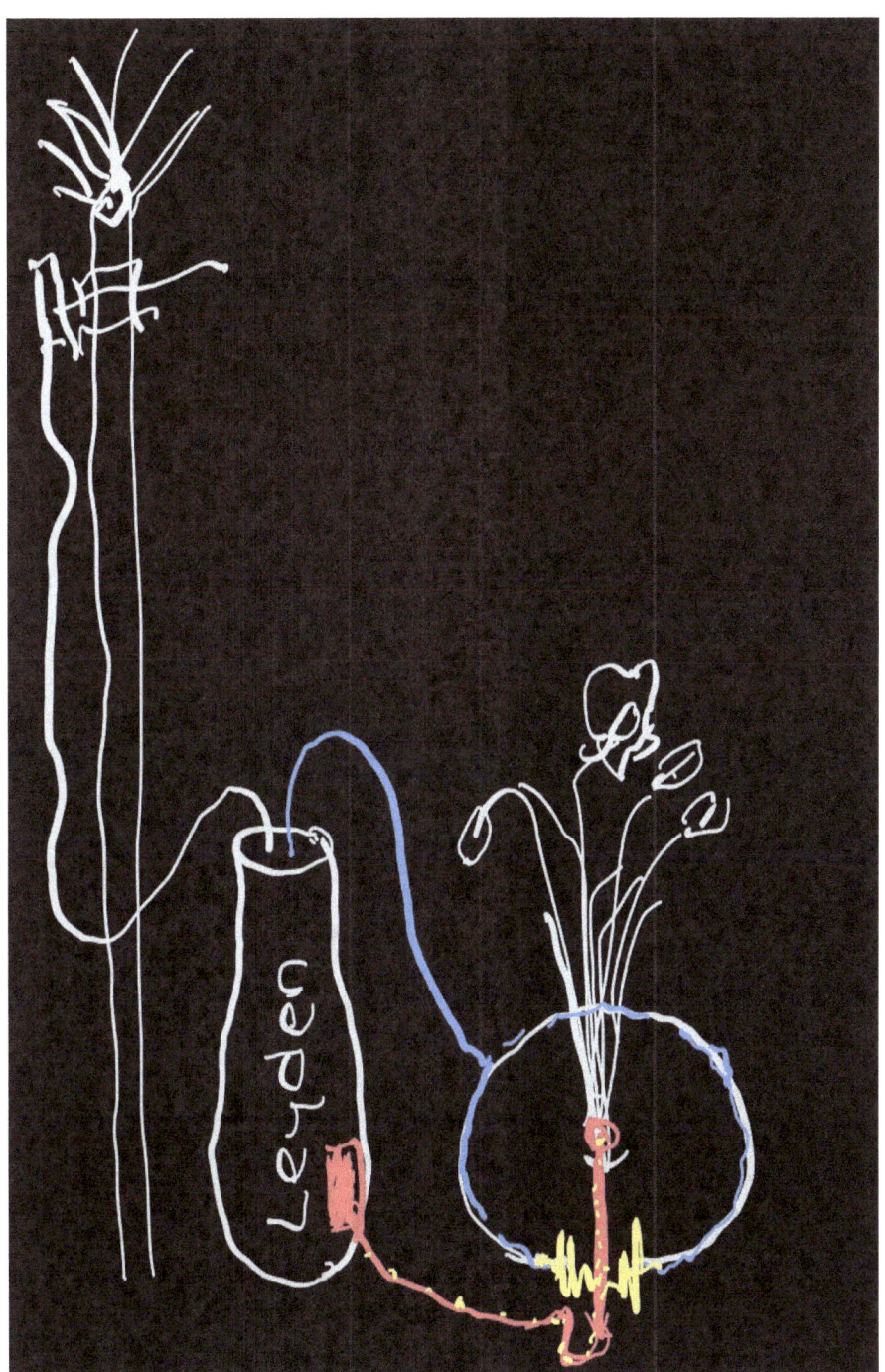

Antena con botella Leyden y anillo Lakhovsky

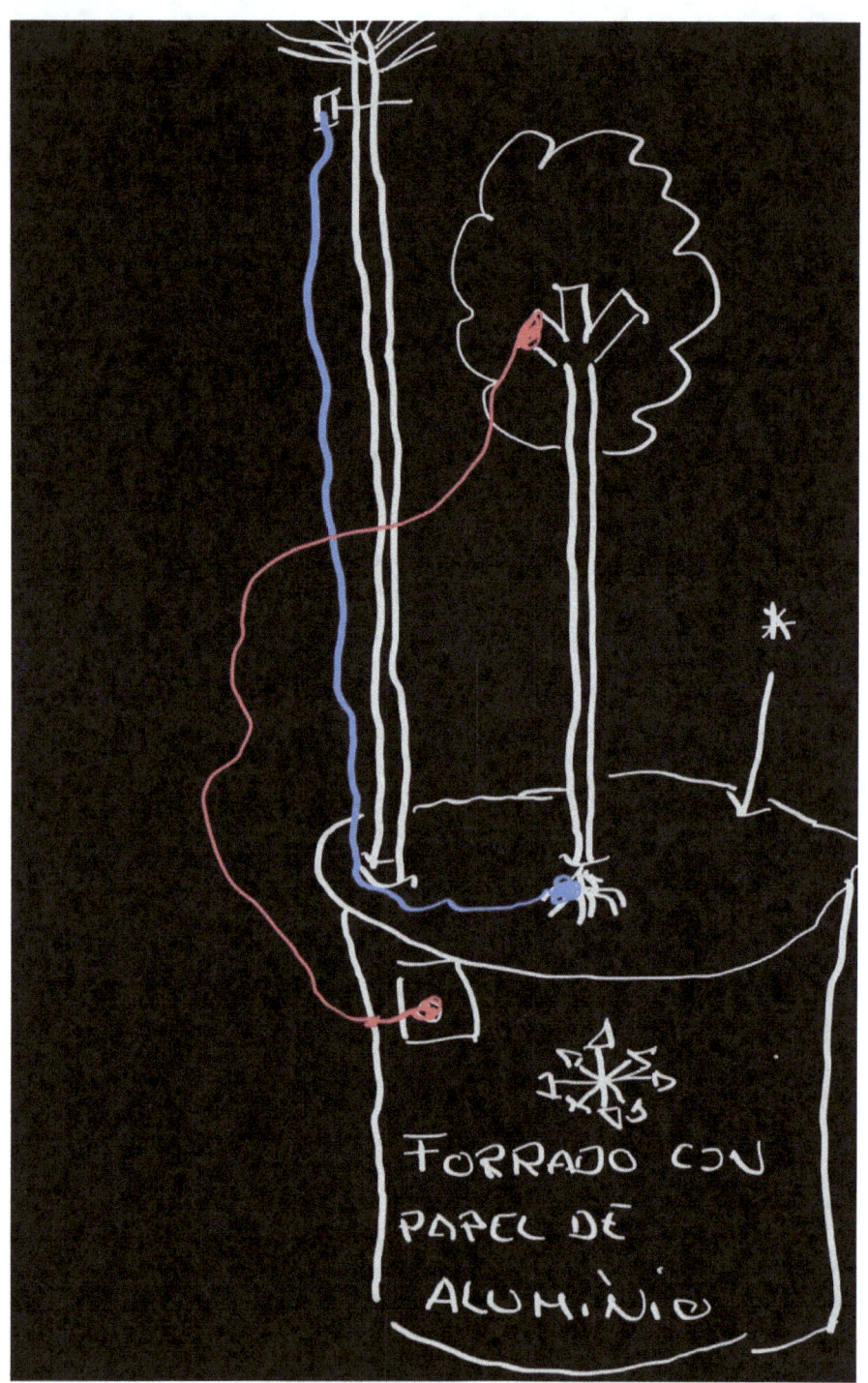

La maceta es la botella Leyden y las conexiones van a raíces y copa.

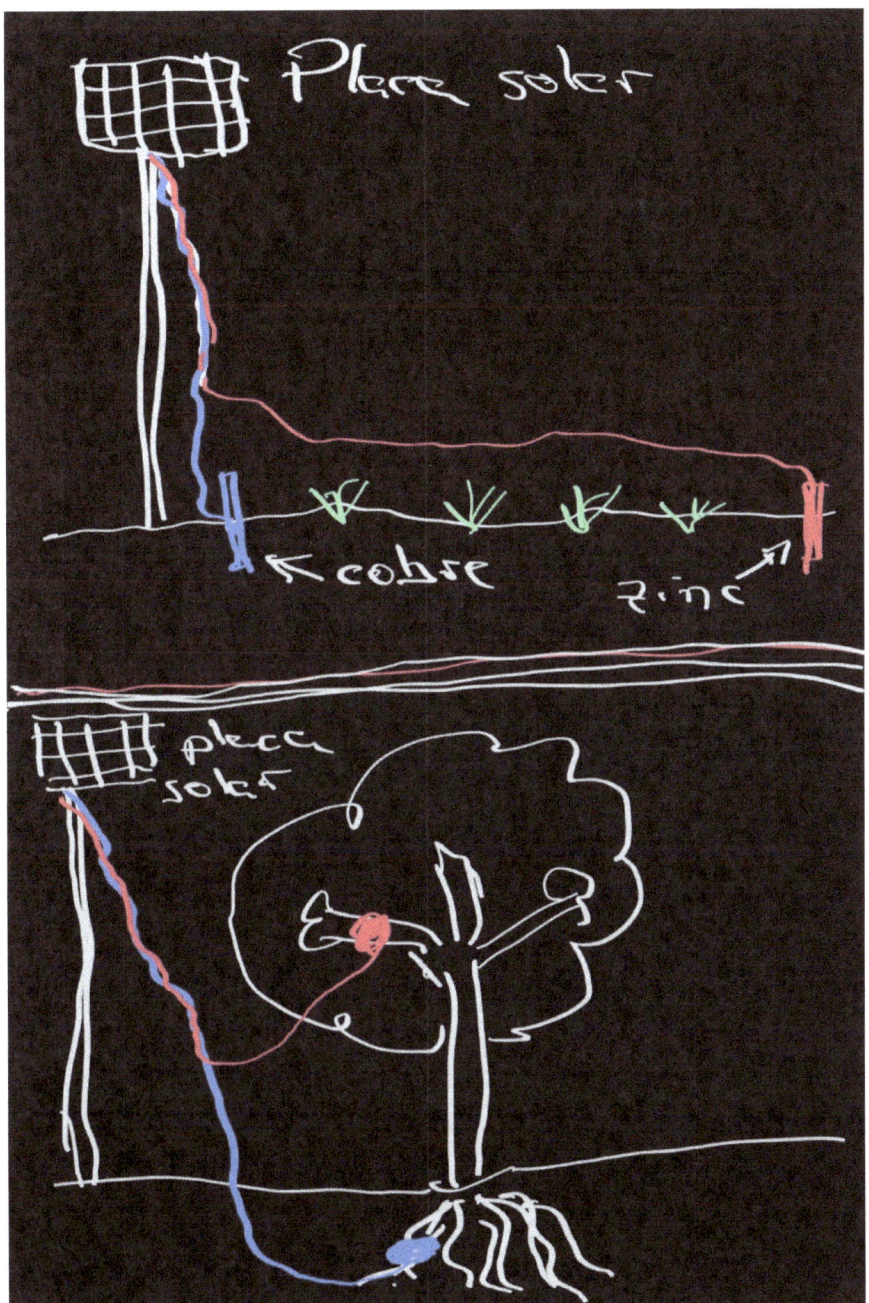

Con placa solar: Arriba, electrificamos la tierra con conexiones de diferente potencial (cobre y zinc). Abajo electrificamos el cultivo en raíces y copa.

Por otro lado, se ha comprobado que en el uso de las antenas de cobre en espiral (las pequeñas, etc.) hacer uso de formas geométricas en la parte superior en lugar de un solo alambre en espiral o de antenitas... Aumenta el crecimiento de hortalizas y plántulas. (Reportado en grupos online de aficionados a la electrocultura)

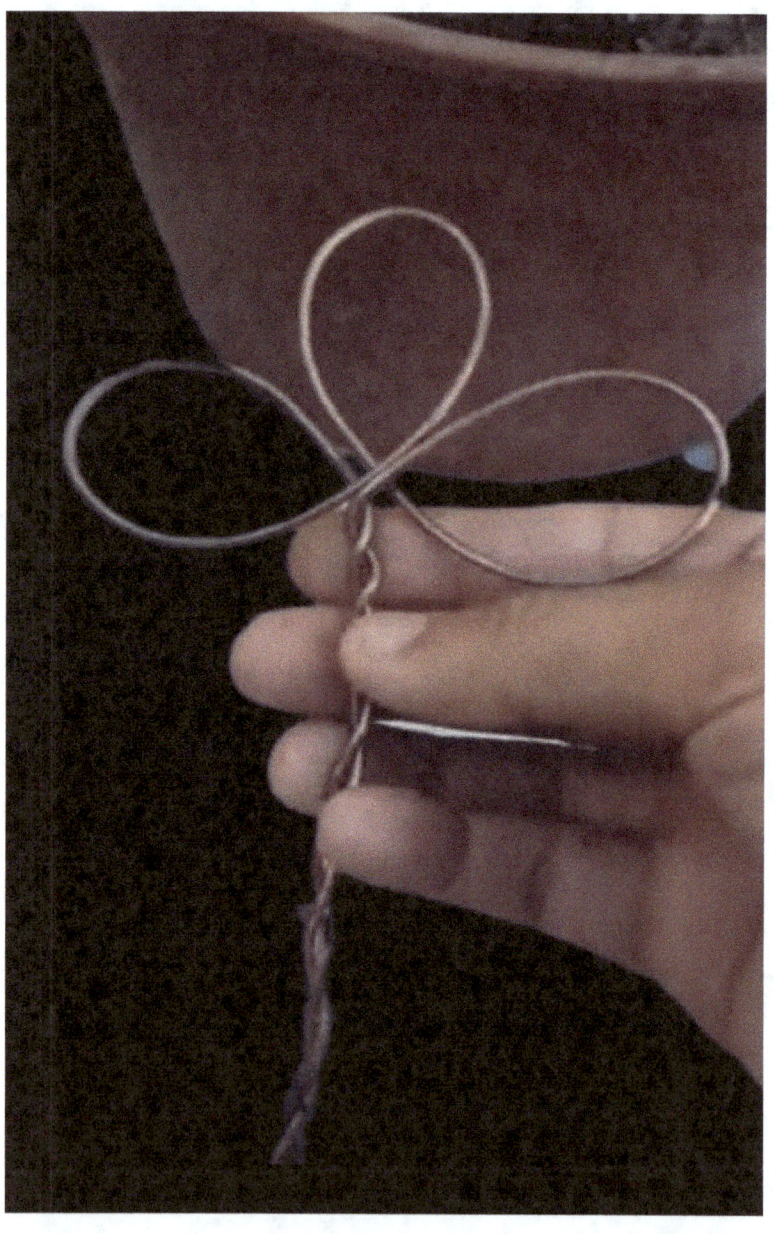

Continuando con las buenas ideas, parecido al método de las placas solares para insertar electricidad artificial, hay varios usuarios que han reportado buenos resultados haciendo uso de luces de jardín.

¿Sabes estas luces de jardín, que llevan una plaquita solar y un sensor que hace que se encienda la luz cuando oscurece?
Pues esas.
Abren (desmontan) la luz clavable y realizan la conexión extrayendo un cable para cada polo. Conectan uno al propio pie clavable del foco y la otra a tierra, así cuando se va la luz solar comienza a dar una corriente de bajísimo voltaje a la tierra del cultivo.

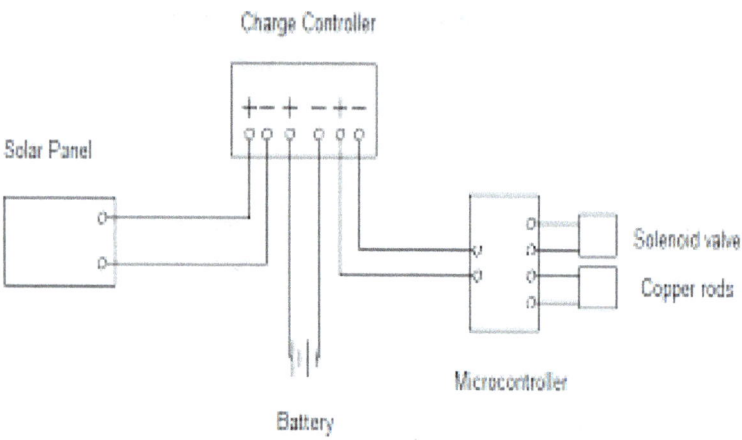

Charge Controller

Solar Panel

Solenoid valve

Copper rods

Microcontroller

Battery

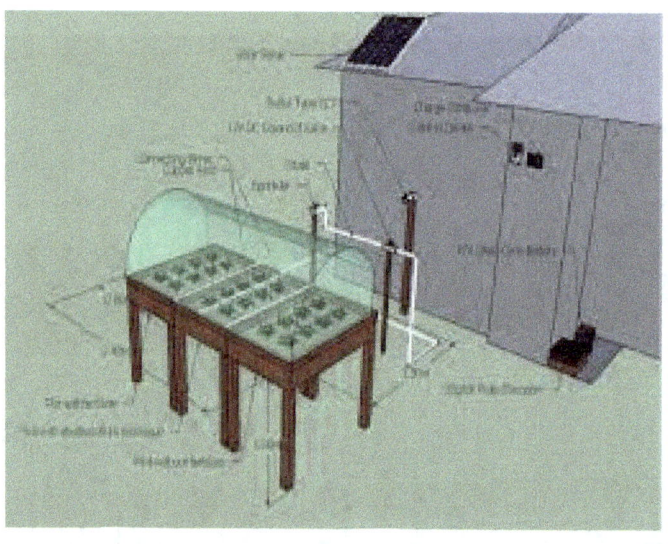

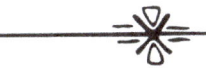

5. INFORMACIÓN SOBRE CÓMO CREAR UN ELECTROCULTIVO CON ANTENA, ASÍ COMO BOBINAS LAKHOVSKY Y UNA PIRÁMIDE DESCOMPONIBLE

Christa y Hartmut Lüdtke

Instalación de un huerto de electrocultura

Cama de cultivo con borde de caracol de chapa, malla fina de aprox. 25 cm de profundidad contra topos y otros animales, así como con una pajarera cubierta con red de protección contra ciervos y otros animales salvajes

Herramientas utilizadas:

Alambres de acero en el suelo

Alambres de acero de 6 mm de diámetro, galvanizados, enterrados cada 50 cm y a una profundidad de 10-15 cm en orientación norte-sur, incrustados en harina de rocas 2 kg por metro lineal

Esquema de la cama de cultivo

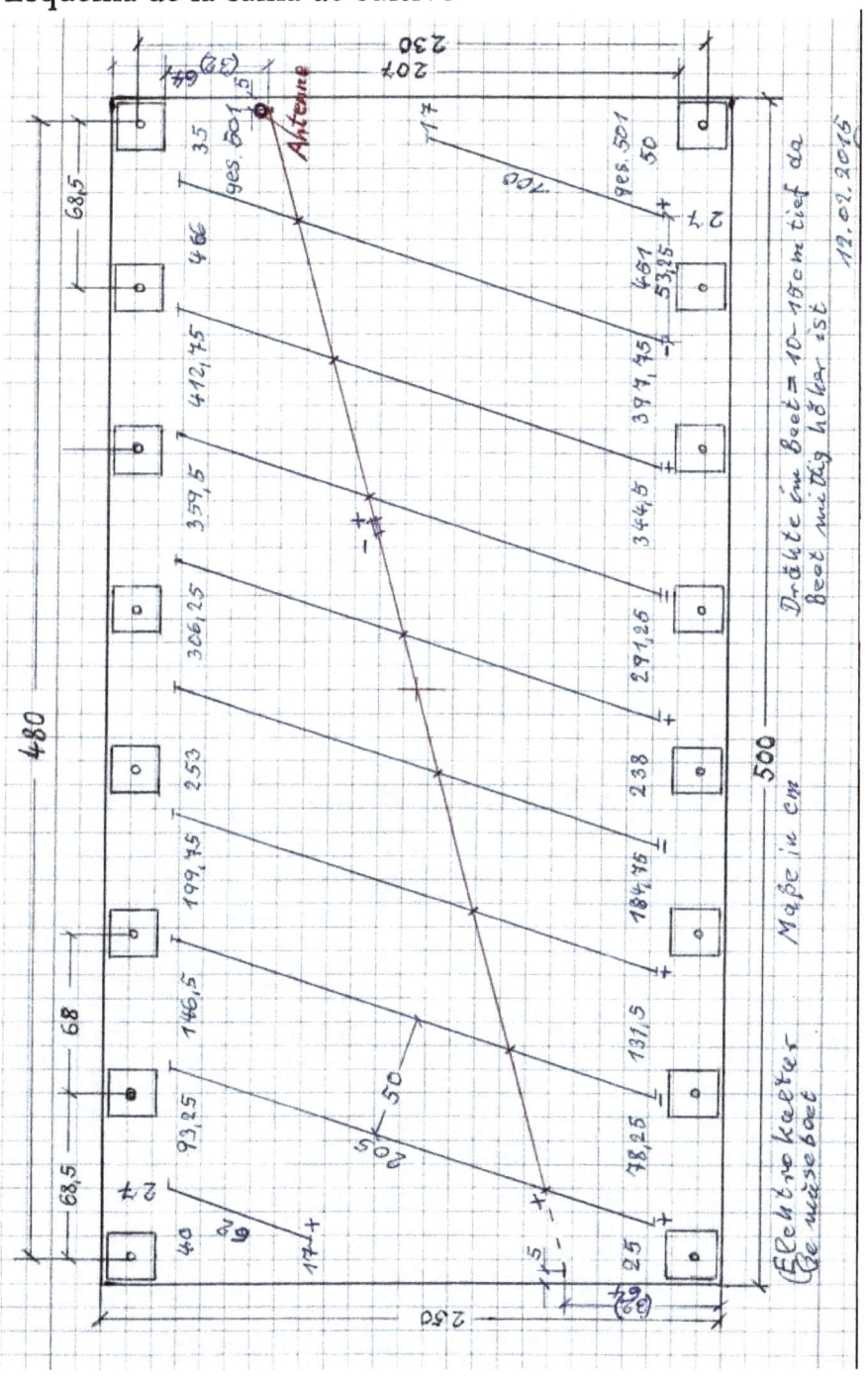

Elaboración de la conexión transversal de cables

Modelo para conexión de cables con terminales de cables: para conexión recta se deja el terminal original (1), para conexión transversal se cortan las puntas (2), se coloca al revés y se aprieta firmemente.

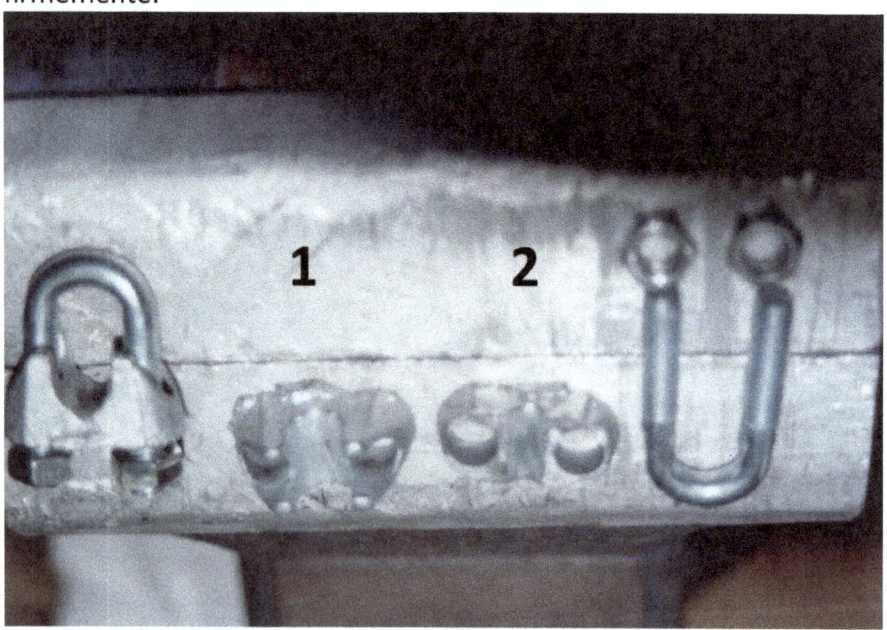

Conexión transversal de los cables en la cama

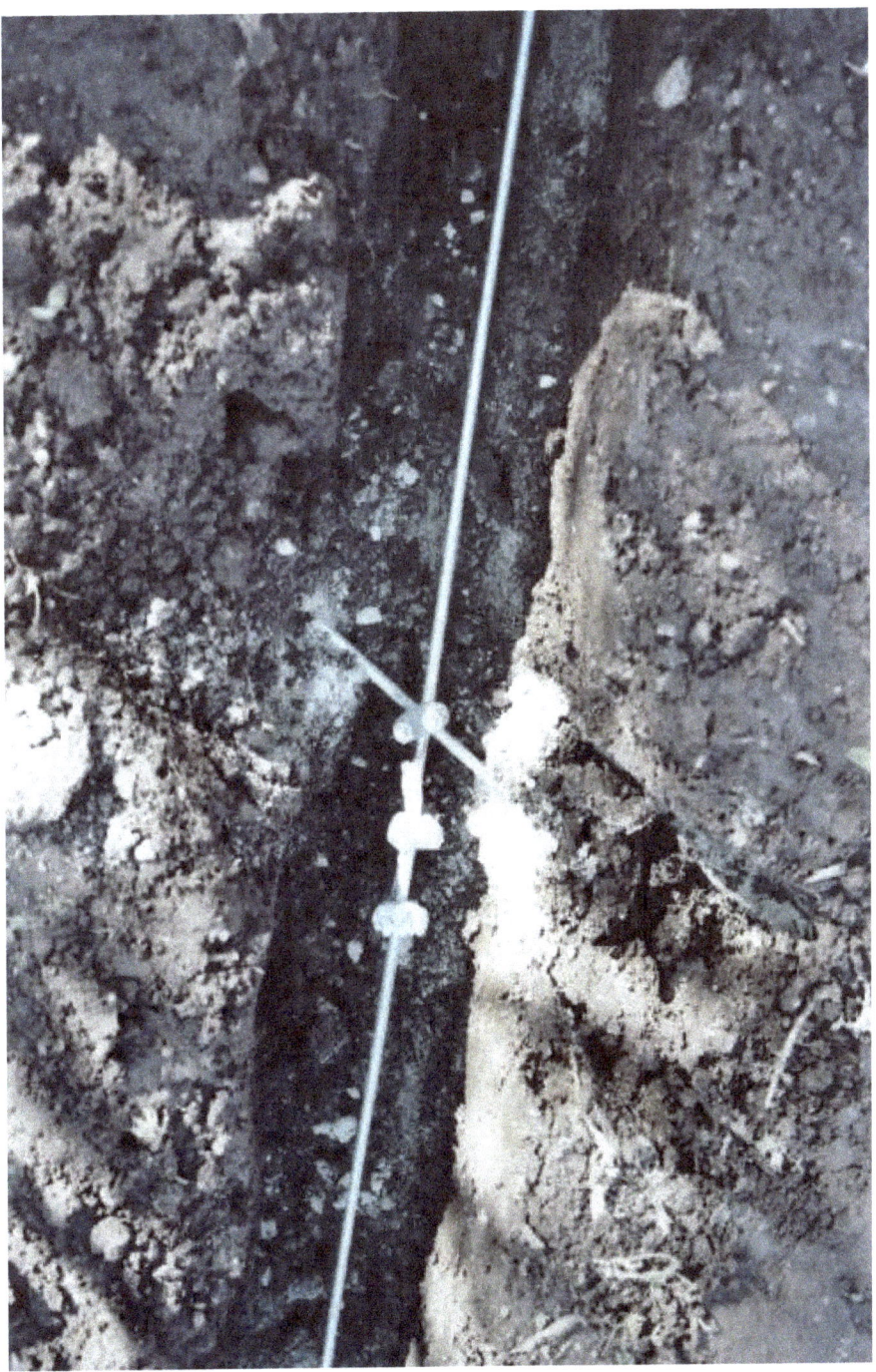

Antena: Antena de tubo galvanizado

Altura: 3 m
con cepillo de limpieza de calderas

Sujeción de la antena

Antena fijada al armazón del gallinero, con elementos de aislamiento intermedios
Cable transversal de la cama sujeto al tubo de la antena con abrazaderas (para asegurar contacto) atornilladas

Medición radiestésica de la energía del suelo.

Se midió antes y después de insertar los cables:
El volumen de energía con solo los cables fue solo un 6% más alto que antes (el borde de chapa, la malla de cables y la rejilla del gallinero no interfieren con el flujo de energía del electrocultivo). Después de conectar el cable transversal de la cama con la antena, la energía fue de 4 a 5 veces más alta que antes - ¡Wow!

Elaboración de bobinas de Lakhovsky

Con cable de cobre de 5 mm de diámetro; es relativamente fácil de doblar: jalar alrededor de un objeto redondo (es ventajoso tener una segunda persona sosteniendo), doblar a mano los extremos rectos restantes del cable y el resto con pinzas

Maderas para bobinas Lakhovsky

Maderas redondeadas con punta y orificios de 7 mm de diámetro, en los dos soportes más altos, hacer el orificio en ángulo de 30°

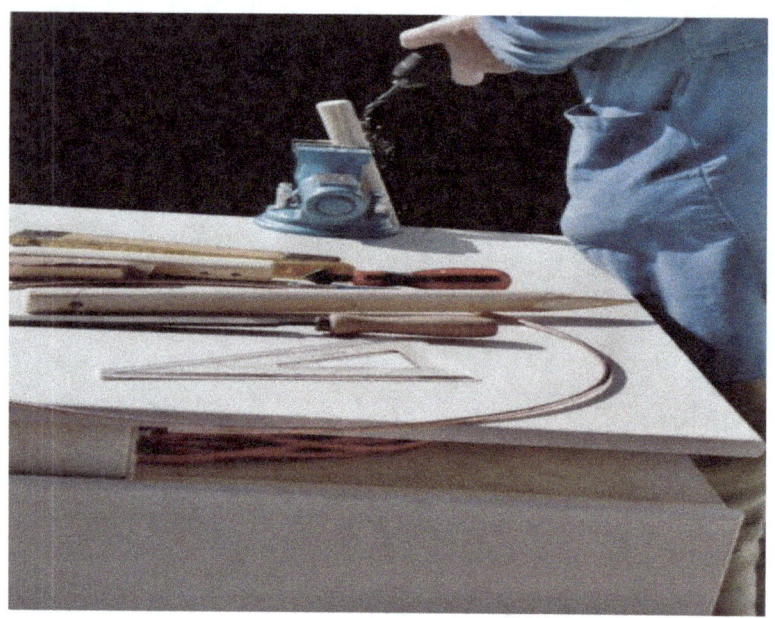

Bobina Lakhovsky en el jardín

Profundidad de los postes en el suelo aprox. 10 cm - dependiendo de las condiciones del suelo; la abertura que se superpone mira hacia el norte (profunda), inclinación hacia el sur aprox. 30° (alta)

Bobina Lakhovsky para plantación en semillero

La bobina para la campana tiene dos soportes de tubo, el tubo más alto tiene una ranura para poder plegar la bobina al insertar y retirar la campana.

Medición radiestésica de la energía de las bobinas Lakhovsky

Las bobinas Lakhovsky tienen un volumen de energía muy alto, que depende del diámetro de la bobina.
En comparación con la pirámide, casi 70% más - ¡Wow!
¡Sin embargo, las posibilidades de uso de la bobina y la pirámide son muy diferentes!

Pirámide desmontable - Vista general

Pirámide, en nuestro caso prevista para una parte de nuestro alto lecho de aprox. 2,5 m2, base de 70 x 70 cm de cable de cobre de 5 mm de diámetro - Marco base atornillado firmemente con terminales de cable.

Piezas de la pirámide desmontable

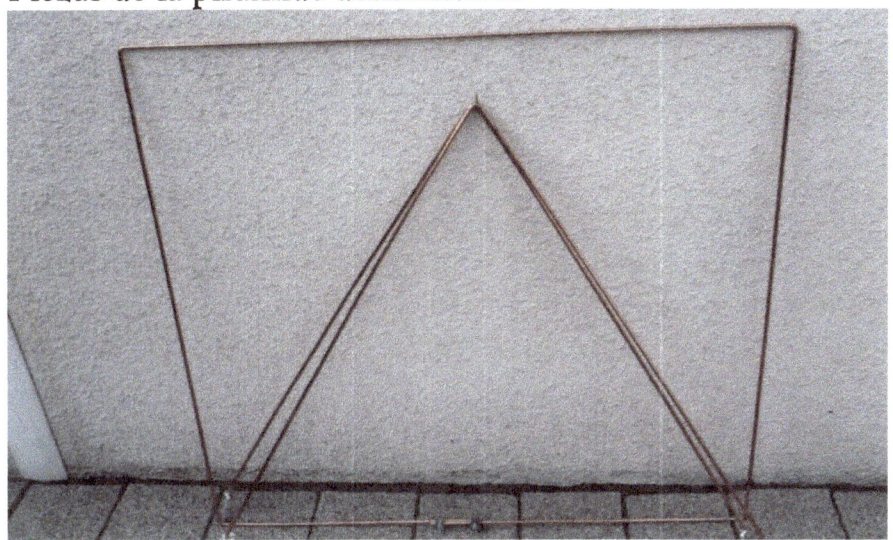

En los dos elementos laterales, los extremos inferiores doblados en el ángulo adecuado; Punta superior enrollada con cable de cobre (se tensa al levantarse)

Esquina

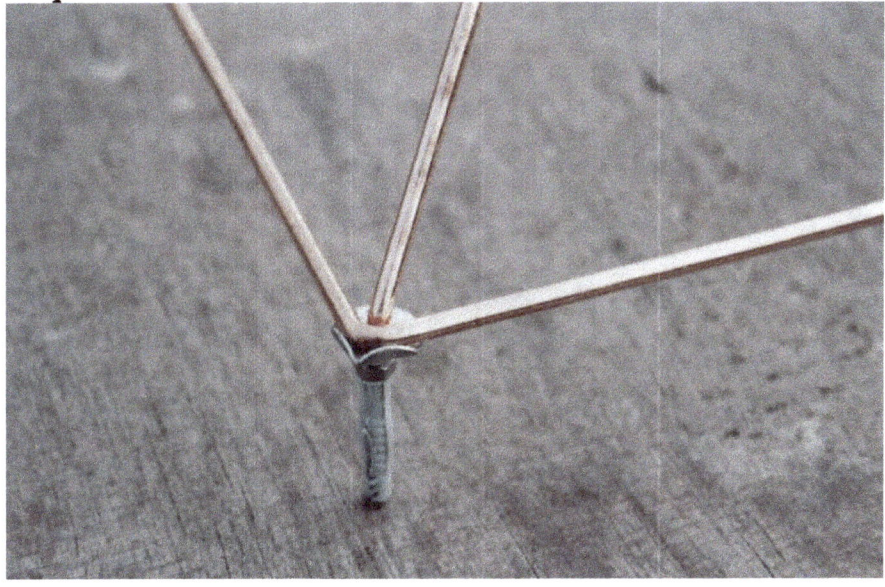

Extremos inferiores de las partes laterales de aprox. 2,5 cm en posición vertical con rosca. El disco de apoyo se asienta sobre una tuerca y está doblado por dos lados de modo que después de levantar los elementos laterales de acuerdo con la medida interior del marco inferior, éste se coloca sobre los discos de apoyo y se fija por sí solo con un contacto 100%. Abajo hay tacos encajados para proteger la rosca.

Levantamiento de la pirámide

Los cuatro extremos inferiores de alambre se pueden presionar en el suelo de humus al levantar en el lecho, hasta que los cables base descansen en el suelo.

Mediciones radiestésicas de la pirámide

Con la construcción mostrada, el contacto de los cables en la punta superior y las esquinas inferiores es 100%.
Como teníamos la pirámide lista antes de la temporada de plantación, pudimos energizar en ella nuestras semillas de verduras para que germinaran bien y crecieran bien las verduras.

Christa und Hartmut Lüdtke

6. INTEGRANDO PERMACULTURA Y OTROS MÉTODOS NATURALES A LA ELECTROCULTURA PARA SISTEMAS DE CULTIVO RESILIENTES.

En este capítulo exploraremos estrategias prácticas para implementar sistemas agrícolas sustentables de pequeña y mediana escala, combinando conceptos y técnicas tanto de la permacultura como de la electrocultura.

Veremos cómo al unir la sabiduría de trabajar con la naturaleza propia del diseño permacultural, con la precisión y la optimización de recursos que permiten los sistemas de cultivo electro-biointegrados, podemos sentar las bases para desarrollar modelos viables de producción continua de alimentos limpios y recursos renovables.

Estos sistemas tienen también el potencial de volverse casi autosuficientes una vez maduran y alcanzan el clímax en su diversidad y productividad, requiriendo un mínimo de insumos externos para mantenerse.

Analizaremos los conceptos centrales sobre los que se fundamentan tanto la permacultura como la electrocultura, para luego ver de qué manera podemos integrarlos sinérgicamente en el diseño de fincas integrales eficientes y ecológicamente regenerativas.:

La permacultura comparte principios con la electrocultura, al promover la diversidad, la resiliencia y la productividad en los sistemas de cultivo. Ambas se nutren de procesos naturales saludables para el suelo, las plantas y el medio ambiente. Diseña paisajes sostenibles, integrando elementos como el manejo del agua y el suelo, la selección de especies para asociaciones simbióticas, y la optimización de las condiciones ambientales. Todo esto mediante intervenciones mínimas y aportes de baja energía.

Otros enfoques tienen gran afinidad con estos conceptos. Por ejemplo, la agricultura natural trabaja con los ciclos ecológicos, sin químicos artificiales. La agricultura sinérgica combina cultivos, animales, árboles, suelos y agua en relaciones de mutuo beneficio. El método keyline maximiza la capacidad de absorción de agua en los terrenos.

Además, existen técnicas que mejoran la fertilidad, como los abonos orgánicos, o el uso de insumos naturales como la arena de playa (aporte de silicio). También el riego con agua de mar, que contiene una gama completa de nutrientes que favorecen la vida microbiana, la electrolisis natural y la salud del sistema.

La permacultura se nutre de una diversidad de saberes ancestrales y modernos, como la rotación de cultivos, el intercultivo, y las asociaciones de especies mutuamente beneficiosas. El objetivo final es trabajar con la naturaleza y no en su contra. Estas técnicas dan contexto y fundamentos éticos para implementar responsablemente también la electrocultura.

El uso de **arena de playa** en algunos cultivos puede mejorar la calidad del suelo y la salud de las plantas. La arena de playa es rica en minerales y nutrientes que son beneficiosos para las plantas. La arena de playa también puede ayudar a mejorar la estructura del suelo y la retención de agua.

El uso de **agua de mar** en algunos cultivos puede mejorar la calidad del suelo y la salud de las plantas. El agua de mar contiene una gran cantidad de elementos y nutrientes que son beneficiosos para las plantas. La electrolisis del agua de mar puede ayudar a liberar estos nutrientes y mejorar la calidad del suelo. El uso de agua de mar también puede ayudar a mejorar la resistencia de las plantas a las condiciones climáticas extremas.

La **rotación de cultivos** es un método de cultivo que se enfoca en la creación de sistemas agrícolas que sean sostenibles y respetuosos con el medio ambiente. La rotación de cultivos se basa en la utilización de técnicas que imitan la naturaleza para crear sistemas agrícolas saludables y productivos. La rotación de cultivos se enfoca en la creación de sistemas agrícolas que sean resistentes a las condiciones climáticas extremas, la erosión del suelo y la pérdida de nutrientes.

Electrocultura y permacultura: diseñando ecosistemas resilientes
La electocultura y la permacultura comparten el objetivo de integrar la agricultura, la generación de energía renovable y la preservación ecológica en sistemas diversificados y sustentables.
La electrocultura aprovecha fuentes como la electricidad solar o eólica para potenciar el crecimiento vegetal o la producción de alimentos a través de técnicas como la hidroponía o la acuaponía, minimizando el consumo de recursos locales.

La permacultura busca diseñar a pequeña y gran escala ecosistemas análogos a los naturales, eficientes y con mínimas necesidades de insumos externos una vez maduran. Para esto se basa en la observación de patrones naturales, la integración de múltiples especies vegetales y animales en consorcios productivos, y el aprovechamiento consciente de recursos como el agua, la energía solar o los nutrientes, en ciclos cerrados.

Un sistema que integre ambos enfoques no solo produce alimentos limpios y energía verde para autoconsumo, sino que tiene el potencial de volverse sustentable a largo plazo y de ayudarnos a transitar hacia modelos post-industriales, descentralizados y ecológicos.

Esto también tiene relación con la filosofía preparacionista, centrada en desarrollar la autosuficiencia de individuos y comunidades locales, incluyendo áreas como la soberanía alimentaria, las habilidades prácticas, la salud preventiva y las redes solidarias autosuficientes, para hacer frente a futuras crisis económicas o ambientales a nivel global. La permacultura y la electrocultura aportan herramientas concretas para avanzar hacia esa visión.

La autosuficiencia, el enfoque natural y la interrelación con la electrocultura, la permacultura y el preparacionismo son conceptos claves:

Ser autosuficientes implica abastecer nuestras necesidades básicas con nuestros propios recursos y capacidades. Esto reduce nuestra vulnerabilidad ante crisis externas e inestabilidades sistémicas a nivel local y global.

Adoptar soluciones naturales y de baja tecnología, como las que ofrecen la permacultura y la electrocultura, minimiza nuestra dependencia de las frágiles e insostenibles cadenas de suministro industrial, a la vez que regenera el medio ambiente.

Al combinar el conocimiento tradicional sobre la resiliencia de los ecosistemas con innovaciones en energía renovable y producción de alimentos limpios, podemos diseñar nuestros propios sistemas diversificados de sustento a largo plazo.

Esta transición hacia la autosuficiencia local también se alinea con la ética preparacionista de desarrollar habilidades valiosas, fortalecer comunidades solidarias y estar listos ante situaciones de escasez de recursos o crisis a futuro.

En síntesis, al volvernos autosuficientes mediante el aprovechamiento sustentable de la naturaleza y sus ciclos, replicando sus patrones de diseño mediante la permacultura y la electrocultura, nos preparamos para superar los desafíos ambientales, económicos y sociales que se avecinan.

6.1 Permacultura

Fundamentos de la permacultura

Desde sus inicios en la década de 1970 en Australia, con pioneros como Bill Mollison y David Holmgren, la permacultura se perfiló como un sistema ético y de diseño para establecer asentamientos humanos que funcionaran como ecosistemas naturales diversificados.

Se trata de crear agroecosistemas productivos, pero también estables y permanecibles en el tiempo, utilizando soluciones tecnológicas apropiadas que potencien la capacidad inherente de la naturaleza para autorregularse.

Los elementos centrales que establecieron sus fundadores son:

a) Una filosofía ética sustentada por tres pilares interrelacionados:
   - El cuidado de la Tierra
   - El cuidado de las Personas
   - La distribución justa de los Excedentes producidos para re-invertir en los dos puntos anteriores.

b) Principios de Diseño basados en la profunda observación de los patrones existentes en la naturaleza. Comprender cómo se organizan los sistemas biológicos nos permite replicar sus cualidades benéficas.

c) Un conjunto de técnicas y estrategias prácticas sustentadas en esos principios naturales, que nos permiten implementar los diseños.

De la sabia integración de estos tres componentes nace una forma muy eficiente y agradable de proveer para nuestras necesidades materiales y también espirituales como seres humanos, dentro del gran sistema vivo del que formamos parte, la Tierra.

Principios de diseño de la permacultura

Los principios de diseño en permacultura constituyen ideas-guía o patrones derivados de la naturaleza, que nos indican cómo integrar los componentes de un sistema para que funcione de manera armoniosa y autorregulada, al igual que un ecosistema maduro.

Veamos algunos de los más importantes:

- Observar e interactuar: Tomarse el tiempo necesario para conocer detalladamente un sitio antes de intervenir en él. Cada pedazo de tierra es único en cuanto a tipos de suelo, topografía, flora/fauna, disponibilidad de agua, luz solar, etc. Debemos identificar todas estas características, oportunidades y limitaciones primero, para luego diseñar en concordancia.

- Capturar y almacenar energía: En la naturaleza no hay desperdicios, todo se transforma y reutiliza. De igual modo, estamos rodeados de fuentes de energía renovable gratuita, desde la luz solar, el viento y el movimiento del agua, hasta el potencial químico contenido en plantas y residuos orgánicos. Podemos diseñar sistemas eficientes para capturar y luego usar o almacenar estos excedentes de energía para cuando se necesiten, por ejemplo, mediante estanques, terrazas, cisternas, baterías, etc.

- Obtener múltiples funciones para cada elemento: Al planificar los componentes de un sistema, debemos pensar de forma integrada

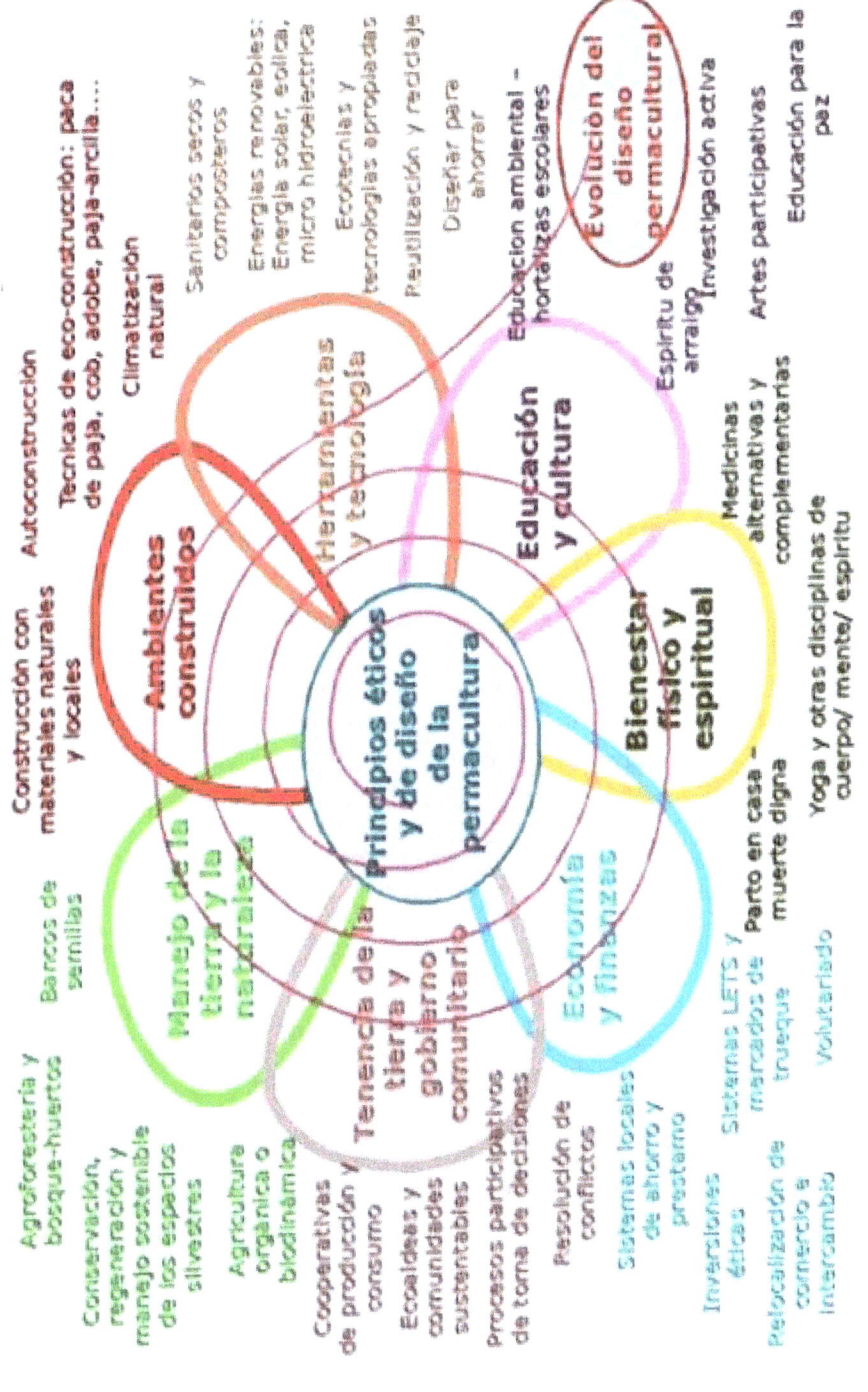

Principios éticos y de diseño de la permacultura

Ambientes construidos
- Autoconstrucción
- Técnicas de eco-construcción: paca de paja, cob, adobe, paja-arcilla....
- Climatización natural
- Sanitarios secos y composteros
- Energías renovables: Energía solar, eólica, micro hidroeléctrica
- Ecotecnias y tecnologías apropiadas
- Reutilización y reciclaje
- Diseñar para ahorrar
- Construcción con materiales naturales y locales

Herramientas y tecnología

Educación y cultura
- Educación ambiental – hortalizas escolares
- Evolución del diseño permacultural
- Espíritu de arraigo
- Investigación activa
- Artes participativas
- Educación para la paz

Bienestar físico y espiritual
- Medicinas alternativas y complementarias
- Yoga y otras disciplinas de cuerpo/ mente/ espíritu
- Parto en casa - muerte digna

Economía y finanzas
- Sistemas LETS y mercados de trueque
- Sistemas locales de ahorro y préstamo
- Inversiones éticas
- Relocalización de comercio e intercambio

Tenencia de la tierra y gobierno comunitario
- Resolución de conflictos
- Procesos participativos de toma de decisiones
- Ecoaldeas y comunidades sustentables
- Cooperativas de producción y consumo
- Voluntariado

Manejo de la tierra y la naturaleza
- Agricultura orgánica o biodinámica
- Conservación, regeneración y manejo sostenible de los espacios silvestres
- Agroforestería y bosque-huerto
- Bancos de semillas

para cubrir varias necesidades con cada elemento. Por ejemplo, los frutales dan alimento, pero también sombra, controlan la erosión, mejoran el microclima; o un estanque de patos además de carne y huevos puede brindar agua para riego, plantas acuáticas comestibles, tratamiento de aguas grises, hábitat para anfibios controladores de plagas, etc.

La idea es potenciar al máximo la multifuncionalidad de cada parte para enriquecer las interacciones productivas entre ellas.

Para iniciarse en la permacultura y vincularla con la electrocultura, le recomendaría centrarse en los siguientes principios básicos y aplicaciones:

1. Observación de los patrones naturales: aprender a observar detalladamente cómo funcionan los ecosistemas, qué necesitan las plantas para prosperar, los ciclos de los nutrientes, el movimiento del agua, la orientación solar, etc. Todos estos también aplican en un sistema de electrocultura.

2. Zonificación eficiente: Organizar los elementos del sistema en zonas o sectores interrelacionados de manera funcional, situando los componentes que requieren visitas frecuentes, como la huerta, más cerca de la casa. En la electrocultura también debemos diseñar cuidadosamente la ubicación de los equipos.

3. Policultivos y gremios: En vez de monocultivos, combinar especies vegetales que se beneficien entre sí o coexistan sin problemas. Esto genera diversidad y resistencia. Al diseñar nuestro sistema tenemos también que interrelacionar los componentes eléctricos y biológicos para optimizar su funcionamiento.

4. Cerrar ciclos de energía y nutrientes: Reutilizar y reciclar todo lo posible dentro del sistema para reducir gastos e impacto ecológico. Por ejemplo, reintegrar los residuos orgánicos al suelo, girasol para alimentar gallinas y que ellas a su vez fertilicen. En la electrocultura

podemos aprovechar la energía solar y cerrar ciclos de agua y biofertilizantes.

Implementar estos principios básicos de forma creativa, y adaptados a nuestras condiciones, nos permite establecer sinergias virtuosas entre componentes. Es la base de los sistemas de permacultura y electrocultura sustentables.

Algunas técnicas clave de la permacultura que puede combinar en sus sistemas de electrocultura:

1. Camas de cultivo en curvas de nivel
- Se trazan curvas horizontales en terrenos con pendiente y allí se ubican las camas para siembra.
 - Ayuda a controlar erosión y retener agua de lluvia.
- Materiales: pala, rastrillo, manguera con nivel de agua.

2. Terrazas y bancales
- Platos horizontales escalonados en terrenos empinados para cultivos.
- Contienen el sustrato fértil, generan microclimas, facilitan riego.
- Requieren muros de piedra bien construidos para soportar el terreno superior.

3. Huertos en capas o pisos verticales
- Estructura de contención para ubicar camas de cultivo en altura.
- Altamente productivos, ideales donde el suelo es escaso.
- Materiales: vigas, tubos de PVC, mallas, sustrato.

4. Sistema Mandala
- Jardín circular con gremios de plantas en anillos concéntricos alrededor de un estanque central.
- Diseño eficiente, intensivo, estético. Fácil de regar por gravedad.
- Requiere trazado geométrico del círculo dividido en sectores.

5. Cosecha de agua de lluvia

- Canales, estanques, cisternas para capturar y almacenar agua para uso posterior.
- Vital para cultivos en zonas secas.
- Se necesitan reservorios dimensionados a las lluvias y superficies de captación.

Estas y otras técnicas como sistemas biointensivos, aprovechamiento integral del huerto, o conservación de suelos, se pueden armonizar muy bien con componentes eléctricos como paneles solares, hidroponía, sensores, entre otros, para potenciar la sinergia.

Regenerar la fertilidad del suelo de forma natural es fundamental para sistemas agrícolas sustentables. Veamos algunas estrategias de permacultura y electrocultura:

- Rotaciones de cultivos con abonos verdes, legumbres y cereales. Las legumbres fijan nitrógeno, los cereales producen abundante materia orgánica, las raíces abonan a distintas profundidades.

- Policultivos y consociaciones biorremes. Mezclar varias especies en un huerto o campo imita la diversidad del ecosistema forestal. Raíces de distinta profundidad y ciclos nutren y protegen al suelo.

- Uso de fertilizantes orgánicos como compost, humus de lombriz, purines, biofermentos. Aportan macro y micronutrientes, y microorganismos regeneradores de suelos.

- Agroforestería con fijadores de nitrógeno. Los árboles son clave para la salud de los suelos. Leguminosas como la acacia son ideales.

- Electrofertilización por descarga eléctrica. Mediante la electrificación de soluciones minerales y orgánicas, se facilita la absorción de nutrientes por parte de plantas.

- Mineralizadores y activadores de suelo. Sustancias naturales que solubilizan nutrientes, por ejemplo, el ácido cítrico de jugos de frutas que abre el potasio de las rocas.

Estas técnicas y otras similares y variantes, ganan sinergia si se implementan conjuntamente. El resultado potencial es la dinamización de un ciclo sano de nutrientes impulsado por la actividad biótica del suelo.

La permacultura tiene una relación estrecha con la autosuficiencia, la electrocultura y el preparacionismo, ya que comparte algunos de sus principios y objetivos.

La autosuficiencia es la capacidad de proveerse a sí mismo de todo lo necesario para vivir, sin depender de fuentes externas. La permacultura promueve la autosuficiencia mediante el diseño de huertos que producen alimentos saludables, el aprovechamiento de los recursos locales y renovables, el minimizar el desperdicio y reutilizar los recursos, y el establecer relaciones simbióticas y cooperativas entre las plantas, los animales y las personas[1].

El preparacionismo es la práctica de prepararse para posibles escenarios de crisis, como desastres naturales, guerras, colapsos económicos o sociales, etc. La permacultura puede contribuir al preparacionismo, ya que puede crear sistemas agrícolas y ecológicos que sean capaces de mantenerse y regenerarse por sí mismos, sin depender de insumos externos, y que sean resilientes ante las adversidades[1]. Además, la permacultura puede fomentar la colaboración y el apoyo mutuo entre las personas, lo que puede ser vital en situaciones de emergencia.

Algunos de los principios de la permacultura más importantes son:

- **Observar e interactuar**: implica prestar atención a los detalles y procesos del entorno natural y aprender de ellos. También implica adaptarse a los cambios y aprovechar las oportunidades que se presentan.

- **Captar y almacenar energía**: implica aprovechar las fuentes de energía renovables y locales, como el sol, el viento, el agua y la biomasa, y almacenarlas para su uso posterior. También implica reducir el consumo y el desperdicio de energía.

- **Obtener un rendimiento**: implica diseñar los sistemas para que produzcan recursos útiles y beneficiosos, tanto para las personas como para el medio ambiente. También implica compartir y distribuir equitativamente los excedentes.

- **Aplicar autorregulación y aceptar retroalimentació**n: implica establecer límites y normas que regulen el funcionamiento de los sistemas y evitar la sobreexplotación de los recursos. También implica evaluar los resultados y aprender de los errores y aciertos.

- **Usar y valorar los servicios y recursos naturales**: implica reconocer y respetar la función y el valor de los elementos naturales, como el suelo, el agua, el aire, las plantas y los animales, y utilizarlos de manera responsable y sostenible. También implica proteger y restaurar la biodiversidad y los ecosistemas.

- **Producir sin desperdicios:** implica minimizar la generación de residuos y contaminación, y reutilizar, reciclar y compostar los materiales orgánicos e inorgánicos. También implica **imitar los ciclos naturales de la materia y la energía, donde nada se pierde** y todo se transforma.

- **Diseñar desde los patrones hacia los detalles**: implica identificar y comprender los patrones y estructuras que se repiten en la naturaleza y en la cultura, y aplicarlos al diseño de los sistemas. También implica ajustar y afinar los detalles según las condiciones específicas de cada lugar.

Las técnicas y los métodos de la permacultura son las herramientas prácticas que se utilizan para implementar los principios y crear los sistemas permaculturales. Estas técnicas y métodos pueden variar según el tipo de sistema, el clima, el suelo, la topografía, la vegetación, la fauna, los recursos disponibles y las necesidades humanas. Algunas de las técnicas y métodos más utilizados son:

- **Integración en un mismo lugar de agricultura, ganadería, acuicultura, silvicultura y pastoreo:** implica combinar diferentes tipos de producción en un mismo espacio, creando sistemas policulturales y polifuncionales que se complementan y benefician entre sí. Por ejemplo, se pueden integrar árboles, cultivos, animales y peces en un mismo sistema agroforestal, donde los árboles proporcionan sombra, madera, frutos y fijación de nitrógeno, los cultivos proporcionan alimentos, forraje y cobertura del suelo, los animales proporcionan estiércol, carne, leche y control de plagas, y los peces proporcionan proteína, fertilización y control de malezas.

- **Selección de especies de plantas y animales según su composición, distribución y organización**: implica elegir las especies más adecuadas para cada sistema, teniendo en cuenta sus características, requerimientos, adaptaciones, funciones y relaciones. Por ejemplo, se pueden seleccionar especies nativas, locales, resistentes, productivas, comestibles, medicinales, ornamentales, etc. También se pueden distribuir y organizar las especies según su altura, forma, ciclo, color, etc., creando diferentes estratos y nichos que aprovechen el espacio y la luz disponibles[3].

- **Planificación espacial y ecológica**: implica diseñar los sistemas según el análisis del lugar, considerando los factores físicos, biológicos, sociales y económicos que influyen en el mismo. Por ejemplo, se pueden identificar las zonas climáticas, las orientaciones, las pendientes, los suelos, los cursos de agua, las vías de acceso, los usos del suelo, las infraestructuras, las necesidades y preferencias de las personas, etc. A partir de esta información, se pueden definir las zonas de intervención, las áreas de conservación, los elementos clave, las conexiones, los flujos, las escalas, los tiempos, los costes, etc.[4].

Los procesos de la permacultura son las dinámicas y los cambios que ocurren en los sistemas permaculturales a lo largo del tiempo. Estos procesos se basan en la observación, la interacción, la adaptación, la innovación, la evaluación y la retroalimentación. Algunos de los procesos más importantes son:

- **Sucesión ecológica**: implica el desarrollo y la evolución de los ecosistemas desde estados más simples y pioneros hasta estados más complejos y maduros. La permacultura busca acelerar y facilitar este proceso, introduciendo especies que favorezcan la regeneración y la estabilidad de los ecosistemas. Por ejemplo, se pueden plantar árboles pioneros que mejoren el suelo, atraigan la fauna y den paso a otras especies más tardías y diversas.

- Resiliencia y adaptación: implica la capacidad de los sistemas de resistir y recuperarse de las perturbaciones y los cambios, manteniendo o mejorando sus funciones y servicios. La permacultura busca aumentar esta capacidad, creando sistemas diversificados, redundantes, modulares, flexibles y autónomos. Por ejemplo, se pueden cultivar variedades locales, adaptadas y resistentes a las condiciones climáticas, las plagas y las enfermedades, y se pueden almacenar semillas, alimentos y agua para hacer frente a posibles escaseces o crisis.

- Aprendizaje y mejora continua: implica el proceso de adquirir y aplicar conocimientos, habilidades y actitudes que permitan mejorar el diseño y el manejo de los sistemas permaculturales. La permacultura busca fomentar este proceso, creando espacios de intercambio, experimentación, reflexión y acción. Por ejemplo, se pueden organizar cursos, talleres, visitas, redes, grupos, proyectos, etc., donde se compartan experiencias, se prueben nuevas ideas, se analicen los resultados y se propongan soluciones[1].

Los beneficios de la permacultura son numerosos y variados. En primer lugar, la permacultura contribuye a la conservación y la restauración del medio ambiente, al mejorar la calidad y la fertilidad del suelo, el agua y el aire, al aumentar la biodiversidad y los ecosistemas, y al reducir la huella ecológica y las emisiones de gases de efecto invernadero. En segundo lugar, la permacultura contribuye a la seguridad y la soberanía alimentaria, al producir alimentos sanos, variados y suficientes, al reducir la dependencia de los insumos externos y los mercados, y al fortalecer las redes locales y comunitarias. En tercer lugar, la permacultura contribuye al bienestar y la calidad de vida de las personas, al proporcionar recursos útiles y beneficiosos, al fomentar la salud, la educación y la cultura, y al promover la participación, la cooperación y la solidaridad

Gracias a Bill Mollison hemos aprendido y profundizado mas en el mundo de la permacultura para descubrir que hay todo un mundo detrás, que debería tenerse en cuenta:

La permacultura es un sistema de diseño para la creación de ambientes humanos sostenibles. La palabra en sí es una contracción no solo de agricultura permanente sino también de cultura permanente, ya que las culturas no pueden sobrevivir mucho tiempo sin una base agrícola sostenible y una ética del uso de la tierra. En un nivel, la permacultura trata con plantas, animales, construcciones e infraestructuras (agua, energía, comunicaciones). Sin embargo, la permacultura no se centra en estos elementos en sí mismos, sino en las relaciones que podemos crear entre ellos según cómo los ubiquemos en el paisaje.

El enfoque es crear sistemas que sean ecológicamente adecuados y económicamente viables, que provean para sus propias necesidades, no contaminen ni destruyan y que sean sostenibles a largo plazo. La Permacultura utiliza las cualidades inherentes de las plantas y los animales combinadas con las características naturales del paisaje y las estructuras para producir un sistema que mantenga la vida para la ciudad y el campo, usando la menor área práctica posible.
La Permacultura se basa en la observación de los sistemas naturales, la sabiduría de los sistemas tradicionales de las granjas y el conocimiento científico moderno y la tecnología. Basándose en modelos ecológicos, la Permacultura crea una ecología cultivada, diseñada para producir más alimento para humanos y animales que lo que se encuentra normalmente en la naturaleza.

Fukuoka, en su libro "La revolución de una brizna de paja", establece bien la filosofía básica de la permacultura. En resumen, esta filosofía consiste en trabajar con la naturaleza, no contra ella; en observar atenta y meditativamente, no en trabajar ardua y pensativamente; y en observar a las plantas y animales en todas sus funciones, no en

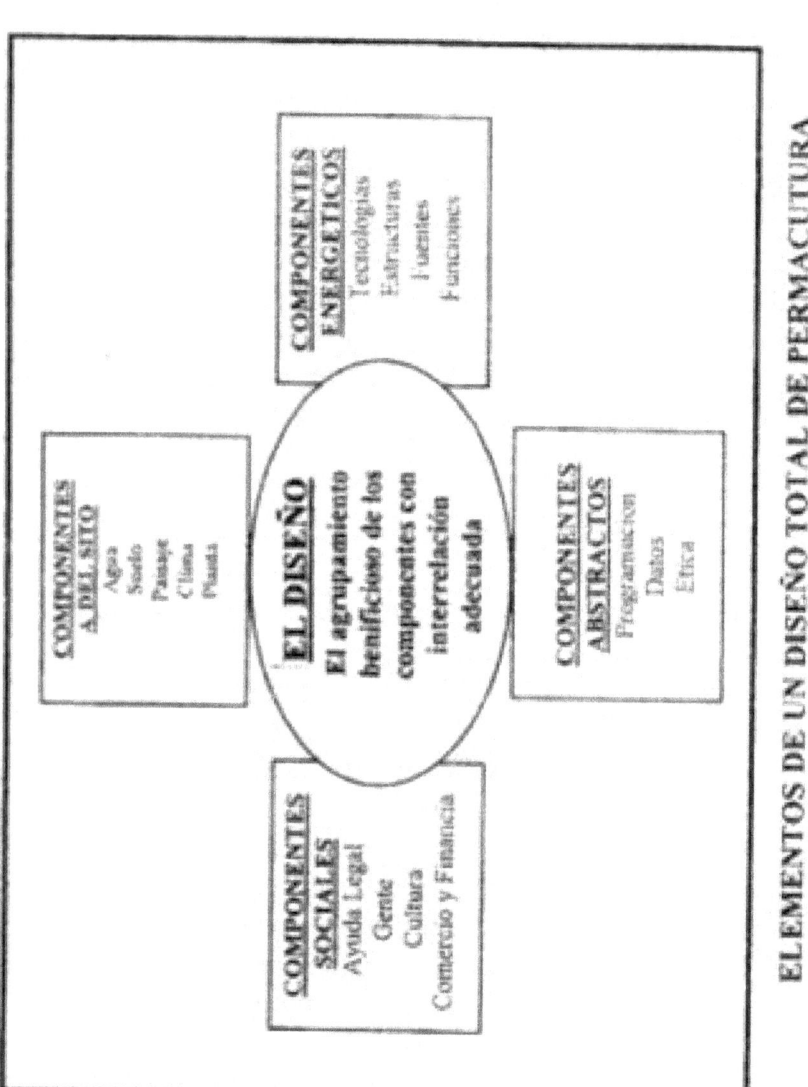

ELEMENTOS DE UN DISEÑO TOTAL DE PERMACUTURA

tratarlos como elementos aislados. Yo he hablado, a un nivel más mundano, de hacer aikido con la tierra, de adaptarse a los golpes, convirtiendo la adversidad en fortaleza y usando todo de forma positiva.

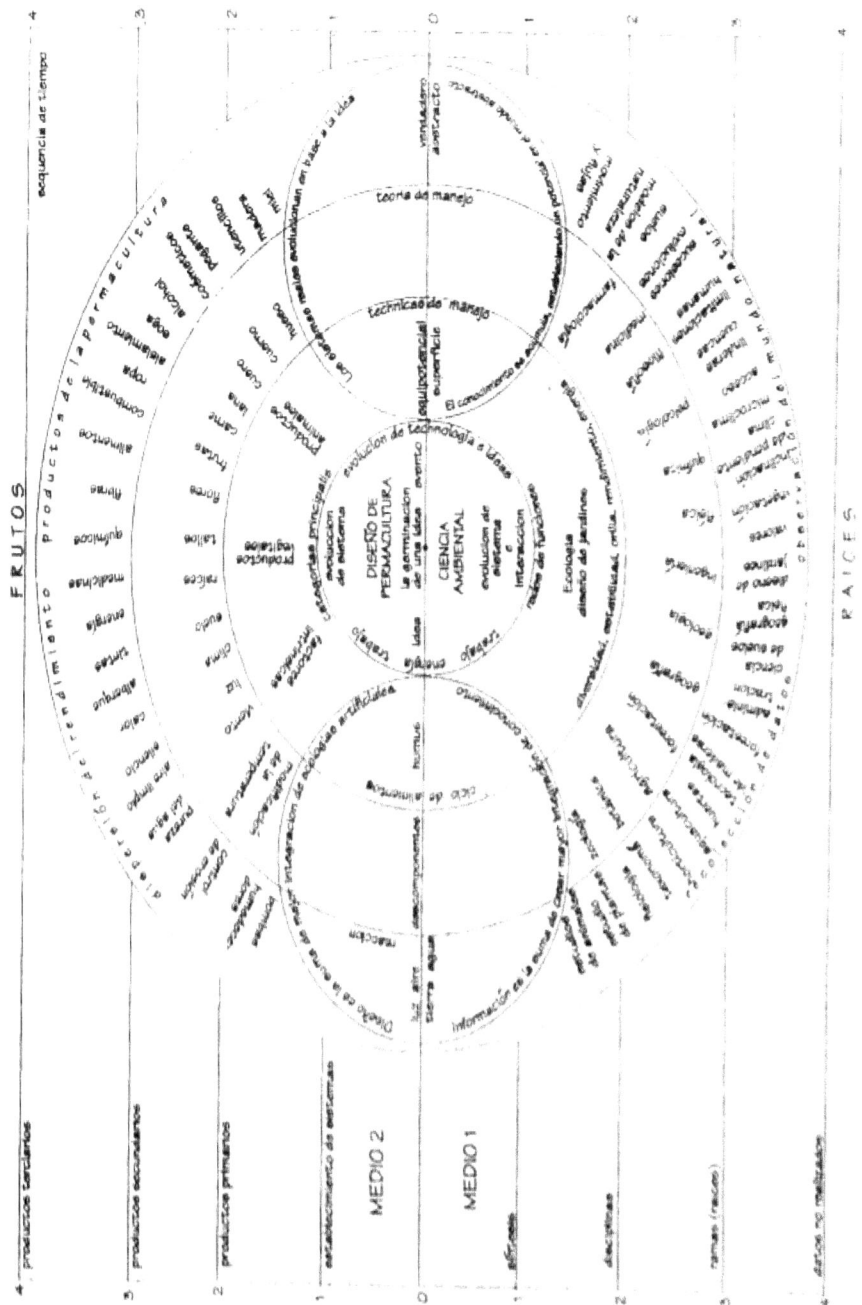

EL ARBOL DE PERMACULTURA

conocimiento fluye hacia la productividad. La permacultura, como un árbol, es un sistema holístico, una síntesis de
:iciplinas traducida en la obtención de rendimientos y productos. ¿Quién puede decir si es la idea o el potencial del
:dio que produce este patrón? ¿Es esto importante? Existen infinitos senderos y posibilidades, raíces hasta frutos
do está conectado.

La permacultura es un sistema por el cual podemos coexistir con la Tierra utilizando la energía que fluye de forma natural y relativamente inofensiva, y los alimentos y recursos naturales abundantes, de una manera que no destruyamos continuamente la vida. Cada técnica para la conservación y restauración de la tierra ya se conoce; lo que no está claro es qué nación o grupo grande de personas está listo para hacer el cambio. Sin embargo, millones de personas comunes ya están empezando por su cuenta sin la ayuda de las autoridades políticas.

Independientemente de dónde vivamos, debemos empezar a hacer algo. Podemos comenzar reduciendo nuestro consumo de energía. Se puede vivir actualmente con el 40% de la energía que usamos ahora sin sacrificar nada de valor. También podemos reorganizar nuestras viviendas para tener un uso eficiente de la energía, prescindir del transporte privado si utilizamos transporte público, compartir transporte con amigos, ahorrar agua recolectándola de los techos o reciclando aguas grises, y empezar a participar en la producción de alimentos de alta energía.

La agricultura convencional no reconoce ni paga sus costos reales: la tierra se agota en fertilidad para producir cosechas anuales, se usan recursos no renovables para mantener los cultivos, y la tierra se erosiona. Esto no significa que todos debamos cultivar nuestras propias patatas, pero puede significar comprarlas directamente a quien las cultiva de forma responsable. En general, en toda agricultura permanente o cultura humana sostenible, la energía necesaria para el sistema es provista por el mismo sistema. Los cultivos de la agricultura moderna dependen totalmente de energías externas.

El cambio de sistemas de producción permanente (donde la tierra se comparte) a agriculturas comerciales anuales (donde la tierra se ve como artículo de venta), conlleva un movimiento de una sociedad de baja energía a otra de alta energía, dependiente de combustibles, fertilizantes, proteína, mano de obra y conocimientos externos.

A través del sobrepastoreo y del arado extensivo, la tierra y el agua se contaminan con químicos. Cuando las necesidades de un sistema no se cubren dentro del sistema, pagamos el precio en energía, consumo y contaminación. En este momento no podemos pagar el costo real de nuestra agricultura, lo que está destruyendo nuestro mundo.

Si nos sentamos en el portal de casa, todo lo que necesitamos para vivir bien está alrededor: sol, viento, gente, construcciones, piedras, mar, aves y plantas. La cooperación con todos estos elementos trae armonía, la oposición a ellos trae desastre y caos.

La ética de la permacultura se basa en las creencias y acciones morales en relación a la supervivencia de nuestro planeta. En permacultura, adoptamos una ética tripartita: cuidado de la tierra, cuidado de las personas y distribución del tiempo, dinero y materiales sobrantes para esos fines.

El cuidado de la tierra significa cuidar de todas las cosas vivas y no vivas: suelos, especies, atmósfera, bosques, hábitats, animales y aguas. Esto implica realizar actividades inofensivas y rehabilitadoras, conservar activamente, usar los recursos de forma ética y frugal, y subsistir correctamente (trabajando en sistemas útiles y beneficiosos).

El cuidado de las personas también es importante, ya que aunque somos una pequeña parte de los sistemas de vida, tenemos un impacto decisivo en ellos. Si podemos cubrir nuestras necesidades básicas de alimento, vivienda, educación, empleo y contacto humano, no necesitamos recurrir a prácticas destructivas a gran escala contra la tierra.

El tercer componente es contribuir el tiempo, dinero y energía excedentes para cuidar a las personas y a la tierra. Esto significa que después de cubrir nuestras necesidades y diseñar nuestros sistemas lo mejor posible, podemos extender nuestra influencia para ayudar a otros.

Los sistemas de permacultura también tienen una ética básica de vida, que reconoce el valor intrínseco de cada ser vivo. Un árbol tiene valor en sí mismo, incluso si no tiene valor comercial para nosotros, porque está vivo y funcionando, reciclando biomasa, proveyendo oxígeno, etc.

Así, la ética de la permacultura abarca todos los aspectos de los sistemas ambientales, comunitarios y económicos. La clave es la cooperación, no la competición.

Algunas formas de implementar la ética del cuidado de la tierra:

- Pensar en las consecuencias a largo plazo y planificar la sostenibilidad.
- Utilizar especies nativas o naturalizadas beneficiosas, no introducir especies potencialmente invasoras.
- Cultivar la menor área de tierra posible, con sistemas eficientes e intensivos, no extensivos que consuman mucha energía.
- Ser diverso y policultural, no monocultivo, para proveer estabilidad y adaptación.
- Incrementar los rendimientos totales de los sistemas anuales, perennes, árboles y animales. El ahorro de energía también es un rendimiento.
- Utilizar sistemas ecológicos y biológicos de baja energía que generen y conserven energía.
- Reintroducir el cultivo de alimentos en ciudades y pueblos.
- Asistir en la autosuficiencia y responsabilidad comunitaria.
- Reforestar y restaurar la fertilidad del suelo.
- Reciclar todos los desperdicios y usar todo a su nivel óptimo.
- Ver soluciones, no problemas.
- Trabajar donde el trabajo sea útil.

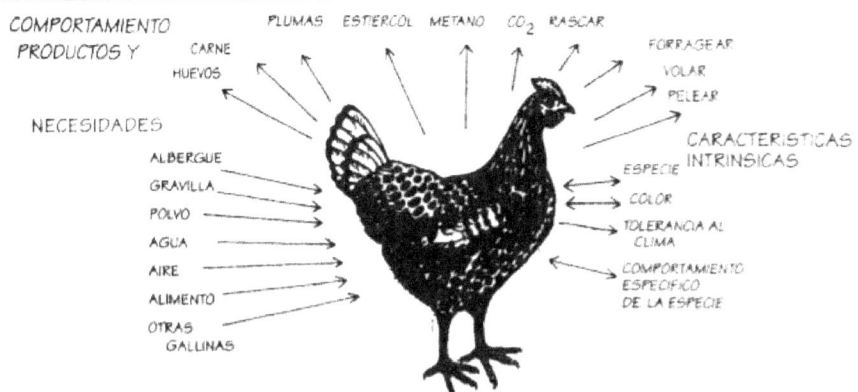

FIGURA 1.1 Análisis de las características, necesidades y productos de cada elemento en el sistema para de establecerlos en el lugar correcto en relación a los otros elementos en el sistema

6

Existen dos pasos básicos para elaborar un buen diseño permacultural: las leyes y principios, que se pueden adaptar a cualquier clima y cultura, y las técnicas prácticas, que cambian según el lugar.

Los principios aplicables a cualquier diseño permacultural son:

- Ubicación relativa: cada elemento (casa, estanque, gallinero, etc.) se ubica en relación a otros para que se asistan mutuamente.
- Multifuncionalidad: cada elemento cumple muchas funciones y cada función importante es apoyada por muchos elementos.
- Planificación eficiente de energía para casas y comunidades.
- Énfasis en recursos biológicos, no en hidrocarburos.
- Reciclaje de energía humana y de combustión.
- Uso y aceleración de la sucesión natural de plantas para establecer sitios y mejorar suelos.
- Policultivo y diversidad de especies beneficiosas para un sistema productivo e interactivo.
- Aprovechamiento de bordes y patrones naturales.

El centro de la permacultura es el diseño, la conexión entre elementos. Debemos conocer cómo el agua, las gallinas y los árboles están conectados para, por ejemplo, alimentar gallinas desde los árboles.

Para que un elemento funcione eficientemente, debe estar correctamente ubicado. Por ejemplo, los tanques de agua sobre la casa aprovechan la gravedad, no bombas. Las cortinas rompevientos desvían el viento, pero no hacen sombra invernal a la casa. El huerto se ubica cerca del gallinero para reciclar desechos.

Establecemos relaciones de trabajo entre elementos para que las necesidades de uno sean satisfechas por otros. Para ello, debemos conocer las características, necesidades y productos de cada elemento.

Al planificar, podemos mover los elementos hasta que trabajen conjuntamente de la mejor manera. Podemos preguntarnos:

- ¿Qué productos de este elemento sirven a otros?
- ¿Qué necesidades se cubren con otros elementos?
- ¿Dónde perjudica o beneficia a otros?

Lo mejor es comenzar con el nodo de actividad más importante (la casa, el vivero, el apiario, etc.) y recordar:

- Las entradas que necesita un elemento son provistas por otro.
- Las salidas que necesita un elemento son usadas por otros.

CADA ELEMENTO CUMPLE MUCHAS FUNCIONES

Cada elemento debe escogerse y ubicarse para cumplir tantas funciones como sea posible. Por ejemplo, un estanque puede usarse para regadío, abrevadero, acuicultura, control de incendios y hábitat, además de reflejar luz.

Lo mismo aplica a las plantas. Según la especie y ubicación, pueden cumplir funciones como: cortinas rompevientos, forraje, privacidad, combustible, enrejados, control de erosión y fuego, hábitat para fauna, regulación microclimática, mejora de suelos, mantillo, alimento, etc.

TABLA 1.1 ALGUNOS FACTORES QUE CAMBIAN DURANTE LA PLANIFICACIÓN DE ZONAS A MEDIA QUE AUMENTE LA DISTANCIA

Factor o estrategia	Zona I	Zona II	Zona III	Zona IV
Diseño principal para	Clima de la casa Autosuficiencia dom	Animales domésticos menores y la huerta	Cultivo principal forraje almacenados almacenados	Recolección de frutas forestación pastizales
Establecimiento de plantas	Mulch completo por capas	Mulch por puntos y protección para los árboles	Acondicionamiento del suelo y mulch verde	Solo acondicionamiento del suelo
Poda de los árboles	Intensiva, de tasa espalier o de enrejado	Pirámide y enrejado construido	Sin poda y con enrejado natural	Plántulas entresacadas para seleccionar las variedades
Selección de los árboles y plantas	Enanos seleccionados o injerto múltiple	Variedades injertadas	Selección de plántulas para injerto posterior	Entresaca para seleccionar las variedades o se las controla con pastoreo
Provisión de agua	Tanques de agua (lluvia, pozo, perforación, reticulación	Tanque de tierra y control de incendios	Almacenamiento de agua en el suelo y represas	Represas, ríos perforaciones, y bombas de viento
Estructuras	Casa/invernadero almacenamiento integración	Invernadero y establos gallineros	Bodega de granos albergue de campo	Albergue de campo en la forma de cercas vivas y arboleda

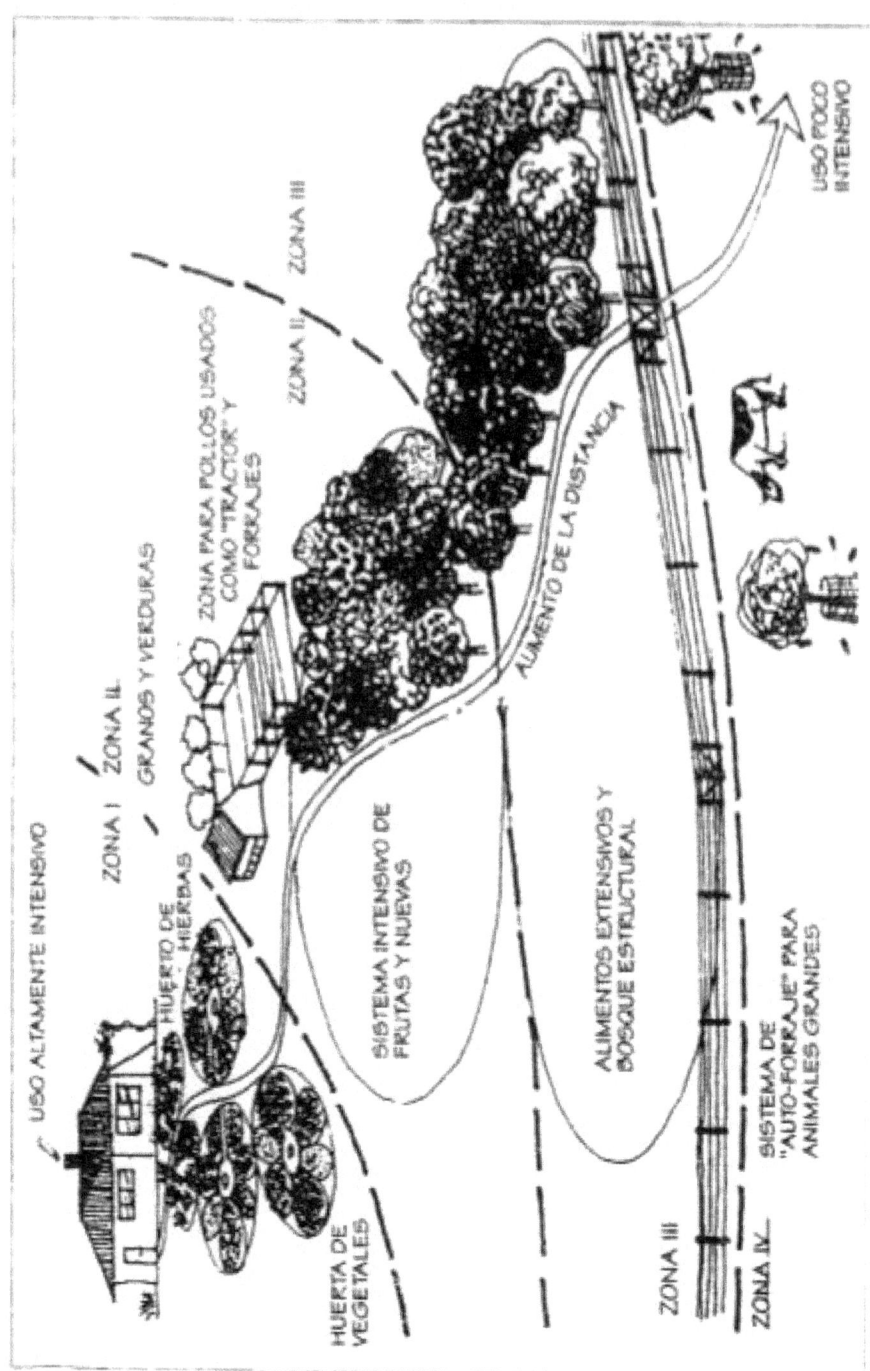

USO ALTAMENTE INTENSIVO

ZONA I   ZONA II   ZONA III

GRANOS Y VERDURAS

ZONA PARA POLLOS USADOS COMO "TRACTOR" Y FORRAJES

ZONA II   ZONA III

HUERTO DE HIERBAS

HUERTA DE VEGETALES

SISTEMA INTENSIVO DE FRUTAS Y NUEVAS

AUMENTO DE LA DISTANCIA

ALIMENTOS EXTENSIVOS Y BOSQUE ESTRUCTURAL

ZONA III

ZONA IV

SISTEMA DE "AUTO-FORRAJE" PARA ANIMALES GRANDES

USO POCO INTENSIVO

La clave para la planificación eficiente de energía (y económica) son las zonas y sectores donde se ubican plantas, animales y estructuras. Los únicos modificadores son el mercado local, acceso, pendiente, microclimas, áreas especiales y condiciones edafológicas.

Planificación de zonas

Significa ubicar elementos según uso y frecuencia de visitas. Las áreas muy visitadas (huerto, gallinero) se sitúan cerca; las menos visitadas (huerto frutal, pastos), lejos. Se empieza desde el centro de actividad, generalmente la casa, aunque puede ser un negocio o pueblo.

La zonificación depende de:

1) Frecuencia necesaria de visitas para cosechar.
2) Frecuencia de visitas por otros motivos.

Por ejemplo, se visita el gallinero casi a diario y el roble apenas un par de veces al año. Entre más visitas requiera un lugar, más cerca debe estar. Los elementos que precisan mucho trabajo o técnicas complejas se ubican muy cerca del centro, si no se pierde tiempo y energía.

La regla es desarrollar primero el área cercana al centro, expandir luego los bordes. Muchos erróneamente eligen un huerto lejano cuando debería estar junto a la casa para manejarlo bien. Cualquier suelo puede mejorarse con el tiempo.

Zonas:

Zona 0: centro de actividad (casa, establo, pueblo). Se diseña para conservar energía y satisfacer necesidades.

Zona I: junto a la casa. Área más controlada e intensiva. Puede tener huerto, talleres, invernadero, conejera, leña, paja, abono, tendedero, secado de granos. Sin animales grandes, pocos árboles grandes. Árboles pequeños muy visitados (limonero). Se mantiene intensivamente con alta densidad de plantaciones. Estructuras: terrazas, cercas, enrejados, piscinas. Algunos árboles grandes, mucho nivel herbáceo y arbustivo. Especies y animales que requieren cuidado y observación. Riego por goteo controlado. Aves de corral en áreas elegidas.

Zona II: huertos frutales con poco manejo, grandes pastos, animales en libre pastoreo. Agua solo para algunas plantas, con abrevaderos. Animales semi-manejados como vacas y ovejas. Contiene cortinas rompevientos, matorrales, bosques para leña y forraje.

Zona III: sistema semimanejado o semisilvestre, para recolección, producción extensiva de alimentos, árboles sin poda. Manejo de vida silvestre y bosques. Se obtienen y manejan productos como madera y alimentos y animales silvestres.

Zona IV: sistema natural sin manejo o con poco manejo. Solo se observa y aprende.

Los factores que cambian con la distancia en la zonificación son: grado de control, necesidad de riego, densidad de plantaciones, cantidad de especies manejadas, y cantidad de insumos externos.

Aunque conceptualmente las zonas están separadas, en la práctica pueden superponerse. Por ejemplo, se puede tener wildlife corridors desde la Zona IV hasta la casa. O extender la Zona I a lo largo de un circuito frecuentado de casa a establo, gallinero, huerto, leñera, casa.

Los patrones cambian cuando hay dos o más centros de actividad (casa y cabaña; casa y establo). Se deben vincular cuidadosamente (accesos, agua, energía, cercas). Esto se llama "análisis de red de funcionamiento".

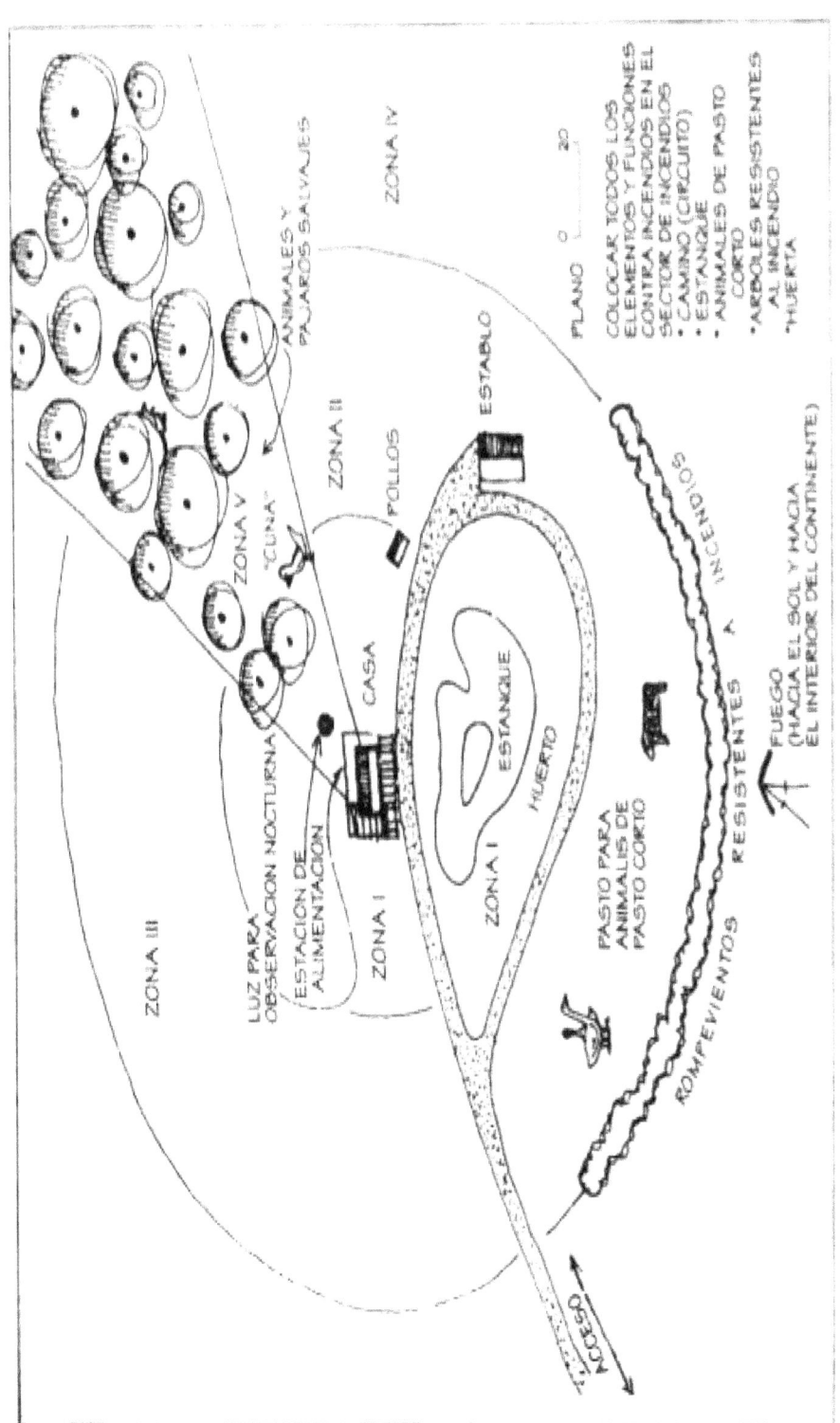

ZONA III

LUZ PARA
OBSERVACION NOCTURNA

ESTACION DE
ALIMENTACION

ANIMALES Y
PAJAROS SALVAJES

ZONA V
"CUNA"

POLLOS

CASA

ZONA II

ZONA IV

ZONA I

ESTABLO

ESTANQUE

HUERTO

ZONA I

PASTO PARA
ANIMALES DE
PASTO CORTO

ROMPEVIENTOS RESISTENTES A INCENDIOS

FUEGO
(HACIA EL SOL Y HACIA
EL INTERIOR DEL CONTINENTE)

ACCESO

COLOCAR TODOS LOS
ELEMENTOS Y FUNCIONES
CONTRA INCENDIOS EN EL
SECTOR DE INCENDIOS
• CAMINO (CIRCUITO)
• ESTANQUE
• ANIMALES DE PASTO
  CORTO
• ARBOLES RESISTENTES
  AL INCENDIO
• HUERTA

PLANO 0 [____] 20

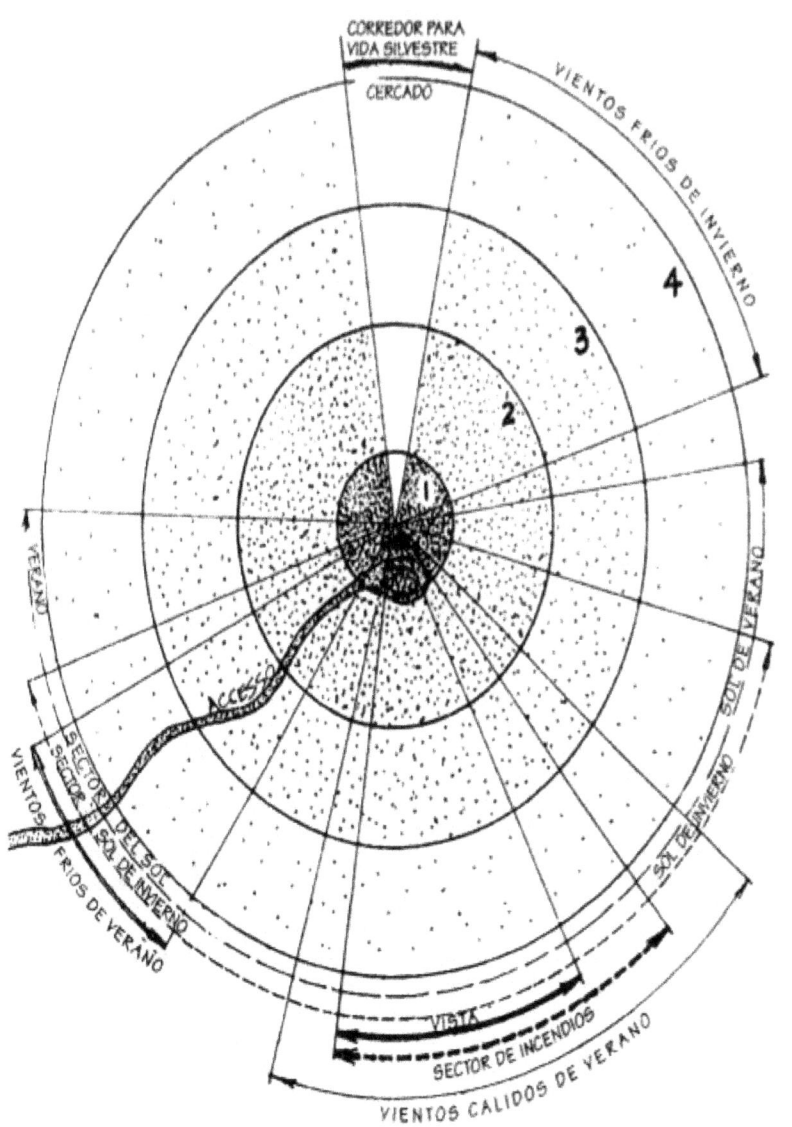

CORREDOR PARA VIDA SILVESTRE

CERCADO

VIENTOS FRIOS DE INVIERNO

4

3

2

1

VERANO

ACCESO

SOL DE VERANO

SECTOR DEL SOL
SECTOR DE SOL DE INVIERNO

SOL DE INVIERNO

VIENTOS FRIOS DE VERANO

VISTA

SECTOR DE INCENDIOS

VIENTOS CALIDOS DE VERANO

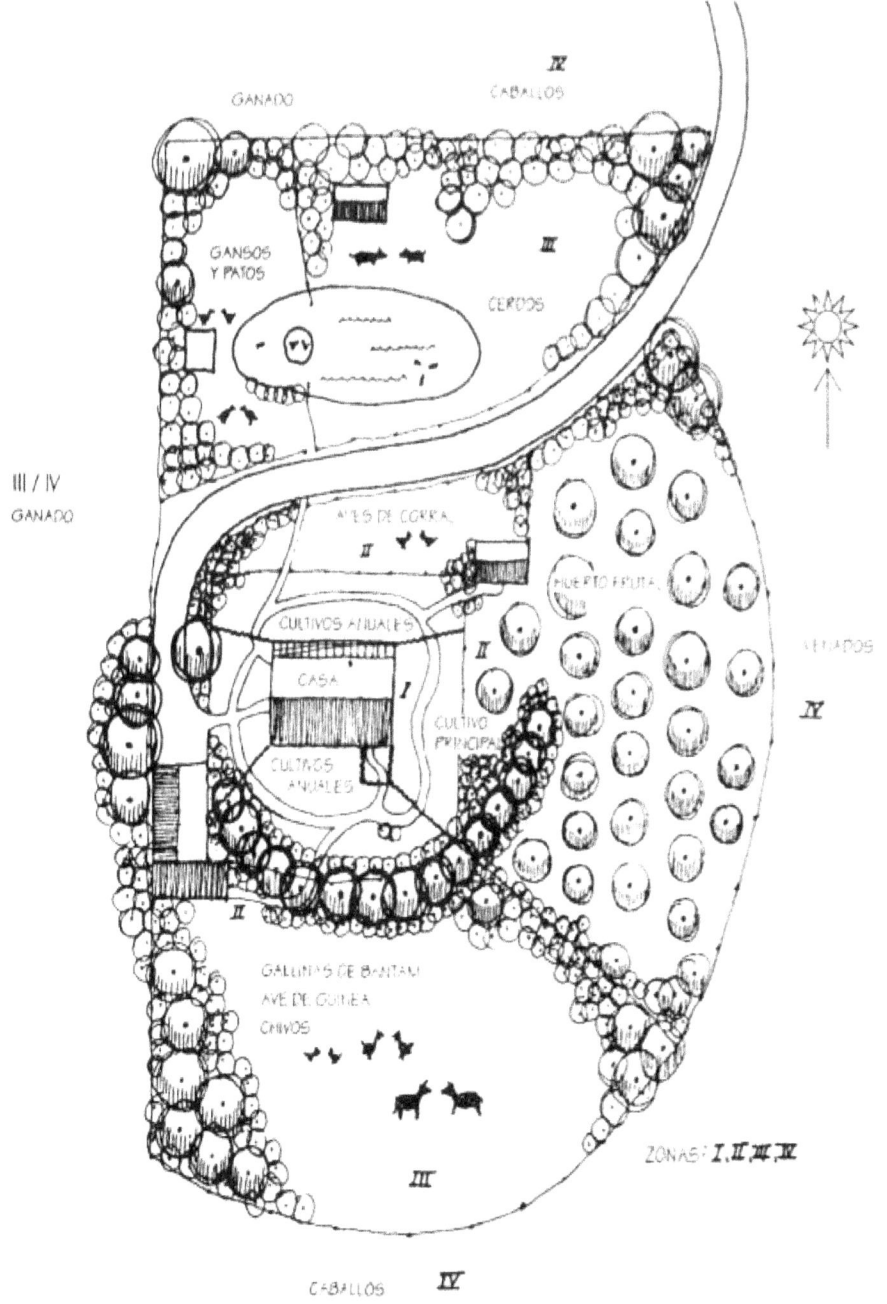

FIGURA 1.4 Plano para el diseño de una granja pequeña mixta

GURA 1.9 Formación de capas de plantas en un ambiente rico en suelos y agua, compartiendo la luz y los aliment los estratos de bóveda, nivel medio y de yerbas.

Puedes revisar toda la documentación adicional que hemos utilizado para documentarnos y mucha más en el grupo de telegram:

https://t.me/+nN6x5Ze3PhFiMmRk

6.2 Aprovechando los Beneficios del Agua y la Arena Marina en Nuestros Cultivos

Aviso: Pruebe y experimente antes de aplicar estas técnicas puesto que depende del tipo de cultivo, clima y cantidades.

El agua y la arena de mar constituyen un recurso invaluable para la fertilidad de nuestros suelos y cultivos, gracias a la amplia gama de minerales y elementos que contienen de forma biodisponible.

El agua marina tiene en promedio una salinidad de 35 partes por mil, compuesta mayormente por cloruro de sodio, pero también por cantidades importantes de elementos como magnesio, calcio, potasio, bromo, estroncio, boro, silicio, nitrógeno, fósforo, molibdeno, manganeso, cobre, zinc y muchos otros. Todos estos nutren a las plantas y están presentes en concentraciones muy equilibradas, listos para ser absorbidos por los tejidos vegetales.

Asimismo, arenas y sedimentos marinos presentan una rica mezcla de material pétreo como conchas trituradas y restos coralinos, muy ricos en carbonato de calcio y otros derivados, los cuales son liberados lentamente al descomponerse, mineralizando los suelos.

Aplicando periódicamente agua marina diluida como fertilizante foliar o para riego al suelo, junto con capas superficiales de arena costera, bioactivada mediante técnicas como fertilizantes orgánicos o preparados microbianos, conseguimos una fuente concentrada y balanceada de la mayoría de los elementos necesarios para una óptima nutrición y desarrollo de nuestras especies cultivadas.

El Poder Fertilizante del Agua de Mar para la Vida Microbiana del Suelo

Más allá de su riqueza mineral, el agua marina brinda otro beneficio invaluable para la fertilidad de los suelos: su capacidad para estimular la proliferación de una abundante y diversa vida microbiana.

Esto se debe a que el agua de océano contiene las proporciones ideales de una amplia gama de sales inorgánicas disueltas, en concentraciones muy similares a los fluidos corporales de bacterias, hongos, microalgas y otros microorganismos habituales en el suelo.

Al incorporar periódicamente agua marina diluida en proporciones no superiores al 10%, conseguimos reproducir las condiciones óptimas de salinidad, acidez y composición iónica requeridas por estos microseres para multiplicarse activamente.

Esta explosión de biodiversidad y actividad biológica subterránea se traduce con el tiempo en suelos mucho más esponjosos, fértiles y ricos en elementos asimilables, los cuales son puestos a disposición de nuestras raíces por estas incansables comunidades microbianas.

De esta manera, el agua marina actúa como un activador biológico de enorme potencia para dinamizar la fertilidad del suelo.

6.3 Asociación de cultivos

Hacer una exposición de todas las combinaciones de asociaciones beneficiosas de cultivos que se pueden realizar puede ser una tarea muy compleja, ya que depende de muchos factores, como el clima, el suelo, la época del año, el tipo de cultivo, etc. Sin embargo, se pueden seguir algunas pautas generales basadas en la observación y la experiencia de los agricultores ecológicos. A continuación, te presento un ejemplo de esquema que puedes adaptar a tu huerto según tus condiciones y necesidades:

- **Asociaciones por familias botánicas:** se trata de evitar cultivar juntas plantas de la misma familia, ya que suelen tener las mismas plagas y enfermedades, y competir por los mismos nutrientes. Algunas familias botánicas importantes son:

- Solanáceas: tomate, pimiento, berenjena, patata, etc.
- Cucurbitáceas: calabaza, calabacín, pepino, melón, sandía, etc.
- Leguminosas: haba, judía, guisante, lenteja, garbanzo, alfalfa, trébol, etc.
- Crucíferas: col, coliflor, brócoli, repollo, nabo, rábano, etc.
- Quenopodiáceas: acelga, espinaca, remolacha, etc.
- Umbelíferas: zanahoria, apio, perejil, hinojo, etc.
- Liliáceas: cebolla, ajo, puerro, etc.
- Compuestas: lechuga, escarola, achicoria, girasol, etc.

- Asociaciones por características de las plantas: se trata de combinar plantas que tengan diferentes formas, tamaños, ciclos, requerimientos, etc., de manera que se complementen y se beneficien entre sí. Algunas características importantes son:

- Altura: se pueden asociar plantas altas con plantas bajas, aprovechando el espacio vertical y la sombra. Por ejemplo, maíz con judía y calabaza, girasol con lechuga, tomate con albahaca, etc.
- Raíz: se pueden asociar plantas de raíz profunda con plantas de raíz superficial, aprovechando los nutrientes de diferentes niveles del suelo y evitando la competencia. Por ejemplo, zanahoria con lechuga, rábano con espinaca, remolacha con cebolla, etc.
- Ciclo: se pueden asociar plantas de ciclo corto con plantas de ciclo largo, aprovechando el tiempo y el espacio disponibles y evitando el vacío. Por ejemplo, lechuga con col, rábano con tomate, espinaca con pimiento, etc.
- Requerimientos: se pueden asociar plantas que tengan diferentes necesidades de agua, luz, nutrientes, etc., de manera que se equilibren y se optimicen los recursos. Por ejemplo, apio con cebolla, zanahoria con perejil, patata con haba, etc.

- Asociaciones por funciones de las plantas: se trata de combinar plantas que tengan diferentes efectos sobre el suelo, el clima, las plagas, las enfermedades, etc., de manera que se protejan y se potencien entre sí. Algunas funciones importantes son:

- Fijación de nitrógeno: se pueden asociar plantas leguminosas con plantas no leguminosas, aprovechando el nitrógeno que las primeras incorporan al suelo mediante la simbiosis con bacterias. Por ejemplo, haba con col, judía con maíz, guisante con zanahoria, etc.

- Repelencia de plagas: se pueden asociar plantas aromáticas o con propiedades insecticidas con plantas susceptibles de ser atacadas por plagas, aprovechando el olor o el sabor que las primeras desprenden y que ahuyentan a los insectos. Por ejemplo, ajo con zanahoria, albahaca con tomate, menta con col, etc.

- Atracción de polinizadores: se pueden asociar plantas con flores con plantas que necesitan de la polinización para producir frutos, aprovechando el color y el néctar que las primeras ofrecen y que atraen a las abejas y otros insectos. Por ejemplo, caléndula con tomate, lavanda con calabaza, manzanilla con pepino, etc.

- Mejora del sabor: se pueden asociar plantas que influyen positivamente en el sabor de otras plantas, aprovechando las sustancias que las primeras liberan y que mejoran el aroma o el gusto de las segundas. Por ejemplo, perejil con tomate, cebolla con zanahoria, hinojo con lechuga, etc.

Estas son algunas de las posibles asociaciones beneficiosas de cultivos que se pueden realizar, pero hay muchas más. Te recomiendo que consultes la tabla de asociación de cultivos para el huerto ecológico, donde encontrarás una lista de las plantas más comunes y sus compatibilidades. También puedes leer los artículos sobre la asociación de cultivos en el huerto, los ejemplos de asociaciones de cultivos en el diseño del huerto.

Puedes revisar una tabla elaborada de asociaciones bastante completa en la siguiente dirección web:
https://www.ecoagricultor.com/asociacion-cultivos-huerto/

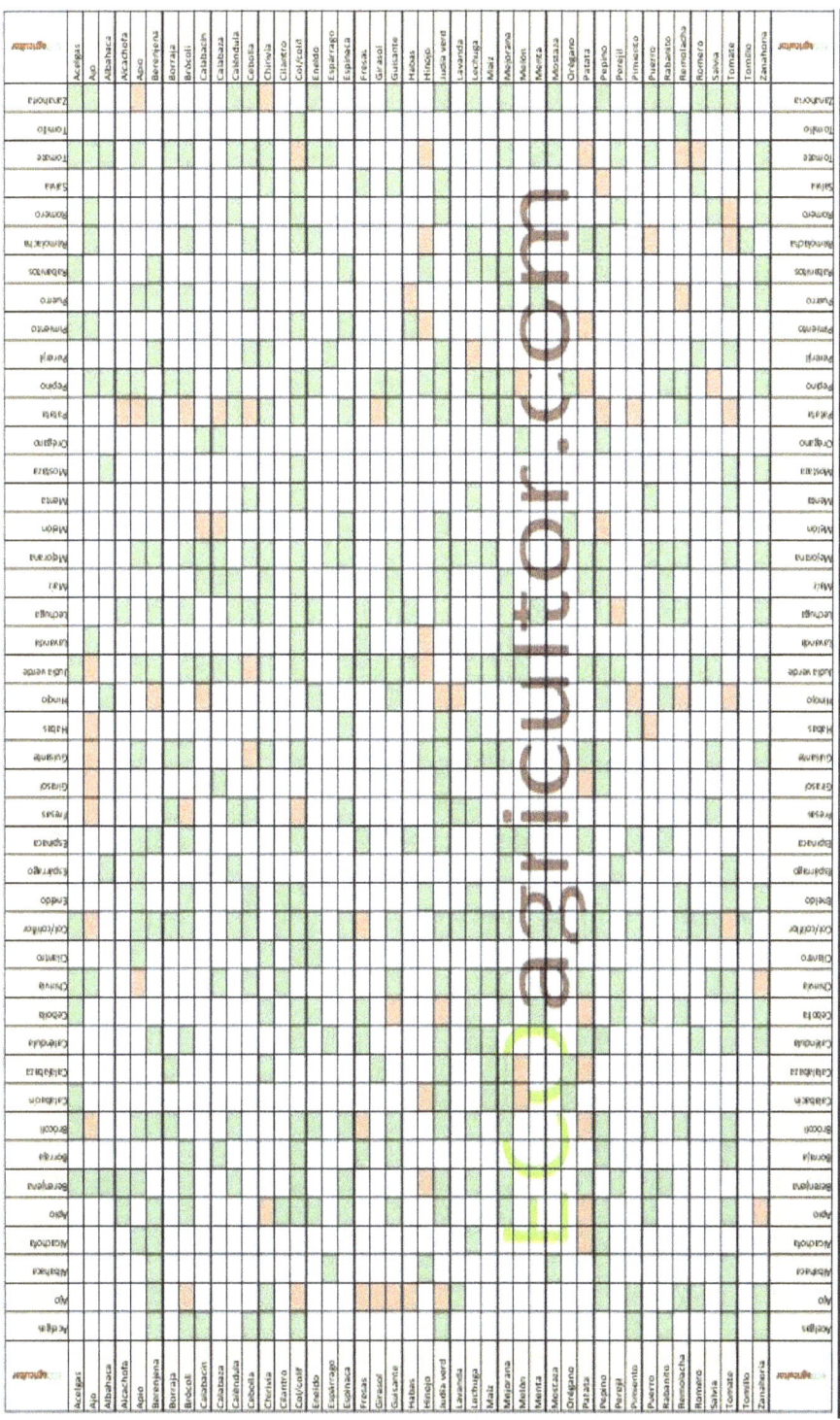

https://www.ecoagricultor.com/asociacion-cultivos-huerto/

6.4 Preparacionismo

No es este, en realidad el sitio donde iniciar una explicación infinita sobre la supervivencia, el preparacionismo y la vida autosuficiente. Sin embargo, podemos hacer un pequeño inciso sobre algunas ideas de cultivos enfocados en eso.

Para tener un huerto sostenible y autosuficiente utilizando permacultura y electrocultura, con el que poder alimentar a una familia de 4 miembros, deberías tener en cuenta los siguientes aspectos:

- **El espacio disponible**: Debes elegir un lugar que tenga suficiente luz solar, agua y protección contra el viento y las heladas. El tamaño del huerto dependerá de tus necesidades y recursos, pero se recomienda que tenga al menos 10 metros cuadrados por persona.

- **El diseño del huerto**: Debes planificar el huerto de acuerdo con los principios de la permacultura, como la zonificación, el diseño en capas, los policultivos, la integración de funciones y la captación de energía. Puedes usar herramientas como el análisis de sectores, el análisis de zonas, el mapa base y el mapa de diseño para crear un huerto funcional y armonioso.

- **Las plantas a cultivar**: Debes elegir plantas que se adapten bien a tu clima, suelo y espacio, que sean productivas y que te gusten. Puedes cultivar una gran variedad de verduras, frutas y hortalizas, como lechugas, tomates, zanahorias, cebollas, ajos, pimientos, berenjenas, calabacines, pepinos, judías, guisantes, espinacas, acelgas, remolachas, rábanos, coliflores, brócolis, coles, repollos, alcachofas, apios, puerros, patatas, boniatos, calabazas, melones, sandías, fresas, frambuesas, moras, arándanos, cerezas, ciruelas, manzanas, peras, naranjas, limones, mandarinas, kiwis, uvas, higos, nueces, almendras, etc.
No olvides la importancia de los cereales y legumbres. Además de tener gallinas y otros animales pequeños de crianza.

- Patatas: Son un alimento básico que aporta hidratos de carbono, vitaminas, minerales y fibra. Se pueden almacenar durante mucho tiempo y se pueden preparar de diversas formas. Además, se pueden cultivar en bolsas, macetas o camas elevadas[2].

- Maíz: Es otro alimento básico que aporta hidratos de carbono, proteínas, vitaminas y minerales. Se puede cosechar en verano y se puede secar, moler o conservar para el invierno. También se puede usar como forraje para los animales[2].

- Calabaza: Es una hortaliza que aporta hidratos de carbono, vitaminas, minerales y antioxidantes. Se puede cosechar en otoño y se puede almacenar durante meses. También se puede usar como alimento para los animales o como cobertura del suelo[2].

- Zanahorias: Son una hortaliza que aporta hidratos de carbono, vitaminas, minerales y fibra. Se pueden cosechar durante todo el año y se pueden almacenar en el suelo, en arena o en botes. También se pueden usar como alimento para los animales o como abono verde[2].

- Espinacas: Son una verdura de hoja verde que aporta hierro, calcio, vitaminas y antioxidantes. Se pueden cosechar durante todo el año y se pueden consumir frescas o cocinadas. También se pueden usar como abono verde o como planta compañera[2].

- Tomates: Son una fruta que aporta vitamina C, licopeno, potasio y fibra. Se pueden cosechar en verano y se pueden consumir frescos o procesados. También se pueden usar como planta compañera o como repelente de plagas[2].

- Pimientos: Son una fruta que aporta vitamina C, capsaicina, potasio y fibra. Se pueden cosechar en verano y se pueden consumir frescos o procesados. También se pueden usar como planta compañera o como repelente de plagas[2].

- Fresas: Son una fruta que aporta vitamina C, ácido fólico, potasio y antioxidantes. Se pueden cosechar en primavera y se pueden consumir frescas o procesadas. También se pueden usar como planta cobertura o como planta refugio[2].

- Lentejas: Son una legumbre que aporta proteínas, hierro, fibra y ácido fólico. Se pueden cosechar en verano y se pueden almacenar secas o en botes. También se pueden usar como abono verde o como planta compañera[2].

- Nueces: Son un fruto seco que aporta grasas saludables, proteínas, fibra y minerales. Se pueden cosechar en otoño y se pueden almacenar durante años. También se pueden usar como alimento para los animales o como fuente de aceite

- Mandarina: Es un árbol frutal que aporta vitamina C, ácido fólico, potasio y fibra. Se puede cosechar en otoño y se puede consumir fresca o procesada. También se puede usar como planta compañera o como repelente de plagas[1].

- Mango: Es un árbol frutal que aporta vitamina A, vitamina C, potasio y antioxidantes. Se puede cosechar en verano y se puede consumir fresco o procesado. También se puede usar como alimento para los animales o como fuente de aceite[1].

- Manzana: Es un árbol frutal que aporta vitamina C, fibra y antioxidantes. Se puede cosechar en otoño y se puede almacenar durante meses. También se puede usar como alimento para los animales o como planta compañera[2].

- Pera: Es un árbol frutal que aporta vitamina C, fibra y antioxidantes. Se puede cosechar en otoño y se puede almacenar durante meses. También se puede usar como alimento para los animales o como planta compañera[2].

- Ciruela: Es un árbol frutal que aporta vitamina C, fibra y antioxidantes. Se puede cosechar en verano y se puede consumir fresca o procesada. También se puede usar como alimento para los animales o como planta compañera[2].

- Cereza: Es un árbol frutal que aporta vitamina C, ácido fólico, potasio y antioxidantes. Se puede cosechar en primavera y se puede consumir fresca o procesada. También se puede usar como alimento para los animales o como planta refugio[2].

- Nogal. Es un árbol frutal que aporta grasas saludables, proteínas, fibra y minerales. Se puede cosechar en otoño y se puede almacenar durante años. También se puede usar como alimento para los animales o como fuente de aceite[2].

- Almendra: Es un árbol frutal que aporta grasas saludables, proteínas, fibra y minerales. Se puede cosechar en verano y se puede almacenar durante años. También se puede usar como alimento para los animales o como fuente de aceite[2].

- Higo: Es un árbol frutal que aporta hidratos de carbono, fibra y antioxidantes. Se puede cosechar en verano y se puede consumir fresco o procesado. También se puede usar como alimento para los animales o como planta cobertura[2].

Estos son algunos ejemplos de combinaciones de árboles con plantas de hortalizas y verduras que son beneficiosas entre sí. Sin embargo, hay muchas más que podrías considerar, según tu clima, tu espacio y tus preferencias. Te recomiendo que consultes las fuentes que te indico a continuación, que contienen información útil y práctica sobre cómo asociar cultivos en el huerto

"""(1) Combinaciones beneficiosas de cultivos en el huerto. https://www.ecoagricultor.com/combinaciones-beneficiosas-de-cultivos-en-el-huerto/

(2) Asociación de Cultivos en el Huerto. Ejemplos Compatibles. https://www.agrohuerto.com/asociacion-de-cultivos-compatibilidad-entre-plantas/

(3) Asociar hierbas aromáticas y hortalizas - Guía de Jardinería. https://www.guiadejardineria.com/asociacion-de-hierbas-aromaticas-con-verduras-y-hortalizas/

(4) es.wikipedia.org. https://es.wikipedia.org/wiki/Hortaliza.

- Naranjo / Zanahoria / Ajo: El naranjo aporta sombra y humedad al suelo, la zanahoria aprovecha el espacio entre las raíces del árbol y el ajo repele las plagas que afectan al naranjo y a la zanahoria[1].
- Manzano / Lechuga / Cebolla: El manzano protege a la lechuga del sol excesivo, la lechuga cubre el suelo y evita la erosión y la cebolla repele la polilla del manzano y la babosa de la lechuga[2].
- Peral / Espinaca / Puerro: El peral proporciona sombra y nutrientes al suelo, la espinaca aprovecha el espacio entre las raíces del árbol y el puerro repele la mosca del peral y la araña roja de la espinaca[2].
- Ciruelo / Col / Caléndula: El ciruelo aporta materia orgánica al suelo, la col aprovecha el espacio entre las raíces del árbol y la caléndula protege a la col de los pulgones, las chinches y los gusanos[3].
- Cerezo / Tomate / Albahaca: El cerezo protege al tomate del viento y las heladas, el tomate aprovecha el espacio entre las raíces del árbol y la albahaca mejora el sabor y el crecimiento del tomate y repele el pulgón y la mosca blanca[3].
- Nogal / Patata / Menta: El nogal aporta sombra y humedad al suelo, la patata aprovecha el espacio entre las raíces del árbol y la menta aleja a la mariposa de la patata y atrae a los insectos beneficiosos[3].
- Almendro / Remolacha / Borraja: El almendro aporta nutrientes al suelo, la remolacha aprovecha el espacio entre las raíces del árbol y

la borraja mejora el sabor y el crecimiento de la remolacha y repele las plagas del almendro[3].

- Higuera / Pepino / Judía: La higuera aporta sombra y humedad al suelo, el pepino aprovecha el espacio entre las raíces del árbol y la judía fija el nitrógeno en el suelo y mejora el crecimiento del pepino y la higuera.

- La electrocultura: Debes utilizar fuentes de energía renovables y naturales para estimular el crecimiento de las plantas mediante la electrocultura. Puedes usar paneles solares, baterías, pilas naturales o polvo de roca con carga eléctrica o magnética para crear campos eléctricos o magnéticos que favorezcan la germinación, el desarrollo, la floración y la fructificación de las plantas.

- Los procesos a seguir: Debes seguir una serie de pasos para crear y mantener tu huerto de permacultura y electrocultura, como los siguientes:

- Preparar el suelo: Debes mejorar la calidad del suelo mediante la incorporación de materia orgánica, como compost, humus de lombriz, estiércol, hojas, paja, etc. También puedes usar técnicas como el acolchado, la rotación de cultivos, las plantas abonadoras o las plantas cobertura para proteger y enriquecer el suelo.

- Sembrar las plantas: Debes elegir el momento adecuado para sembrar las plantas, según su ciclo y su época de siembra. Puedes usar semillas ecológicas, plantones o esquejes para obtener tus plantas. También puedes usar técnicas como la siembra directa, la siembra en semillero, la siembra en bandejas, la siembra en macetas, la siembra en espiral, la siembra en bancales, la siembra en huertos verticales, etc.

- Instalar la electrocultura: Debes colocar las fuentes de energía cerca de las plantas, sin que las dañen ni las molesten. Puedes usar cables, electrodos, imanes, placas metálicas, espirales, antenas, etc. para crear los campos eléctricos o magnéticos. También puedes usar temporizadores, reguladores, interruptores, etc. para controlar la intensidad y la duración de la electrocultura.

- Regar el huerto: Debes regar el huerto de forma adecuada, según las necesidades de las plantas y el clima. Puedes usar sistemas de riego por goteo, por aspersión, por inundación, por capilaridad, etc. para ahorrar agua y optimizar el riego. También puedes usar el agua de lluvia, el agua de pozo, el agua de río, el agua de estanque, etc para obtener agua de calidad.

   - Cuidar el huerto: Debes cuidar el huerto de forma regular, realizando tareas como el deshierbe, la poda, el entutorado, el aclareo, el trasplante, el abonado, el control de plagas y enfermedades, la recolección, la conservación, etc. Puedes usar métodos ecológicos y naturales para realizar estas tareas, como las plantas compañeras, las plantas trampa, las plantas refugio, los insectos beneficiosos, las trampas, los repelentes, los extractos vegetales, etc.

Si te interesa adentrarte en técnicas de preparación, preparacionismo, supervivencia, sustentabilidad, etc. Para los días que vienen, puedes revisar los siguientes libros:

-"**Preparados para los días que vienen**" por Julián Cobos
-"**Flores y plantas comestibles**" por Roberto Bricio
-"**El horticultor autosuficiente**" por John Seymour
-"**La vida en el campo**" por John Seymour

6.5 Agricultura natural

La **agricultura natural** es un método de cultivo que se enfoca en la creación de sistemas agrícolas que sean sostenibles y respetuosos con el medio ambiente. La agricultura natural se basa en la utilización de técnicas que imitan la naturaleza para crear sistemas agrícolas saludables y productivos.

Algunas de las técnicas utilizadas en la agricultura natural son:

- **No labrar ni realizar surcos en el terreno** para mantener su estructura natural.

- **No añadir fertilizantes químico-sintéticos ni compost preparado al suelo.** En su lugar, se utilizan abonos orgánicos o naturales, como el estiércol, el compostaje, el humus de lombriz, entre otros.

- **Rotación de cultivos**: se trata de una técnica que consiste en alternar los cultivos en un mismo terreno para evitar la acumulación de plagas y enfermedades en el suelo.

- **Asociaciones de cultivos**: se trata de una técnica que consiste en plantar diferentes cultivos juntos para aprovechar las sinergias entre ellos y reducir la necesidad de pesticidas y fertilizantes.

- **Acolchado o mulching**: se trata de una técnica que consiste en cubrir el suelo con materiales orgánicos, como hojas secas, paja, ramas, entre otros, para proteger el suelo de la erosión y mejorar su fertilidad.

La agricultura natural se enfoca en la creación de sistemas agrícolas que sean resistentes a las condiciones climáticas extremas, la erosión del suelo y la pérdida de nutrientes. Al imitar los procesos naturales, se busca crear sistemas agrícolas saludables y productivos que sean sostenibles y respetuosos con el medio ambiente.

6.6 Agricultura sintropica y sinergica

La agricultura sintrópica es un enfoque de agricultura sostenible centrado en la regeneración del suelo y la creación de sistemas agrícolas más resilientes y con mayor biodiversidad. Fue creada en los años 80 en Brasil por el agricultor suizo Ernst Götsch y podemos decir que es una forma de agroforestería que comparte y se alimenta de muchos de los principios de la agroecología y la permacultura.

La agricultura sintrópica se basa en la imitación de la sucesión ecológica natural, es decir, la forma en que la naturaleza regenera un ecosistema degradado y avanza hacia un sistema equilibrado y diverso. Con esta visión, se generan sistemas estratificados que combinan cultivos anuales, perennes, arbustos y árboles en el mismo espacio.

Esta organización potencia el proceso de transformación energética del suelo, implantando una alta densidad vegetal con diferentes estratos que maximicen la fotosíntesis, la retención de agua y la generación de materia orgánica, aumentando así la fertilidad del suelo 1.

La agricultura sintrópica incorpora la biología, la química, la ecología y la botánica, y utiliza la tecnología actual para acelerar los procesos de sucesión natural con el fin de producir alimentos abundantes, rehabilitar tierras degradadas y maximizar la energía solar y la captación de agua .

La agricultura sinérgica es una técnica agrícola que se basa en la utilización de la fertilidad natural del suelo y la biodiversidad para mejorar la calidad del suelo y aumentar la producción de cultivos. La agricultura sinérgica se centra en la creación de un ambiente de crecimiento saludable para las plantas, mejorando la estructura del suelo, aumentando la retención de agua y nutrientes, y reduciendo la erosión del suelo. Algunas de las técnicas utilizadas en la agricultura sinérgica incluyen:

No trabajar la tierra: La agricultura sinérgica se basa en la idea de no trabajar la tierra, no molestarla ni compactarla. En lugar de ello, se cubre la tierra con capas de mantillo para protegerla y mejorar su calidad.

Uso de compost: El compostaje es una técnica que se utiliza para descomponer materia orgánica en nutrientes ricos en el suelo. La adición de compost al suelo puede mejorar la estructura del suelo y aumentar la retención de agua y nutrientes.

Integración de la zona de desechos: La zona de desechos se integra en el perfil del suelo agrícola para aprovechar los nutrientes y la materia orgánica que se encuentran en ella.

Desarrollo de colaboraciones con organismos benéficos: La agricultura sinérgica se centra en el desarrollo y establecimiento de colaboraciones con organismos benéficos que protejan los cultivos

Algunas de las herramientas y técnicas utilizadas en la agricultura sintrópica y sinérgica son:

- **Consorcios de plantas en alta diversidad y densidad: se trata de una técnica que consiste en plantar diferentes cultivos juntos para aprovechar las sinergias entre ellos y reducir la necesidad de pesticidas y fertilizantes** [3].

- **Aprovechamiento de la sucesión natural: se trata de una técnica que consiste en imitar la sucesión natural de los ecosistemas para establecer sistemas agrícolas productivos y sostenibles** [4].

- **Agricultura de bosques: se trata de una técnica que consiste en integrar bosques y cultivos con el fin de producir alimentos mientras transforma suelos inutilizables en tierras fértiles** [1].

- **Agricultura regenerativa: se trata de una técnica que consiste en la creación de sistemas agrícolas que sean sostenibles y respetuosos con el medio ambiente** [2].

6.7 Agricultura Paramagnética

La agricultura paramagnética es una técnica agrícola que se basa en la utilización de rocas paramagnéticas para mejorar la calidad del suelo y aumentar la producción de cultivos. Las rocas paramagnéticas son aquellas que no son magnéticas por sí mismas, pero que pueden ser magnetizadas por un campo magnético externo.

La agricultura paramagnética se centra en la creación de un ambiente de crecimiento saludable para las plantas, mejorando la estructura del suelo, aumentando la retención de agua y nutrientes, y reduciendo la erosión del suelo. Algunas de las técnicas utilizadas en la agricultura paramagnética incluyen:

- **Aplicación de rocas paramagnéticas**: Las rocas paramagnéticas se muelen en polvo y se aplican al suelo para mejorar su calidad. **La cantidad de roca necesaria depende del tipo de suelo y de las necesidades específicas de los cultivos** [1].

- **Uso de compost**: El compostaje es una técnica que se utiliza para descomponer materia orgánica en nutrientes ricos en el suelo. **La adición de compost al suelo puede mejorar la estructura del suelo y aumentar la retención de agua y nutrientes** [2].

- **Rotación de cultivos**: La rotación de cultivos es una técnica que se utiliza para evitar la acumulación de plagas y enfermedades en el suelo. **Al alternar los cultivos, se pueden reducir las poblaciones de plagas y enfermedades y mejorar la calidad del suelo**

- **Uso de abonos verdes**: Los abonos verdes son cultivos que se plantan específicamente para mejorar la calidad del suelo. **Estos cultivos pueden fijar nitrógeno en el suelo, mejorar la estructura del suelo y aumentar la retención de agua y nutrientes**

Algunas de las herramientas utilizadas en la agricultura paramagnética incluyen:

- **Medidores de pH**: Los medidores de pH se utilizan para medir el nivel de acidez o alcalinidad del suelo. Un pH adecuado es importante para el crecimiento saludable de las plantas .

- **Medidores de humedad**: Los medidores de humedad se utilizan para medir la cantidad de agua en el suelo. La cantidad adecuada de agua es importante para el crecimiento saludable de las plantas.

- **Herramientas de labranza**: Las herramientas de labranza se utilizan para preparar el suelo para la siembra. Estas herramientas pueden incluir arados, cultivadores y rastrillos.

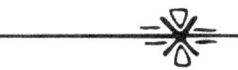

7. PLANTILLA PARA CONO

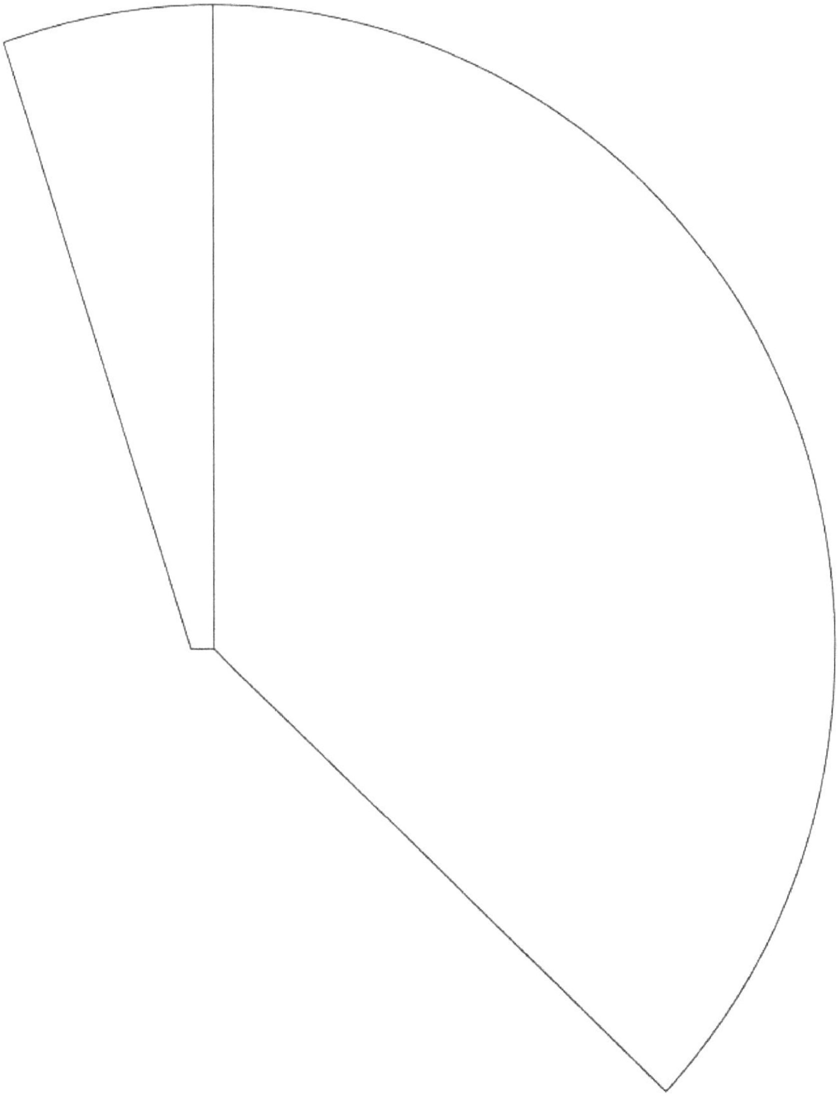

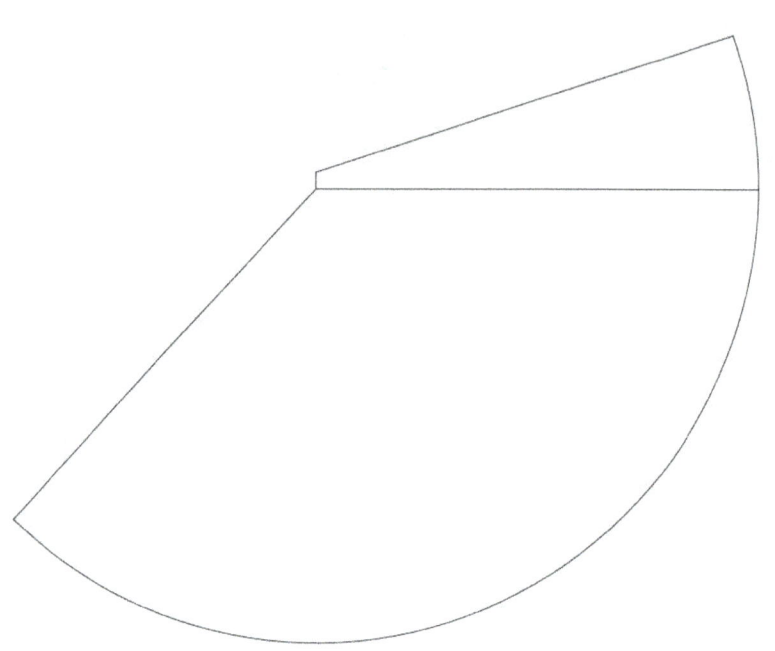

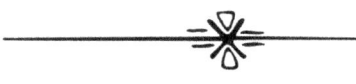

8. EL AGUA

El Agua, Fuente de Vida

El agua es esencial para toda forma de vida. Sin embargo, durante mucho tiempo se ha entendido muy poco sobre sus propiedades únicas y su importancia para la salud.

Sobre todos los temas del agua viva, revitalizar el agua, energías de implosión, etc. Tengo pendiente en mi lista de tareas hacer una investigación más exhaustiva sobre Viktor Schauberger, el motor repulsine, la vitalidad del bosque y las energías vivas.
Porque, aunque se escapan ya, a la temática de este libro, es fascinante la vida y obra, asi como los inventos de Viktor Schauberger
.

De momento, he incluido aquí lo que me ha parecido más relevante sobre el agua, tan importante para compenetrar con electrocultura y permacultura.

Sin embargo, les puedo adelantar que ya estoy experimentando con ideas que me sobrevienen, como formar espirales con tubo de cobre de 1/3 conectado a una pequeña bombita de agua que hace bajar el agua formando una espiral por dentro del tubo hasta llegar abajo a un pequeño depósito de agua del que la bombita lo vuelve a subir y sobre el que está posicionado la tierra de la planta que absorbe el agua viva.

Es un macetero especial con deposito que puede comprarse que tiene una base con patas (que son como embudos de manera que las raíces y la tierra absorben el agua al estar en contacto en su parte baja de las patas)

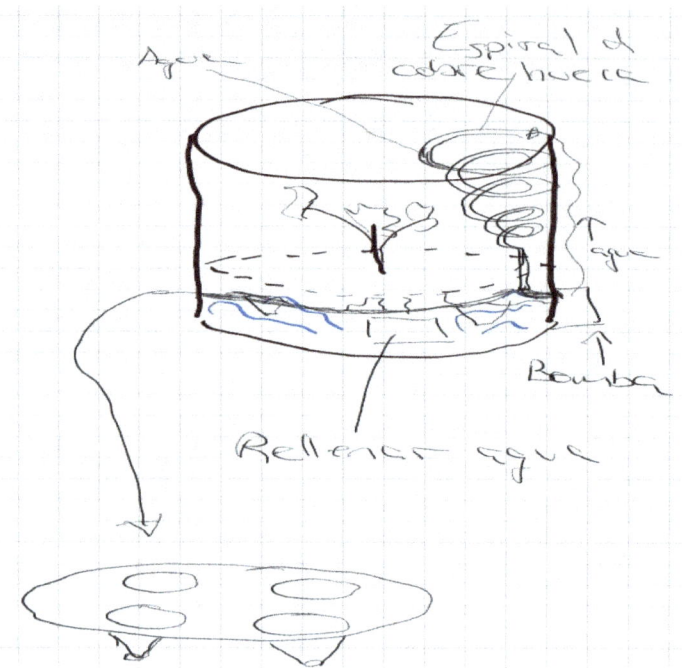

Ejemplo del proyecto mencionado

El Agua Hexagonal: La Batería de Nuestras Células

Recientes investigaciones han descubierto que una forma especial de agua llamada "agua hexagonal" actúa como una pequeña batería dentro de las células de nuestro cuerpo.

Esta agua hexagonal tiene una estructura única en forma de panal, compuesta por anillos de 6 moléculas de agua. Debido a esta configuración, el agua hexagonal puede almacenar y liberar energía muy eficientemente.

En cada anillo hexagonal, las moléculas de agua adoptan cargas eléctricas positivas y negativas. Esto permite que los anillos actúen como mini baterías que proveen energía química para alimentar todas las reacciones y procesos dentro de la célula.

La energía que utilizan estos anillos hexagonales proviene principalmente de la luz solar. Cuando los rayos del sol golpean la piel, esta energía es absorbida por el agua hexagonal de las células. Así se recargan sus baterías naturales.

Hay una molécula llamada melanina que cumple una función importante en este proceso. La melanina descompone las moléculas de agua hexagonal, liberando átomos de hidrógeno cargados de energía solar. Estos átomos de hidrógeno son luego utilizados para producir la energía química que impulsa el funcionamiento celular.

Un claro ejemplo de esto es el ojo humano, que contiene grandes cantidades de agua hexagonal y melanina. Recientes estudios han demostrado que la interacción entre estas dos sustancias es esencial para la visión y para prevenir enfermedades oculares como la ceguera.

El agua hexagonal junto con la luz solar son dos componentes vitales y complementarios que permiten el correcto funcionamiento de las células de todo organismo vivo. Verdaderamente son la batería y el combustible de la maquinaria biológica.

Esta configuración hexagonal le permite al agua almacenar y liberar energía de manera muy eficiente. De hecho, actúa como una pequeña batería dentro de nuestras células, proporcionando la energía necesaria para todos los procesos biológicos.

El agua estructurada también tiene la habilidad de excluir toxinas y contaminantes, haciéndola extremadamente pura. Esta es probablemente la razón por la cual el agua de manantial siempre se ha considerado tan saludable y curativa.

Desafortunadamente, la mayoría del agua que bebemos hoy en día ha perdido su estructura natural debido a la contaminación, los procesos de purificación y el transporte a largas distancias en tuberías. Como resultado, no puede hidratar nuestras células adecuadamente.

El Agua Viva: Movimiento y Polaridad

Es esencial que el agua fluya de forma natural y en espiral para mantener sus cualidades vitales. El naturalista Viktor Schauberger demostró que cuando el agua se ve forzada a moverse en línea recta, en contra de su tendencia natural, pierde su equilibrio energético y se vuelve perjudicial.

Esta vitalidad del agua se debe al principio de polaridad. Todas las moléculas de agua tienen polos positivos y negativos, como pequeños imanes. Cuando el agua fluye libremente, estos polos opuestos se atraen y repelen, creando un movimiento espiralado.

Es esta danza polar entre positivo y negativo la que le confiere energía y vitalidad al agua. Igual que en un río sinuoso, donde la corriente zigzaguea entre las rocas, impulsada por la polaridad de las orillas.

El gran poeta y científico Goethe también estudió este fenómeno. Descubrió que la polaridad es una de las dos grandes fuerzas motrices de la naturaleza, responsable de mover la energía a través de la atracción y repulsión. Esta interacción polar es la que anima el agua y toda la materia.

Por ello, es importante conservar el movimiento espiralado natural del agua. Al respetar sus tendencias innatas, se preservan sus cualidades energéticas y curativas tan esenciales para los organismos vivos. El agua entonces se transforma en un verdadero elixir de vida.

Afortunadamente, existen algunos métodos sencillos para reestructurar el agua y devolverle sus cualidades originales:

Exponer el agua a campos magnéticos, lo cual alinea las moléculas y fortalece los enlaces de hidrógeno.
Añadir minerales naturales como el magnesio o el calcio, los cuales ayudan a formar los anillos hexagonales.
Energizar el agua con sonidos o música armónica, la cual transporta información curativa.

Usar contenedores especiales de cerámica, cristal o cobre, que promueven la estructura del agua.

Al reestructurar el agua que bebemos, estamos literalmente rehidratando y revitalizando cada célula de nuestro cuerpo. Esto puede tener enormes beneficios para la salud y el bienestar. El agua verdaderamente es una fuente de vida.

El Cuarto Estado del Agua

Recientes investigaciones científicas han identificado una cuarta fase física del agua, diferente del hielo, líquido y vapor.

Se trata del "agua estructurada" o "agua EZ", en la cual las moléculas adoptan una configuración cristalina hexagonal, parecida a un panal. Se forma cuando las moléculas de agua entran en contacto con otras superficies. En esos puntos de contacto se genera una pequeña carga eléctrica que hace que las moléculas se ordenen en estructuras hexagonales.

Esta agua EZ tiene propiedades muy particulares que la diferencian del agua normal:

Es más densa y viscosa

Tiene la fórmula H_3O_2 en lugar de H_2O

Puede ser detectada con métodos especiales de resonancia magnética y espectroscopia

La investigación sobre esta nueva fase del agua ha expandido nuestra comprensión sobre este elemento tan fundamental. Ahora se sabe que el agua no solo tiene tres estados (sólido, líquido y gaseoso) sino cuatro, siendo el último el de este "hielo líquido" tan especial.

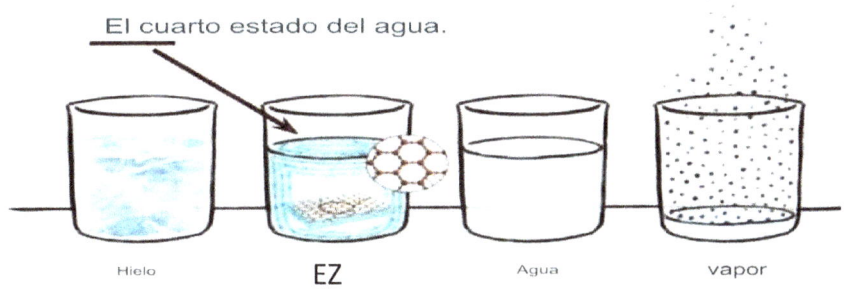

El cuarto estado del agua.

Hielo   EZ   Agua   vapor

Propiedades del Agua Estructurada (EZ)

Las investigaciones han determinado que el agua estructurada o EZ tiene propiedades únicas:

Se forma cerca de superficies hidrófilas como las de nuestro cuerpo. Ahí crea una capa ultra pura, ordenada en estructuras hexagonales.
La diferencia de carga eléctrica entre el agua EZ y el agua normal es lo suficiente para generar energía a partir de la luz solar. Actúa como una pequeña batería.
Su ordenamiento y estructura hexagonal son vitales para el funcionamiento celular.
Contaminantes como metales pesados y aluminio destruyen estas estructuras, provocando enfermedades.

El agua EZ forma anillos estables de hasta 500 micrómetros. Tiene más densidad y viscosidad.
Su carga eléctrica depende de la superficie que moja. Puede ser positiva o negativa.
Absorbe luz ultravioleta y puede emitir fluorescencia.
Excluye moléculas que no vibran en armonía con ella. De ahí su nombre de "zona de exclusión".
El agua EZ tiene la extraordinaria capacidad de almacenar energía solar en enlaces químicos y transmitir información en sus estructuras hexagonales. Por ello es tan fundamental para los organismos vivos.

Otras Propiedades Especiales del Agua EZ

La luz infrarroja de unos 3000 nanómetros hace que el área de la capa EZ se expanda hasta 3 veces.
En esta fase las moléculas de agua adoptan una estructura hexagonal muy estable, parecida a un "hielo líquido".
Es 10 veces más viscosa y densa que el agua normal. Su fórmula molecular es H_3O_2 en lugar de H_2O.
Los electrones de sus moléculas alineadas forman una especie de "plasma" que le permite transmitir energía a largas distancias.
Este fascinante "agua plasmática" también se halla en el mar y en las frutas.

El Agua Biónica

El agua es esencial para la vida, pero el agua de la llave ha perdido muchas de sus cualidades curativas debido a la contaminación.

El Dr. Ulrich Warnke ha desarrollado un "agua biónica" que imita la estructura del agua natural de manantiales y ríos limpios. Esto se logra aplicando principios de la naturaleza.

Las moléculas de agua están compuestas por hidrógeno y oxígeno. Cuando estas se separan y luego se recombinan, liberan gran energía, como en la explosión de oxihidrógeno.

Algo similar ocurre de forma controlada y constante en las células de los seres vivos, que son como pequeñas "máquinas energizadas" según Szent-Györgyi, ganador del Nobel.

Esta energía proviene de dos fuentes principales: el sol y el agua. Su interacción produce efectos cuánticos de coherencia, resonancia y tunelización que generan la energía y orden vital.

El agua biónica trata de recuperar, a través de medios naturales, la estructura original del agua que es aprovechada por las células para producir la energía indispensable para la vida.

Gerald H Pollack

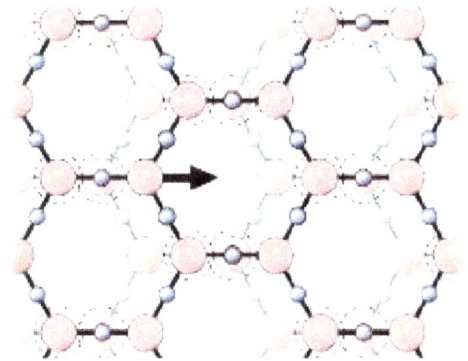

EZ WATER H_3O_2

Agua Magnetizada y sus Beneficios

Al pasar el agua por campos magnéticos se modifican sus propiedades de diferentes formas:

Agua Imantada: Flujo magnético de hasta 300 gauss. Adquiere ligera magnetización.
Agua Ionizada: Entre 600-800 gauss. Los iones del agua se reordenan. No igual que electrolisis.
Agua Polarizada: 800-900 gauss. Las moléculas giran y alinean igual, disminuyendo viscosidad.
Agua Magnetizada: 3,000-10,000 gauss. Se rompen los racimos moleculares. Mayor penetración celular.
Esta última es muy beneficiosa para la salud por sus efectos curativos:

Mejora trastornos digestivos, nerviosos, urinarios. Disminuye acidez y mejora digestión.
Ayuda en hipertensión, efecto levemente sedante, asma, bronquitis, resfríos, fiebres.
Localmente acelera cicatrización de heridas al mejorar circulación sanguínea.

REORGANIZACIÓN DE LAS MOLÉCULAS DE AGUA

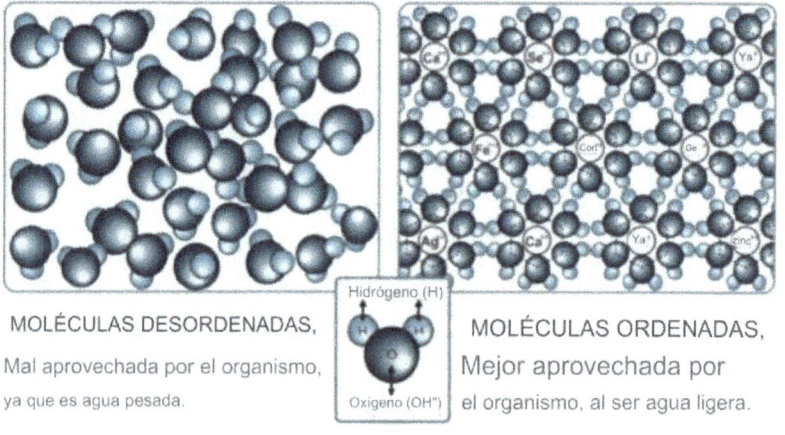

MOLÉCULAS DESORDENADAS, Mal aprovechada por el organismo, ya que es agua pesada.

Hidrógeno (H)

Oxigeno (OH")

MOLÉCULAS ORDENADAS, Mejor aprovechada por el organismo, al ser agua ligera.

Agua Primaria: Un Recurso Subterráneo

El agua primaria (Primary Water - PW) es agua que se genera de forma natural bajo la superficie terrestre.

Allí, el hidrógeno y el oxígeno se combinan formando agua nueva, la cual asciende por efecto de la presión hasta llegar a la superficie a través de grietas y fallas geológicas.

PW es un recurso independiente del ciclo hidrológico convencional. Representa una fuente de agua virgen de grandes proporciones.

Su acceso no es fácil debido a lo profundo de su origen. Pero mediante perforaciones en áreas de debilidad de la corteza, como fallas y cadenas montañosas, se puede aprovechar este recurso.

Irónicamente, mientras crece la escasez de agua, existe esta provisión subterránea de difícil comprensión para la ciencia tradicional. Su existencia se remonta a la antigüedad.

Ya en la década de 1980 Alemania consiguió más de 700 exitosos pozos de agua primaria en Sri Lanka usando métodos no convencionales como la radiestesia, muy por encima de las técnicas geofísicas habituales.

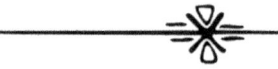

9. UREA

La orina contiene nutrientes que pueden ser aprovechados como fertilizante agrícola. Su uso ha sido practicado desde la antigüedad y en tiempos modernos se han realizado diversas investigaciones que corroboran sus beneficios.

Beneficios de la orina como fertilizante

Es rica en nitrógeno, fósforo y potasio, que son nutrientes esenciales para las plantas.
Permite reciclar nutrientes que de otra forma se desperdiciarían.
Reduce la necesidad de fertilizantes químicos costosos.
Puede incrementar rendimientos agrícolas si se usa adecuadamente.
Mitiga impactos ambientales al evitar que nutrientes lleguen a fuentes de agua.

Uso de orina humana

La orina humana es un fertilizante nitrogenado. Su composición varía, pero típicamente contiene alrededor de 88% de agua y 12% de nutrientes. 1 litro de orina contiene alrededor de:

0.6-1 gramos de nitrógeno
0.1-0.5 g de fósforo
0.2-1 g de potasio

Estudios demuestran que la orina humana puede usarse sola o en combinación con otros fertilizantes para cultivar una amplia variedad de plantas. Ha mostrado mejorar producción en repollo, espinaca, maíz, papas y otras especies.

Sin embargo, debe usarse con precaución, aplicando dosis moderadas pues concentraciones altas de sales y sodio pueden dañar plantas. Lo ideal es diluir 1 parte de orina fresca con 8 a 10 partes de agua. También se recomienda no usar orina de personas enfermas o que consumen muchos medicamentos.

Uso de orina animal

La composición de la orina animal depende de la especie. Por ejemplo, la orina de vaca tiende a ser rica en nitrógeno mientras que la de oveja aporta más potasio. En general su contenido de nutrientes es:

1-2 g nitrógeno/L
0.05-0.5 g fósforo/L
1-2 g potasio/L
Al igual que la humana, debe diluirse para un uso seguro. Investigaciones recomiendan una proporción de 1 parte de orina por 5 de agua para riego de suelo. También puede usarse como aditivo para compostaje.

Conclusiones

La orina contiene macronutrientes que las plantas aprovechan para su crecimiento.
Su uso como fertilizante orgánico está respaldado por investigaciones agronómicas.
Debe diluirse a proporciones adecuadas para evitar efectos nocivos.
Permite reciclar nutrientes, reducir desechos y disminuir uso de fertilizantes químicos.

Recomendaciones prácticas

Diluir 1 parte de orina humana con 8 a 10 de agua antes de usar como fertilizante foliar o en suelo.
Para orina de animales, diluir 1 parte de orina con 5 de agua para riego de suelo.
Regar con dosis moderadas. Evitar concentraciones muy altas.
No usar orina de personas enfermas o medicadas.
La orina animal puede usarse directamente para compostaje.
Almacenar orina fresca máximo 1-2 días. Después comienza a liberar amoniaco.

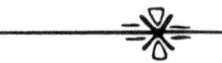

Hilos de los que tirar

Viktor Schauberger fue un ingeniero y naturalista austriaco que desarrolló teorías y dispositivos revolucionarios basados en su observación y comprensión de la naturaleza. Nacido en 1885 en una familia de forestales, Schauberger pasó su juventud explorando los bosques y ríos, donde observó patrones y comportamientos que lo inspiraron durante toda su vida.

Uno de sus descubrimientos más notables fue la importancia del movimiento en espiral en los fluidos. Schauberger observó que los ríos y corrientes de aire naturales se mueven en espiral, mientras que la energía rectilínea es destructiva. Basándose en esto, inventó tubos en espiral para transportar agua y aire que imitaban los patrones naturales. Estos tubos reducían considerablemente la fricción, permitiendo el transporte eficiente de fluidos sin necesidad de bombas.

Otra área clave de investigación de Schauberger fue la levitación. Observó que algunos peces pueden levitar temporalmente nadando rápidamente en espiral en contra de la corriente. Schauberger intentó replicar este efecto con dispositivos que podrían levitar utilizando el movimiento en espiral del agua o el aire. Sentó las bases para futuras tecnologías antigravitacionales y hay mucha teoría detrás que lo vinculan con las campanas voladoras de los nazis y con la creación de los platillos volantes.

Schauberger también estudió aplicaciones energéticas del vacío y la implosión. Desarrolló motores que utilizaban la implosión en lugar de la explosión para generar movimiento. También investigó formas de aprovechar la energía del vacío del espacio-tiempo, un concepto que era muy avanzado para su época.

Su trabajo sentó las bases para campos enteros de la ciencia y la tecnología modernas. Sus observaciones sobre fluidos espirales anticiparon la hidrodinámica moderna. Sus estudios de levitación y motores implosivos apuntaron hacia tecnologías como la superconductividad. Y su visión de aprovechar la energía del vacío presagiaba el desarrollo de la física cuántica avanzada. Hoy en día, los inventos e ideas de Viktor Schauberger siguen inspirando a científicos e ingenieros en la búsqueda de tecnologías en armonía con la naturaleza.

ALGUNOS CONSEJOS Y RECOMENDACIONES

-Uso del magnetismo (imanes de ferrita)

-Para fertilizar semillas, es necesario contar con 2 imanes de ferrita entre 5 y 10 cm de diámetro, porque el campo magnético que generan activa los procesos biológicos de las semillas. Se colocan uno frente al otro con una distancia de 20-25 cm entre ellos, para crear un campo magnético uniforme en el espacio entre los imanes. En el medio se depositan las semillas, para que queden expuestas al campo magnético.

El tiempo de exposición debe ser entre 5 y 10 minutos, porque ese es el tiempo óptimo para estimular los procesos biológicos de las semillas sin causarles daño. Inmediatamente después las semillas se deben insertar en macetas o en el suelo, retirando los imanes, porque una vez estimuladas, deben empezar a germinar en condiciones normales.

-Para magnetizar el agua de riego (algo que recomiendo muy especialmente), es necesario:

2 imanes de ferrita del mayor tamaño posible, porque entre más grande el imán, mayor es su campo magnético y capacidad de magnetizar el agua. Se colocan uno frente a otro sobre una madera o tronco, para mantenerlos estables y a una distancia fija. Por medio se hace pasar el tubo de riego, para que el agua quede expuesta al campo magnético al fluir entre los imanes. Esto magnetizará el agua, logrando un resultado excelente en los cultivos como aumento de producción, mejoramiento de raíces y de plantas, etc., porque el agua magnetizada mejora la hidratación y el metabolismo de las plantas.

-Las pirámides pueden ser de diferentes medidas y lados así como materiales, pero siempre generan un campo magnético en su interior, debido a que su forma concentra y refleja las líneas del campo magnético terrestre. Este campo beneficia toda planta o semilla dentro de la pirámide, porque estimula sus procesos biológicos.

-Los sistemas de electrocultivos cuando se pone **un cable a cada lado de lo que queremos cultivar**, genera además un campo magnético sumamente beneficioso para las plantas, porque el flujo de electrones en los cables crea un campo electromagnético que estimula el crecimiento.

Las **TORRES PARAMAGNÉTICAS** es aconsejable situarla junto a los invernaderos, para que su efecto obtenga los mejores resultados, ya que al estar cerca maximiza su influencia.
Su alcance va de 200 hasta los 1.000 metros, debido a que los materiales paramagnéticos amplifican y proyectan el campo magnético, y se rellenan de harina de basalto con un cuarzo en la parte superior, porque estos materiales tienen propiedades paramagnéticas.

El circuito **LAKHOVSKY** se utiliza para **recuperar árboles o plantas dañadas**, logrando un efecto fantástico, por ejemplo, se ha visto que naranjos con problemas en sus raíces tratados con este circuito revitalizan su sistema radicular y vuelven a producir frutos.
Solo es necesario un poco de tiempo y paciencia, ya que los efectos positivos **pueden tardar semanas o meses en manifestarse completamente.**

Se elimina totalmente la labranza que a estas alturas sabemos que es tan perjudicial como la utilización de fertilizantes químicos o pesticidas, o al menos se recomienda usar herramientas no oxidantes, sino de cobre o materiales que no sean hierro o acero, ni aluminio obviamente.

Y tener presente que toda la vida simbiótica que se produce debajo en la tierra, aunque la desconocemos en casi su totalidad, es de una perfección como toda la creación, por ejemplo, las micorrizas que viven en simbiosis con las raíces de las plantas les proveen nutrientes y las protegen de patógenos.

La antena atmosférica se utiliza para extensiones medias y grandes. Puede llegar a varios cientos de metros, simplemente ajustando un cable de hierro galvanizado de 1 o de 1,5 mm de grosor, extendiéndolo a lo largo de los cultivos, por ejemplo, en campos de 5 hectáreas se han instalado antenas de este tipo logrando aumentos de rendimiento del 20%.
Aunque se vean muchos tipos de antenas atmosféricas con mezclas de espirales, etc., parece que los mejores resultados se obtienen con antenas con cabezal de deshollinador de metal.

Espirales y circuitos oscilantes.
En el caso de los espirales, se debe dejar recto unos 10 cm en la parte superior, y unos 20-25 cm recto en la parte inferior, que va enterrada en la maceta o tierra junto a la planta, para que las puntas entren en contacto con la tierra y cierren el circuito.

Se puede utilizar un tubo para enrollar, o también en forma cónica (espiral de IGHINA), porque la forma espiral genera un campo magnético más intenso y concentrado.

Estos dos sistemas son específicamente para plantas o árboles, pudiendo utilizarse ambos si hay enfermedad para amplificar los efectos curativos y el desarrollo de los mismos, ya que la combinación de distintas fuentes de campo magnético tiene un efecto sinérgico en las plantas.

Hemos llegado al final de nuestro apasionante recorrido por las maravillas de la electrocultura. Espero haber logrado transmitirte la chispa que a mí me inspiró a adentrarme en este fascinante mundo. Ahora te toca continuar investigando y llevar estos conocimientos a la práctica.

No temas experimentar por tu cuenta; esa es la mejor manera de aprender. Y si logras nuevos avances, por favor cuéntamelos para así poder compartirlos con más personas. Juntos podemos hacer que la agricultura sea más innovadora y productiva.

Quedan algunos temas pendientes por investigar más a fondo, como los estudios de Viktor Schauberger, que dejo para un futuro proyecto. Me hubiera gustado profundizar más, pero el objetivo de este libro era que me sirviera a mí mismo de forma práctica y visual, para que sirva de guía útil y decidí publicarlo para las personas que necesitan ponerse a plasmar las ideas, conceptos y ocurrencias y así convertirse en futuros "electrocultivadores".

Siempre que dedico tanto tiempo y esfuerzo en aprender algo que me motiva e ilusiona, creo que puede servir de ayuda a otras personas curiosas como yo.

Mi mayor satisfacción será saber que más personas se animan a cultivar sus electrohuertos gracias a este libro.

No dudes en contactarme si tienes cualquier consulta o sugerencia. Y por favor deja tu valiosa reseña en Amazon; tus comentarios servirán de guía a otros lectores.

Ha sido todo un placer acompañarte en este apasionante viaje por el mundo de la electrocultura. Confío en que nuestros caminos vuelvan a cruzarse. Mientras tanto, te deseo cosechas abundantes y sanas, ¡con esa chispita extra!

Robert Freeman
// Telegram: @blackstoneowner

www.ingramcontent.com/pod-product-compliance
Lightning Source LLC
Chambersburg PA
CBHW072137290526
45794CB00004B/1349